内 容 提 要

本书从科学研究与工程实践的角度，系统介绍了智能电网"源–网–荷"互动环境下的调度控制技术。全书共分 7 章，第 1 章为概述，第 2 章为互动主体特性分析与建模，第 3 章为互动主体可调度潜力评估，第 4 章为"源–网–荷"互动环境下电网稳态分析，第 5 章为"源–网–荷"协同优化调度技术，第 6 章为"源–网–荷"互动控制技术，第 7 章为"源–网–荷"互动效果评估。

本书可供电力规划、计划、调度、市场交易、营销等专业科技人员和管理人员学习使用，也可供大专院校相关专业广大师生阅读参考。

图书在版编目（CIP）数据

"源–网–荷"互动环境下电网调度控制/姚建国等编著. —北京：中国电力出版社，2019.12
ISBN 978-7-5198-2899-8

Ⅰ . ①源… Ⅱ . ①姚… Ⅲ . ①电力系统调度 Ⅳ . ①TM73

中国版本图书馆 CIP 数据核字（2019）第 006011 号

出版发行：中国电力出版社
地　　址：北京市东城区北京站西街 19 号（邮政编码 100005）
网　　址：http：//www. cepp. sgcc. com. cn
责任编辑：罗翠兰
责任校对：黄　蓓　朱丽芳
装帧设计：张俊霞
责任印制：石　雷

印　　刷：三河市万龙印装有限公司
版　　次：2019 年 12 月第一版
印　　次：2019 年 12 月北京第一次印刷
开　　本：710 毫米×980 毫米　16 开本
印　　张：20
字　　数：356 千字
印　　数：0001—1000 册
定　　价：96. 00 元

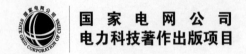

国家电网公司
电力科技著作出版项目

"源－网－荷"互动环境下
电网调度控制

姚建国 杨胜春 王珂 等 编著

YUAN WANG HE HUDONG HUANJINGXIA
DIANWANG DIAODU KONGZHI

中国电力出版社
CHINA ELECTRIC POWER PRESS

序

随着新能源的快速发展，电力系统形态和运行特性正在发生变化。一是从电源侧看，随着高渗透率集中式/分布式新能源快速发展，系统运行不确定性显著增强；二是从电网侧看，提升电网输电能力可以提高新能源消纳能力，在我国随着特高压交直流混联电网规模的扩大，电网一体化特征更加明显；三是从负荷侧看，随着分布式电源、储能、虚拟电厂、需求响应、微网、电动汽车等新型负荷比例快速上升，负荷侧呈现"源-荷"双重特性。另外，电力市场化改革的深入推进对电力系统调度运行的安全性和经济性也提出了更高要求。上述变化，对电网调度控制技术提出了新的要求，亟需从传统"发电跟踪负荷"的调度模式发展为"源-网-荷协同互动"的调度模式，更经济、高效和安全地提高电力系统功率的动态平衡能力。然而，"源-网-荷"互动环境下参与主体数量多、分布分散、时空不确定性更强，如何在电网调度控制层面把握，通过电源、电网和负荷三者之间的互动，提高电网的安全性和经济性是亟待解决的问题。

本书是这一理念研究成果的结晶，从电网调度和控制运行的视角，围绕"源-网-荷"互动环境下电网调度控制存在的问题、新的现象及研究热点，在总结现有研究成果的基础上，从互动主体特性分析及建模、柔性负荷响应潜力量化评估、互动环境下电网安全分析方法、源荷协同调度技术、柔性负荷协调控制策略、互动性能评估方法6个方面建立了互动环境下电网调度控制技术研究框架，能够从整体上把握互动环境下电网调控运行分析方法的脉络，重点解决互动领域的基本理论问题与关键性技术。

作者团队在国内最早提出"源-网-荷"互动运行控制研究架构，本书是他们这些年在这方面理论和技术研究成果的集成，富于理论创新，工程实践性强。相信该书的出版将推动"源-网-荷"协同调控运行技术的发展，对我国多省（市）开展的"源-网-荷"协同调控运行工程也将提供有益的参考，对广大同行也是一本有益的参考书。

中国工程院院士

中国电力科学研究院名誉院长

2019 年 11 月 25 日

前　言

在化石能源短缺、气候变化和环境污染等因素的驱动下，人类已经认识到大力发展可再生能源的重要性和紧迫性。能源清洁化转型变革成为全球智能电网发展的共同驱动力，将对电力系统发展带来革命性影响。从能源生产侧来看，可再生能源特别是以风电、太阳能为代表的新能源具有随机性、间歇性、波动性、反调峰等特性，在满足新能源规模化接入的前提下，需要实现电网的能量动态平衡和实时功率平衡。从能源消费侧来看，未来电能的应用范围更广，占终端能源消费的比重也在不断提升。除了传统的工业用电、商业用电以及居民生活用电外，交通电气化、电驱动、电加热、电取暖、港口岸电等技术和设施的发展也使得电能应用的场景更趋多样化。

电网作为能源转型发展的重要组成和支撑，随着新能源大规模接入以及负荷峰谷差的日益增大，面临电源侧调节能力下降、系统平衡资源匮乏等一系列严峻挑战，新形势下如何维持电力系统能量平衡和功率平衡成为电网调度运行控制的核心问题。开放互动是智能电网的重要特征之一，近年来负荷侧通信和信息交互支撑设施的完善，使得柔性负荷资源参与电网调度具备了可行性。电源、负荷与电网三者间可通过多种交互形式，更经济、高效和安全地提高电力系统能量平衡和功率平衡的能力，这是"源-网-荷"柔性互动的目标，本质上是一种能够实现能源资源最大化利用的运行模式。

基于上述分析，本书聚焦"源-网-荷"互动环境下电网调度控制问题，重点阐述了以下内容：

（1）在"源-网-荷"互动环境下电网调度控制技术体系方面，首先梳理了当前形势下能源结构转型的新趋势，分析了"源-网-荷"互动的必要性，提出了"源-网-荷"互动的概念及内涵；其次，阐述了实现"源-网-荷"良性互动面临的诸多挑战；最后，针对复杂、多变、随机性和不确定性增强等电力系统发展的实际需求，提出"源-网-荷"互动环境下电网调度控制技术研究框架，包括互动主体特性分析及建模、互动主体可调度潜力评估、互动环境下电网稳态分析、"源-网-荷"协同优化调度、"源-网-荷"互动控制以及"源-网-荷"互动效果评估等关键技术，以期为新形势下电网调度控制提供整体技术研究框架。

（2）在互动主体特性分析与建模方法方面，基于互动主体的运行特性分析了新能源的出力特性和负荷的用电特性；从物理响应建模和经济成本建模两个方面分析了柔性负荷响应建模要素，基于成本效益分析提出工业大用户参与需求响应的成本模型及不同机制下的需求响应模型，考虑用户响应满意度指标建立了多目标多主体柔性负荷主动响应决策模型。

（3）在互动主体可调度潜力评估方法方面，简要介绍了电力系统中各互动主体的可调度潜力的含义及分析方法；在此基础上，针对商业、居民等分类典型负荷提出了一种基于详细物理模型仿真知识发现的典型负荷响应潜力评估方法；针对调度层面更为关心大型供电节点或变电站层级负荷的聚合响应特性的实际需求，提出一种将自上而下的负荷分离和自下而上的单体负荷响应潜力评估相结合的方法评估大型供电节点负荷聚合响应潜力；在中长期时间尺度上，设计了反映我国未来需求响应发展不同阶段的场景，并对某区域电网未来中长期的需求响应潜力进行了评估。

（4）在互动环境下电网稳态分析技术方面，重点研究了"源-网-荷"互动环境下计及源荷双侧不确定性的电网运行分析方法。提出了一种考虑电力系统功频静特性以及电压响应特性的动态概率潮流算法；建立了典型新能源和柔性负荷动态响应的时序概率模型，提出了计及互动过程的电力系统连续性潮流分析方法；提出了计及电源和负荷响应随机性的静态安全连续性计算方法，基于概率理论建立了静态安全指标及排序算法，利用并行计算技术对算法进行改进，大大提升了计算速度。

（5）在"源-网-荷"协同优化调度技术方面，围绕柔性负荷随机响应这一关键特征从日内滚动调度、实时优化调度以及多时间尺度协调调度三个方面，分析了多时间尺度源荷协同调度关键技术，提出了基于分层分级调度的柔性负荷调度总体架构，提出了计及电网安全约束的柔性负荷随机优化调度模型，决策量能够覆盖风电出力随机性、负荷响应不确定性的多个场景，解决了源荷双侧不确定场景下调度计划的编制难题。旨在充分发挥各种负荷资源在不同时间尺度和不同机制下的调节潜力，引导柔性负荷主动参与电网运行控制，对柔性可控负荷实施调度，实现从"源随荷动"向"源荷互动"的革命性转变。

（6）在"源-网-荷"互动控制技术方面，针对正常工况和紧急工况两类场景，计及互动控制目标不同，设计了不同场景下"源-网-荷"互动控制架构。在正常工况下，分别提出了区域内分布式协同控制技术和多区域之间的分布式协同控制技术。在紧急工况下，提出了应对特高压受端电网直流闭锁故障的负荷主动响应技术，通过对频率响应负荷和电压响应负荷调节能力的事前评估和事中统计，并与拉限电策略的在线协调优化，可以减少事故情况下的负荷切除量，发电资源和负荷资源的统一调度可提高特高压直流故障后受端电网的频率稳定水平。

（7）在"源-网-荷"互动效果评估技术方面，将"源-网-荷"互动分为良性互动和劣性互动两大类场景，良性互动场景下重点关注互动带来的效益，劣性互动场景下重点关注互动对电网安全运行的影响。提出了互动效果评估的整体框架，并分别从电源、电网和负荷侧构建了完整的指标体系，对互动效益和互动影响进行了全面量化评估。

本书内容面向智能电网发展趋势，结合作者团队最新科研成果，系统地阐述了"源-网-荷"互动环境下电网调度控制技术，为支持未来电网运行的智能、高效和绿色提供了技术思路和解决方案，可以帮助从事电网运行相关研究与运行人员了解和应用相关技术，提升我国电网运行控制水平。

本书集成了中国电力科学研究院有限公司在"源-网-荷"互动电网调度运行控制方面多年的研究成果，在研究中得到了南瑞集团有限公司、清华大学、华中科技大学、东南大学、河海大学、南京邮电大学、大连理工大学、美国劳伦斯伯克利国家实验室等研究团队的大力支持，国家电网有限公司科技部、国调中心、国网江苏省电力有限公司、国网宁夏电力有限公司等单位为相关研究提供了大量的支持。

本书所介绍的"源-网-荷"互动环境下电网调度运行控制是基于作者及团队多年的研究成果和对智能电网调度控制发展的思考，也参考了许多同行专家的著述。本书内容面向从事电网运行相关研究与运行人员，期望能够为读者了解和应用相关技术提供帮助。由于作者水平有限，难免有不足或疏漏之处，恳请读者批评指正。

编者

2019 年 3 月 1 日于南京

第1章

概　述

随着智能电网的发展、可再生能源的开发利用、电力市场化改革的推进，电力生产、传输、交易和使用等都发生了巨大变化。本章梳理了能源转型变革的新趋势，分析了"源-网-荷"互动的必要性，提出了"源-网-荷"互动的概念并阐述了互动的内涵，分析了实现"源-网-荷"互动面临的挑战，最后提出了"源-网-荷"互动环境下电网调度控制技术的研究框架。

1.1　背景概述

1.1.1　能源转型变革的新趋势

在化石能源短缺、气候变化和环境污染等因素的驱动下，人类已经认识到大力发展可再生能源的重要性和紧迫性。能源清洁化转型变革成为全球智能电网发展的共同驱动力，将对电力系统发展带来革命性影响。与欧美发达国家不同，我国能源结构长期以化石能源特别是以煤炭为主，能源消费总量居世界首位，且还在持续较快增长，由此带来的生态环保、污染减排压力十分突出，严重影响人民生活和可持续发展，大力推进能源转型、优化能源结构势在必行。

从能源生产侧来看，可再生能源特别是以风电、太阳能为代表的新能源作为重要的战略性新兴产业，近年来在能源结构中的占比越来越大。2000～2016年，全球风电、太阳能、水电发电装机年均增长 22%、40% 和 3%，我国的增速高达 44%、68% 和 9.4%。根据国家能源局报告，至 2017 年底，我国风电装机容量累计达 16 325 万 kW，占全部发电装机容量的 9.2%，光伏发电累计装机容量12 942 万 kW，占全部发电装机容量的 7.3%。2017 年全年，风电发电量3034 亿 kWh，占全年总发电量的 4.7%，光伏发电量 1166 亿 kWh，占全年总发电量的 1.8%。由于受到气候、地形等多种不可抗拒的自然因素的影响，新能源出力呈现自身固有的随机性、间歇性、波动性、反调峰等特性，与传统发电机组特性有很大差别，需要大量具备调节能力的常规电源作为支撑。

从能源消费侧来看，电能的应用范围更广，占终端能源消费的比重也在不断提升。除了传统的工业用电、商业用电以及居民生活用电外，随着交通电气化、电驱动、电加热、电取暖、港口岸电等技术和设施的发展，电能应用的场景更趋多样化。此外，以电动汽车、储能等为代表的新型用电设备既可以充电时表现为负荷，也可以放电时表现为电源，更具灵活性。预计到2020、2030年，全球电能占终端能源消费比例将分别为19%和21%，中国将分别达到25%和29%。

放眼未来，能源转型发展要求实现新能源大规模开发和利用、终端电能的广泛深度替代，其生产模式和消费方式将发生深刻变革，也对相关技术创新提出了更高的要求。电力是能源发展方式转变的中心环节，随着新能源高比例接入、新型用能设备广泛应用，传统电力系统面临能源需求持续增加、资源配置效率有待提升、电能平衡调节能力亟需增强、市场体制机制需要完善等诸多挑战。

1.1.2 "源-网-荷"互动是能源转型的必然需求

能源产业是国民经济的基础产业，能源安全是国家战略安全的重要基础，能源发展是实现国民经济可持续发展的重要保障。随着新能源的快速发展、特高压输电工程的有序建设，以及储能、需求响应等新技术手段的日趋完善，电力系统作为能源转型发展的重要组成和支撑，面临如下挑战和机遇。

首先，大规模新能源发展迅猛、渗透率不断攀升，其"不友好"特性对电力系统调节能力提出更高要求。以风电、太阳能发电为代表的可再生能源作为重要的战略性新兴产业，近年来在我国取得了长足的发展，在电源侧的占比越来越大。由于受到气候和地形等多种不可抗拒的自然因素的影响，风电、太阳能发电在时间维度上具有季节性、时段性的波动和随机特点，大规模并网使电力平衡呈现出明显的空间、时间不均衡，使得电网不得不配置更多的备用电源和调峰容量，消纳难一直是困扰电力行业的顽疾，弃风弃光现象较为普遍。国外如北欧、美国加州等地区电源多以燃气、水电机组为主，快速灵活调节资源相对较多。相比之下，我国多以常规火电电源为主，部分省区几乎没有水电，灵活快速调节资源非常稀缺。常规电源不仅要跟随负荷变化，还要平衡新能源的出力波动，大量机组处于深度调峰甚至停机备用状态，频繁调节出力增加了机组启停、爬坡次数与幅度，带来成本增长、寿命缩短等问题。此外，常规机组被大规模新能源机组替代也导致系统转动惯量大幅下降、频率调节能力不足，调峰调频调压矛盾突出，电网运行控制的难度明显增大。

其次，随着我国社会经济的发展，亟需在保障电网安全可靠运行的前提下高效灵活地配置资源。以负荷中心华东电网为例，2017 年全网调度口径最高用电负荷达 27 523 万 kW、装机容量 34 077.6 万 kW，最大用电峰谷差 7635 万 kW，同比增长 3.69%，平均用电峰谷差 4642 万 kW，同比增长 10.2%。而其中 95% 以上的高峰负荷的年累计持续时间仅有几十个小时，通过新建电源来满足这部分高峰负荷的短时间需求非常不经济。此外，负荷中心夏冬季用电高峰期用电量的快速攀升也对系统的快速调节能力提出更高的要求。

随着智能电网的发展[1]，用电节约化、高效化以及各类需求响应[2~6]措施的大力推广，电力需求侧负荷资源种类更趋多样化，用电特性也呈现一些新变化，主要体现在：

（1）灵活可调性增强。部分电力用户中的工业负荷、商业负荷以及居民生活负荷中的空调、冰箱等负荷能够根据激励或者电价响应电网需求并参与电力供需平衡，表现出了灵活可调可控的新特征。

（2）不确定性增强。这种不确定性既表现在负荷自身用电特性上，也表现在负荷根据激励或电价响应时的不确定性上。此外，负荷侧不确定性还表现在时间上和空间上，如电动汽车充放电的时间不确定、充放电地点也不确定等。

（3）部分新型负荷具有一定的双向性。以电动汽车、储能等为代表的新型负荷带有"源荷"双重特征，既可以充电时表现为负荷，也可以放电时表现为电源，通过一定的调控措施，能够与电网双向互动。随着相关技术的发展，电动汽车、储能等在电力负荷中的比例呈不断上升趋势，亟需进行相关技术的研究和试点示范。

负荷特性的新变化引起了电力学者和相关行业的共同关注，特别是负荷侧资源体现出的灵活可调性成为业界研究的热点。文献 [7] 认为未来智能电网需要容纳较大比例的主动负荷；文献 [8] 将负荷的灵活可调性定义为负荷的柔性，指负荷大小可在用户指定的区间内"伸缩"，依靠负荷增减或该节点上向用户直接供电的分布式发电出力调整实现。本书将"柔性负荷"的内涵定义为用电量可在指定区间内变化或在不同时段间转移的灵活可调负荷，其外延包含具备需求弹性的可调节负荷或可转移负荷、具备双向调节能力的电动汽车、储能、蓄能以及分布式电源、微网等[9]。作为发电调度的补充，柔性负荷调度能够削峰填谷、平衡间歇式能源波动和提供辅助服务，有利于丰富电网调度运行的调节手段[10]。然而，柔性负荷数量多、分布分散、单体容量较小，如何引导柔性负荷参与电网调控运行是亟需解决的难题。

为了应对上述挑战和机遇，世界电力工业已将发展智能电网作为积极应对未来挑战的共同选择。开放互动是智能电网的重要特征之一，目前对于互动的研究与应用主要局限于源网协调和互动用电等方面。研究热点包括：集中式可再生能源的友好接入技术、分布式发电/微网与大电网的相互作用、电动汽车/储能与电网的互动和用户侧需求响应技术等。这些研究从单个环节和局部问题出发，侧重于解决电网当前阶段面临的关键技术问题，缺少对电源、电网、负荷互动对电网运行控制影响的整体思考和系统性研究。因此，单纯从网源协调、网荷互动、电动汽车与电网的互动等方面进行研究难以提供整体解决方案。只有电源、电网、负荷的全面互动和协调平衡才能适应未来智能电网的发展需求，这种良性互动不仅必须而且可能。一方面，大规模和分布式可再生能源的快速发展、未来电动汽车充放换电设施的大量接入、储能和微网的不断发展，都对电网造成不同程度的冲击。目前我们所遇到的可再生能源消纳等新问题，其中一个重要原因是我们仍然按"发电跟踪负荷"的常规电网运行控制理论来应对新需求，没有让可控负荷成为电网调节和消纳新能源的重要手段，没有让电源、电网、负荷形成真正的互动，未能充分发挥智能电网的作用。另一方面，随着新理论、新技术、新材料的快速发展，电源、电网和负荷均具备了柔性特征。通过间歇式能源与具有良好调节和控制性能的柔性电源的协调配合，使之一起向可预测、可调控的方向发展；与电网友好的可控常规负荷及微网、储能、电动汽车、需求响应等将发展成能够适应电网调控需求的柔性负荷；电网中新型柔性直流输电（Voltage Source Converter based High Voltage Direct Current Transmission，VSC - HVDC）、柔性交流输电（Flexible AC Transmission Systems，FACTS）等设备增强了电网柔性可控性；信息交互的完善，使得电源、电网、负荷不仅能感知自身状态的变化，同时还能获知其他个体的全面信息。这一切为电源、电网、负荷相互之间的全面互动提供了可能。因此，"源-网-荷"互动（电源、电网、负荷相互之间良性互动）是应对智能电网能源结构变革的重要手段，也是电网快速发展的必然[11]。

1.2 "源-网-荷"互动的内涵

"源-网-荷"互动是指电源、负荷与电网三者间通过源源互补、源网协调、网荷互动和源荷互动等多种交互形式，以实现更经济、高效和安全地提高电力系统功率动态平衡能力的目标。"源-网-荷"互动本质上是一种能够实现能源资源最大化利用的运行模式。传统电力系统运行控制模式是电源跟踪负荷变化进行调整，是单向的关系，尚未形成明显的互动关系，如图 1-1（a）所示。随着智能电网的发展，由于电源、电网和负荷均具备了柔性特征，将形成全面的"源-网-荷"互动，呈现源源互补、源网协调、网荷互动和源荷互动等多种交互模式，如图 1-1（b）所示。

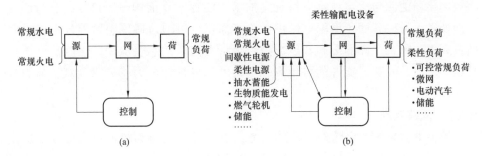

图 1-1　"源-网-荷"互动内涵示意图

（a）传统电网；（b）互动电网

源网协调是指在现有电源、电网协同运行的基础上，通过新的电网调节技术有效控制新能源大规模并网及分布式接入电网时的"不友好"特性，间歇性电源和常规电源一起参与电网调节，使得电源朝着具有友好调节能力和特性（即柔性电厂）的方向发展；网荷互动是指在电网出现或者即将出现问题时通过负荷有计划的主动调节来改变潮流分布，确保电网安全经济可靠运行；源荷互动是电源和负荷均可作为可调度的资源参与电力供需平衡控制，负荷的柔性变化成为平衡电源波动的重要手段之一。以上三种互动其实是一个不可分割的整体，电源侧、负荷侧的变化都必须通过作为物理载体的电网进行相互作用，因此，电网必须具有柔性开放的接入能力和灵活可控的调节能力才能承载"源-网-荷"互动，也就是说电网必须发展成为柔性电网。此外，各种电源的特性各异，且存在地域和物理特性上的互补性，因此除了上述三种模式外，还存在源源互补模式。

1.2.1　源源互补

一次能源具有多样性（如水电、风电、光电、生物质发电、海洋能发电等），其时空分布和动态特性均存在一定的相关性和广域互补性，通过源源互补可以弥补单一可再生能源易受地域、环境、气象等因素影响的缺点，并可利用互联大电网中多种能源的相关性、广域互补性和平滑效应来克服单一新能源固有的随机性和波动性的缺点，将可有效提高可再生能源的利用效率，减少电网旋转备用，增强系统的自主调节能力。

1.2.2　源网协调

现有电网运行控制是按不同时间尺度综合应用负荷预测、机组组合、日前计划、在线调度以及实时控制等，实现电源和电网的协同控制。随着间歇式能源的大规模集中并网和小容量分布式接入电网，源网协调主要体现在：一方面，将规模化新能源与火电、水电特别是抽水蓄能等常规能源分工协作，进行联合打捆外送；另一方面，根据电网供需平衡需求，可通过微网、智能配电网等将数量庞大、形式多样的分布式电源进行灵活、高效的组合应用。伴随源网协调技术的发展，间歇式能源的可预测、可调度和可控制能力将大为改观，从而克服其"不友好"的特性。

1.2.3　网荷互动

作为电力系统功率瞬时平衡的一方，负荷特性及行为特征很大程度上决定着电网的安全性和经济性。负荷对供电可靠性要求是有区别的，随着需求侧的逐步开放，通过电价政策激励用电侧资源进行主动的削峰填谷和平衡电力，将成为提高电力系统运行经济性和稳定性的重要手段；作为备用的另一种形式，可中断负荷是电网可调度的紧急备用"发电"容量资源，也可经济有效地应对小概率高风险的备用容量不足，确保电网安全可靠地运行。随着分布式电源、微电网、电动汽车、储能等的广泛应用，新型柔性负荷具有发电和（或）储能的特性，能够与电网进行能量的双向交互，可以参与电网调控并成为黑启动电源。

1.2.4　源荷互动

智能电网是由时空分布广泛的多元电源和负荷组成，电源侧和负荷侧均可作为可调度的资源。负荷侧的储能、电动汽车等可控负荷参与电网有功调节，电力用户中的工业负荷、商业负荷以及居民生活负荷中的空调、冰箱等作为需求侧资源能够实时响应电网需求并参与电力供需平衡，通过有效的管理机制，柔性负荷将能够成为平抑新能源功率波动的重要手段。

电源和负荷都需要通过电网进行相互作用，这就要求电网必须具备柔性开放的接入能力和灵活的调节能力。电网调度控制中心将综合各种先进科技和智能化手段，对电网进行主动的监视、分析、预警、辅助决策和自愈控制，辅助调度员应对电网可能出现的各种扰动，为电源和负荷的友好互动提供强有力的技术支撑。灵活交直流输电系统的广泛应用也将为现代电网的安全、经济、可靠和优质运行提供有效的手段，静止无功补偿装置（SVC）、统一潮流控制器（UPFC）、柔性直流输电（VSC-HVDC）等先进电力电子装置具有快速调整有功、无功功率能力，能够灵活调节和动态优化电网潮流分布，提升电网运行的可控性和可调性。

1.3 实现"源-网-荷"互动面临的挑战

1.3.1 互动对电力系统诸多领域的影响

随着智能电网的发展，电源、电网和负荷间的构成形式、响应范围和交互模式较目前电网更趋复杂，对电力系统安全、稳定、高效运行将产生多方面深远影响。如果控制得当，电源、电网、负荷的互动成为一种柔性的良性互动，将大大提升电力系统功率动态平衡能力，适应未来智能电网的发展需求。但要达到"源-网-荷"柔性互动这一理想境界，在系统规划、通信安全、装备制造、市场机制等方面将面临诸多挑战，尤其对于电网调度控制将产生深远影响。

在系统规划方面，长期以来，电源规划与电网规划在研究与实践中常被分开进行，但是近年来随着"弃风/弃光"等问题愈发凸显，电源与电网规划建设的不协调、不匹配开始引发人们的关注与思考[12~14]，特别是需要结合中国可再生能源快速发展与弃风/弃光问题凸显的时代背景进行源网协调规划模型的研究。同时，随着国内对电力需求侧节能事业重视程度的不断提高，在电力规划中考虑需求侧节能的必要性日益显现[15~17]。

在通信安全方面，随着柔性负荷、分布式电源、储能、微网的大规模接入，如何满足源、网、荷资源种类多、分布广、数量大、接入方式多样化的需求，通信组网方案和安全策略将面临新的挑战。需要考虑采用专用光纤、无线专网、无线公网等多种方式相结合进行组网[18]，并对信息安全防护提出了更高的要求。

在装备制造方面，需要针对源、网、荷控制对象庞大、控制特性各异、单体可控容量不同的特点，细化控制单元，并针对电网暂态、动态和稳态不同阶段特征和安全稳定运行需要，分别设计电源侧、电网侧、负荷侧控制装备，满足各类用户即插即用及大规模控制系统定期验证的要求。

在市场机制方面，需要建立灵活的电价和激励政策，通过电价的变化对用户用电行为进行引导，从而实现用电侧削峰填谷以及平衡间歇式能源波动。需要完善负荷侧调频辅助服务、快速需求响应辅助服务和负荷侧备用辅助服务。引导用户积极参与"源-网-荷"储友好互动，实现电网频率稳定、解决设备越限及备用不足等问题。

在电网调度控制方面，"源-网-荷"互动将对电网调度控制中调度模式、运行分析、能量平衡和实时控制等各个方面产生极大影响，电力系统面临功率动态平衡能力亟待提高、电网潮流时空分布特性更趋复杂、电网分析基础理论有待发展、电网运行调控准则和策略需要更新、电网安全评估及稳定控制方法尚需提升等诸多挑战，将在1.3.2中详述。

1.3.2 互动环境下电网调度控制面临的新需求

1.3.2.1 电网传统调度模式面临挑战

"源–网–荷"互动环境下，电源侧可再生能源具有波动性、间歇性、反调峰性、低可调度性等"不友好"特点，而负荷侧电动汽车、储能等带有"源荷"双重特性，能够与电网进行能量的双向交互，且具有广域海量分布的特点。电网发展将呈现可再生能源高渗透率、负荷响应行为难以预知、电力双向交换、不同电压等级可再生能源多点集中接入与分布式分散接入并存等特征，将对电网调度模式产生以下影响：

（1）需要实现发用电资源的一体化协调调度。传统调度模式主要考虑发电侧调度，通过调整发电机组出力来满足用电需求，负荷在系统运行中是被动的、静止的、刚性的；而互动环境下部分负荷在系统运行中可看作是主动的、变化的、柔性的，调度对象需要兼顾发电侧机组和需求侧资源[19]。

（2）需要实现发用电资源的一体化协同控制。海量柔性负荷可以参与系统功率平衡控制，有效提高整个系统的可靠性与经济性。然而，柔性负荷一般情况下数量众多、单体容量较小，在分布上具有很强的分散性，调度中心无法对它们进行准确感知和精确控制，传统集中式调度模式将难以解决柔性负荷资源调度的难题，需要进一步探索柔性负荷参与电网有功平衡的调度模式及控制策略。

（3）由于风电、光伏等新能源发电难以准确预测，柔性负荷响应也存在一定的不确定性，因而电网传统确定性调度模式将出现两方面弊端：一是优化模型的约束条件可能难以满足，不能得到可执行的决策结果，比如常规机组爬升能力可能不足以应付规模风电场突然解列的情况；二是决策结果将趋于保守，比如系统为风电预留足够的备用将大大降低常规机组的发电效率，导致煤耗增加。因此，调度模式需要计及源荷双侧存在的不确定性因素，以取得风险与效益的协调。

（4）优化目标不仅需要考虑经济性，还要考虑节能减排效益。能源清洁化转型变革促进了新能源的快速发展，但由于发电资源燃料的经济属性和排放自然属性并不统一，经济性和节能减排是一对矛盾。加之新能源发电的间歇特性决定了其一定程度上必须依赖常规能源机组，替代效益以牺牲常规机组的发电效率为代价，因而不同资源的价值难以准确量度。

1.3.2.2　电网运行分析方法有待发展

"源-网-荷"互动环境下,电网将呈现新能源高渗透率、互动行为难以预知、电力双向交换、不同电压等级可再生能源多点集中接入与分布式分散接入并存等特征,新电源出力的随机性、柔性负荷响应单独及综合作用等都将导致电网的潮流分布特性呈现新的特征[20~24],传统基于确定性理论的分析方法将不再适用,具体表现在以下方面:

(1)新电源出力的随机性、分布式电源大量接入导致配电网架构的变化,电动汽车大量接入引起的集聚效应、复杂负荷响应单独及综合作用以及电网自身结构调整等都可能导致电网潮流特性及分布规律发生变化,甚至发生方向性的改变,这将使得传统的确定性潮流分析方法难以满足新的需求,但潮流计算的注入变量若考虑为不确定形式,将大大增加计算的复杂性。

(2)在"源-网-荷"互动环境下,电网潮流分布的新特征将极大地影响电网的静态安全特性,导致电网静态安全分析技术不得不随之改变。例如,基于单断面的静态安全分析方法难以描述长时间尺度的互动过程,可能需要转换为考虑"源-网-荷"互动环境下的连续性分析,确定性的安全判断标准需要转换成风险控制的安全判断标准等。

1.3.2.3　电网功率平衡能力亟待提升

以风电、光伏发电为代表的新能源具有随机性、间歇性和波动性特点,在机组特性、发电方式上与火电、水电等常规发电机组差别很大。工商业、居民、电动汽车、储能等柔性负荷响应的随机性、自主性、无序性也将会增加功率平衡难度。如何在电源和负荷双侧不确定环境下实现系统的功率和能量动态平衡,也是"源-网-荷"互动环境下面临的挑战之一,具体表现在:

(1)备用安排。受限于天气预报精度、模型转换等因素的影响,目前新能源出力预测准确率整体水平不高,风电出力日前预测偏差在20%以上,随着接入比例的逐步增加,其对有功平衡的影响将超过负荷预测偏差对有功平衡的影响,严重威胁到系统的安全可靠运行。传统的只计及负荷波动和机组强迫停运的备用留取方式无法有效保障新能源高渗透率下电网的安全可靠运行,需要在备用留取过程中充分考虑新能源出力不确定性的影响。此外,柔性负荷参与电网互动运行丰富了电网有功调节手段。有必要挖掘储能、电动汽车、可中断负荷等更多的负荷侧资源参与系统的有功备用服务,提高电网调节能力。

(2)调度计划。对于新能源大规模接入的地区,新能源预测的准确性和实用性难以保证。柔性负荷响应电网调度本身也具有一定的不确定性,且随着参与调度的负荷数量的增加,其响应不确定性对系统运行产生的潜在影响将日渐凸显。因此，有必要在日前、日内、实时多时间尺度上根据滚动刷新的负荷和风电预测数据进行调度计划的滚动修正。此外，利用高渗透率下广域时空分布的单一能源及多元能源互补特性，能够实现能源资源在更大范围内的优化配置，这将改变传统的省网有功功率就地平衡模式，需要优化针对联络线的传输功率约束，以实现潮流的大范围转移。

（3）实时控制。可再生能源的迅猛发展和电力高峰负荷持续增长使得系统平衡资源需求激增，仅依靠常规机组的有功调节手段已难以满足系统功率平衡要求。尤其是在实时阶段，能够快速响应调度指令的自动发电控制（Automatic Generation Control，AGC）机组是维持系统功率平衡的重要手段，但可再生能源的不确定性、快速爬坡特性以及负荷中心用电高峰期用电量的快速攀升，往往造成 AGC 机组可调容量不足，成为威胁电网安全经济运行的重要隐患。此外，现阶段电网主要采用的是集中调控模式，而柔性负荷更多的以配电网、专用变压器用户、负荷聚合商等分布式调度单元的形式出现，如何实现各控制单元分布自治与电网控制中心整体决策的协调也是新形势下电力平衡技术需要研究的关键。

1.3.2.4 电网调控评估方法需要更新

"源–网–荷"互动环境下，参与电网运行调度控制的主体组成、责任以及行为特点等均呈现出不同的特征，需要明确它们各自的角色和作用，并对"源–网–荷"参与电网调度的效果和效益进行有效评估。

传统电网调度控制主要目标是维持电力系统发用电实时平衡，维持电网频率和区域控制偏差，发电机是电网运行控制的主要对象。在"源–网–荷"互动环境，电源、负荷甚至电网都可能成为电网运行控制的对象。在电源侧，可再生能源发电机组可控性差而且出力具有随机波动性，在负荷侧，某些负荷呈现可调节特性，尤其是快速柔性负荷可以跟随调度指令提供调峰甚至调频服务。因而，针对电网运行调控的评估分析应考虑柔性负荷参与电网调度控制的效果和效益。

1.4 "源–网–荷"互动环境下电网调度控制技术研究框架

互动环境赋予了电力系统新的功能和形态，其运行特性和支撑其运行的数学模型、安全分析方法、能量平衡方法等也将随之发生变化。本章在分析互动相关基础理论及支撑技术的基础上，从互动主体特性分析及建模、柔性负荷响应潜力量化评估、互动环境下电网安全分析方法、源荷协同调度技术、柔性负荷协调控制策略、互动性能评估方法六个方面阐述了互动环境下电网调度控制关键技术，以期建立互动环境下电网调度控制技术研究框架。

1.4.1 基础理论和支撑技术

1.4.1.1 基础理论

"源–网–荷"互动环境下电网调度控制技术涉及能源、控制、信息等领域，是多学科交叉的重要前沿。需要针对复杂、多变、随机性和不确定增强等实际需求，研究、应用并发展诸如不确定性理论、熵理论、博弈论和多目标优化理论等基础理论。

（1）不确定性理论及分析方法。"源–网–荷"互动环境下，新能源的随机性、柔性负荷用电行为的自主性以及电源、电网和负荷间互动过程的不确定性，使得基于确定性理论的电网传统分析方法难以满足电网发展的新需求，需要发展计及不确定因素的电网稳态分析的基础理论和方法[25,26]。

（2）熵理论及分析方法。"源–网–荷"互动过程中，电网潮流时空分布特性可能发生变化，影响电网潮流分布的均衡程度，严重情况下可能引发复杂连锁故障的发生，现有研究缺乏衡量电网设备负载率分布情况的有效指标。熵理论可以定量描述系统所处状态的均衡程度，有望成为研究"源–网–荷"互动对电网安全特性影响的有力工具。

（3）博弈理论及分析方法。"源–网–荷"互动运行环境下，无论发电侧还是负荷侧，均存在多种博弈因素。以负荷侧为例，包括柔性负荷资源和电网运营商在内的各个参与方要尽力运用博弈论使自己在和他人竞争中取得的利益最大化；另外电网运营方还要用它来预测及判断在市场参与各方的博弈行为下是否发生操纵市场哄抬价格等不合理的现象，必须予以适当的引导、监督、以及惩罚[27]。

（4）多目标优化分析理论及方法。电网互动运行涉及的参与方众多，且各方都希望自己的效益能够得到最大化；此外，电网运营商还将考虑电网运行的安全性、可靠性、环保性等诸多指标。因此，多目标优化理论在"源–网–荷"互动环境下会得到广泛应用，其求解方法可分为多目标–单目标转换算法和先进的多目标优化算法两类。

（5）多智能体理论。多智能体系统是分布式人工智能的一个重要分支，是由多个智能体组成的集合，目标是将大而复杂系统建设成较小的彼此互相通信协调且易于管理的系统。在"源–网–荷"互动环境下，电网多层级调度控制体系不会发生变化，但由于控制对象的变化，电网运行集中控制模式将发生变化。利用多智能体系统理论有助于支持互动主体的自主决策以及多互动主体之间的相互协调[28]，有望实现"源-网-荷"互动运行协调控制。

（6）统计学原理及分析方法。随着统计理论的不断发展，目前统计学习理论也被广泛地应用于数据挖掘、模式识别等很多领域。从经典统计学角度可以研究可再生能源、柔性负荷等互动参与主体的一些统计特征，但互动参与主体的时变性和随机性问题仍存在，还有待解决。

1.4.1.2 支撑技术

近年来，新能源预测技术、可再生能源并网技术、互动用电技术、信息通信技术、调度自动化以及智能配电网等相关支撑技术得到了充分重视和发展，为互动环境下电网调度控制技术发展奠定了坚实基础。

（1）新能源预测技术。随着风、光等随机性新能源的大规模接入，其不确定性对电力系统与电力市场的稳定性、充裕性及经济性的影响也日益彰显，故及时、精确地预测风电功率动态变化情况意义重大[29]。为了应对风、光等随机性新能源的大规模接入，国内外均已开展了大量针对新能源不同时间尺度的电力、电量预测的研究。考虑到新能源发电的随机性较大，目前工程应用中一般以短期和超短期出力预测为主。经过30余年的发展，人们提出了上百种风电预测的模型与方法，可再生能源预测的精度不断提高，风电预测软件[30]已经实用于电网运行中。

（2）互动用电支撑技术。电力负荷数量多、分布广，需要进一步发展智能通信技术、调度控制技术和需求侧电网友好型电器技术。智能通信技术包括远程通信网络建设、加密安全保障技术、高级计量系统（Advanced Metering Infrastructure，AMI）以及智能用电互动服务平台，负荷调度控制技术包括远方智能控制技术、能源管理系统，需求侧电网友好型电器技术主要体现在用电设备主动响应电网实时频率、电压以及反映电网运行状态信号变化的技术。

（3）调度自动化系统支撑技术。传统的调度与控制都是通过调节发电机组来实现发用电的平衡，但在风电等新能源并网容量达到较大比例时，仅依靠常规发电机组出力调整来平衡风功率波动的传统调度模式不能充分发挥电网的全部调控能力，未来需求侧可控资源也将纳入电网调度计划与实时控制体系中。

（4）智能配电网技术。是以配电网高级自动化技术为基础，通过应用和配合先进的测量和传感技术、控制技术、计算机和网络技术、信息与通信技术，利用智能化的开关设备、配电终端设备，在坚强电网架构和双向通信网络的物理支持以及各种集成高级应用功能的可视化软件支持下，允许可再生能源和分布式发电单元的大量接入和微网运行，鼓励各种电力用户积极参与电网互动，以实现配电网在正常运行状态下完善的监测、保护、控制、优化和非正常运行状态下的自愈控制。

1.4.2　互动环境下电网调度控制技术框架

　　"源-网-荷"互动环境下，基于电力系统能量平衡的调度目标是实现安全、经济、低碳、环保的电网智能调度。在互动相关基础理论和支撑技术研究的基础上，开展互动主体特性分析及建模、互动主体可调度潜力评估、互动环境下电网稳态分析、"源-网-荷"协同优化调度、"源-网-荷"互动控制以及互动性能评估六个关键技术研究。"源-网-荷"互动环境下电网调度控制的总体框架如图 1-2 所示。

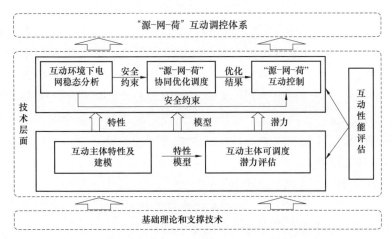

图 1-2　"源-网-荷"互动环境下电网调度控制总体框架

1.4.2.1　互动主体特性分析与建模

　　能够参与互动的主体种类繁多且特性迥异。电源侧既有水电、火电等常规电源，也包括大规模风电、光伏等可再生能源；负荷侧包括具有需求响应能力的可调节或可转移负荷、具备双向互动能力的电动汽车、储能以及分布式电源等；电网侧在计及电网输电能力、安全约束、互动承受度等基础上进行协同调度和控制。需要在准确掌握"源-网-荷"三侧资源特性的基础上开展互动行为建模研究。

　　（1）特性分析。首先应掌握电源侧、电网侧、负荷侧参与主体在互动环境下呈现出来的新特性，如不同地域单一可再生能源的相关性，广域互补性以及多元可再生能间的互补特性和平滑效应，负荷侧资源在长期、中期、短期等不同时间尺度上的可调度特性，广域源荷协调特性等；在充分掌握互动对象特性的基础上，重点分析互动行为的多时空尺度特性、互动发展趋势的不确定性、互动环境下潮流分布的复杂性等互动特性。

（2）互动建模研究。在"源-网-荷"互动行为中，各个参与互动的主体对互动的响应在时间尺度上各不相同，有快过程和慢过程，存在快慢主体间跟随的问题。不同的互动主体之间在空间尺度上也不尽相同，例如对于大规模可再生能源广域互补在空间尺度上远远大于微网内部储能装置与可再生能源之间的互补，间歇性电源与抽水蓄能间的互补在时间尺度上快于电源和负荷间的互动。因此，需要提出抽象表征互动行为的模式、内容和效果的方法。

特性分析和建模方法研究将成为后续分析和控制的基础。

1.4.2.2 互动主体可调度潜力评估

对于调度中心和负荷代理而言，及时掌握负荷侧资源的响应潜力是引导其参与电网调控运行的基础。影响负荷侧资源响应潜力的因素很多，既有设备物理调节能力的制约，又受到外界气象、激励水平、用户响应意愿等多种因素的制约。如何甄别出关键影响因素，提出负荷侧资源的响应潜力量化评估方法是值得研究的问题。关键技术包括：重要影响因素甄别、单类型柔性负荷的聚合响应潜力计算方法、母线负荷构成辨识和母线层柔性负荷聚合响应潜力快速量化评估方法。柔性负荷响应潜力量化评估结果可为互动环境下电网分析、计划和控制各个环节提供基础。

1.4.2.3 互动环境下电网稳态分析

"源-网-荷"互动过程中，可再生能源的出力和负荷的响应都具有强不确定性，互动过程随时可能改变发电或负荷节点的注入功率，从而改变系统潮流特性及其分布规律，可能出现由于互动而引起的潮流越限、反向等现象。此外，互动过程中，电网的静态安全分析断面潮流是连续变化的，采用传统每15min进行一次的确定性的静态安全分析有可能无法捕捉到威胁到电网运行状态的演变过程。为充分考虑互动引起的不确定因素及电力系统运行特性的变化，需要在继承原有电网安全分析方法的基础上结合互动环境的新特征和新需求发展"源-网-荷"互动环境下的电网安全分析方法，重点关注电源随机性、电网拓扑结构变化和负荷响应单独及综合作用下的电网静态安全特性。关键技术包括：

（1）考虑"源-网-荷"互动的概率潮流算法。在互动过程中，互动主体的响应是存在相关性的，需要研究计及互动相关性的概率潮流算法；此外，传统的单断面潮流计算无法描述互动过程的时序特性，有可能无法捕捉到互动过程中的电网安全风险，因此，单断面潮流算法应发展为连续性概率潮流算法，用以分析互动过程中电网运行状态的演变。

（2）考虑"源-网-荷"互动的静态安全特性及方法研究。互动环境下，电网潮流分布呈现新的特征，电网静态安全特性也随之发生变化。电网静态安全特性与"源-网-荷"互动水平及"源-网-荷"互动模式密切相关，静态安全分析方法应由单个确定方式的分析转换为考虑"源-网-荷"互动的连续性分析。

1.4.2.4 "源-网-荷"协同优化调度技术

柔性负荷参与电网调度运行能够为电网运行提供额外的平衡能力，是智能电网框架下的重要互动资源。但如何引导海量、分散分布的柔性负荷参与调度运行，是需要重点关注的问题之一，亟需考虑柔性负荷的可调度特性进行建模和求解，将传统"发电跟踪负荷"的单侧发电调度模式扩展到"源-网-荷"互动调度模式，关键技术包括：

（1）柔性负荷优化调度技术。未来电网中电源侧和负荷侧均可作为可调度的资源。柔性负荷调度通过引导柔性负荷主动参与电网运行控制，可有效解决电力系统调节能力不足等问题，提高电网运行性的安全性和经济性。同常规电源调度相比，柔性负荷调度需要考虑参与负荷的数量和类型、不同负荷响应的目标差异以及负荷响应的不确定性。

（2）计及柔性负荷的发电、用电协同调度关键技术。需求侧资源种类丰富，响应特性各异，从年/月度规划、日前经济调度、实时经济调度到实时控制，可在不同的时间尺度上灵活部署，参与电力系统的调控运行。需要计及柔性负荷的不确定性和多周期响应特性，制定日前/日内/实时发用电协同调度计划，提出兼顾计算效率和计算精度的调度优化算法。

1.4.2.5 "源-网-荷"互动控制技术

互动主体数量的快速上升、间歇能源的运行不确定性和分布式可控负荷的灵活响应特性也增加了电网运行复杂程度。需要研究"源-网-荷"柔性互动控制策略和技术，尤其是海量分布式优化控制与集中优化控制之间的交互协调框架，充分发挥海量分布式优化控制的自组织、自适应能力和集中优化控制的全局协调能力，全面实现"源-网-荷"的有序互动。关键技术包括：

（1）互动环境下联络线功率平衡控制技术。传统的省网有功功率就地平衡模式在某种程度上不利于可再生能源的大规模消纳和"源-网-荷"间的协调互动，需要制定考虑电源和负荷置信度的联络线传输功率控制准则和功率控制新模式。

（2）海量分布自治与集中控制的协调优化技术。在"源-网-荷"柔性互动的环境中，除了集中式的常规大电源和直控大负荷外，还有海量分布式的电源和可控负荷。需要设计海量分布式优化控制与集中优化控制间的交互协调框架，由集中优化控制为海量节点自组织优化控制提供可接纳的控制参数和目标，充分发挥海量分布式优化控制的自组织、自适应能力和集中优化控制的全局协调能力。

（3）基于随机优化的协调控制技术。"源-网-荷"互动改变了系统的能量平衡模式，系统随时处于动态平衡中，对系统的优化也必须从静态转变为动态的观点加以考虑。在制定控制策略时需要考虑多种约束条件，提出基于随机优化的协调控制模型和算法。

1.4.2.6 "源-网-荷"互动效果评估

"源-网-荷"互动是提高电网功率动态平衡能力的重要手段。但"源"侧可再生能源的波动性和"荷"侧负荷响应的自主性使得互动环境下电网运行面临更多的不确定性，也可能给电网安全带来新的隐患。因此，互动有"良性"和"劣性"之分。前者是在系统出现功率不平衡量时，由调度中心在确保完成电网调度总体目标的前提下，遵循相关原则实施的互动，是一种电力系统正常运行工况下的调控手段，能够起到削峰填谷、提高可再生能源消纳等作用；后者则主要由柔性负荷的自主、无序响应或不合理的互动策略引起。研究"源-网-荷"互动性能评估方法有利于促进电源、电网、负荷三者之间的良性互动。关键技术包括：

（1）互动影响评估。需要综合考虑负荷侧资源自身的响应能力及电网的安全性，定量评估互动对提高可再生能源接纳能力、降低电网峰谷差的效果以及对电网安全运行所带来的影响。

（2）互动控制性能评估。不同的控制模式下，参与控制的主体的组成、责任以及行为特点等均呈现出不同的范式。对控制主体的控制性能进行评价需要明确它们各自在控制过程中的角色和作用，以此为出发点，确定评价原则、明确评价要素，并据此设计出具体的评价标准。

1.5 本章小结

如何有效利用电源、电网和负荷间的互动以提高电力系统的功率动态平衡能力，实现大电网资源优化配置和能源利用效率的提升，是智能电网运行控制面临的重大挑战。本章在梳理当前形势下能源结构转型新趋势的基础上，分析了"源-网-荷"互动的必要性，提出了"源-网-荷"互动的概念并阐述了互动的内涵。"源-网-荷"互动环境下电网调度控制技术涉及能源、控制、信息等领域，是多学科交叉的重要前沿。需要针对复杂、多变、随机性和不确定增强等电力系统发展的实际需求，分析互动相关基础理论及支撑技术，研究互动主体特性及建模方法、互动主体可调度潜力评估技术、互动环境下电网稳态分析方法、"源-网-荷"协同优化调度技术、"源-网-荷"互动控制技术以及互动效果评估技术等关键技术，以期为新形势下电网调度控制提供整体技术研究框架。

第 2 章

互动主体特性分析与建模

互动主体特性分析与建模是开展互动研究的基础。随着新理论、新能源、新技术、新材料的快速发展，电源侧出现了随机性的可再生能源，负荷侧出现了可控常规负荷、微网、储能、电动汽车等柔性负荷，使得源、网、荷之间有了能量双向互动的能力。不同于传统负荷建模主要针对电力负荷基本成分模型、电力负荷静态模型、电力负荷机理动态模型、电力负荷非机理动态模型等方面开展的研究，本章从新电源、负荷的互动特性出发，分析了新能源建模方法和柔性负荷响应建模方法，其中柔性负荷响应建模更加侧重于负荷与电网、电源的交互影响。

2.1 源、荷资源特性分析

2.1.1 新能源的出力特性

常规火电机组、水电机组和燃气机组的资源特性已有大量研究，此处不再赘述。本节以风电为例，归纳新能源的出力特性。由于受到气候和地形等多种不可抗拒的自然因素影响，新能源出力一般呈现随机性、间歇性和波动性的特点。

2.1.1.1 随机性[31]

随机性也称不确定性，指随时间发展风电出力/风速数值上的不确定性、弱规律性。随机性可细分为由风的湍流性质引起的随机性及因对风电规律认识不足而无法精确预测的随机性。前者属于极短时间尺度上的完全随机性，空间不相关且基本无规律可循，在风机惯性的影响下对电网的影响有限。后者则主要表现为预测误差，对并网运行至关重要。

风电功率预测的误差可以划分为纵向误差和横向误差[32]，其中纵向误差主要描述了某一时段的预测结果在竖直方向与实际结果的差别，往往可以用偏大或偏小概括；而横向误差则主要描述预测结果在水平的时间轴上与实际结果的差别，概括地说就是预测序列峰值的超前或滞后。单纯的纵向误差可以通过系统误差修正或误差时间序列统计等手段得到明显改善。从概念上讲，纵向误差的单位是预测量本身的单位，横向误差的单位是时间，在很多误差指标中，横向误差往往被归算至纵向误差中。图 2-1 给出了风电功率预测误差存在形式示意图。

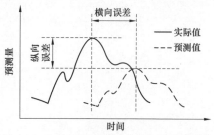

图 2-1　风电功率预测误差存在形式示意图

2.1.1.2　波动性

波动性指风电出力/风速序列在指定时空尺度上的逐点变化特性。风电出力变化及变化率是刻画风电波动性的核心指标。

（1）风电出力变化（波动）：相隔某一时间段的 2 个时间点风电出力均值之差 ΔP。

$$\Delta P = P(t + T) - P(t) \tag{2-1}$$

式中　$P(t)$——风电在 t 时刻的出力，kW；

　　　　T——时间间隔。对于不同时间尺度，对应不同的数值。

（2）风电出力变化率（波动率）：风电出力变化占风机额定容量的百分比 $\rho\%$。

$$\rho\% = \frac{P(t + T) - P(t)}{P_{\text{base}}} \times 100\% \tag{2-2}$$

式中　P_{base}——风机额定容量，kW。

按时间尺度划分，有风电的秒级、分钟级和小时级波动；按空间尺度划分则有单机、风场（集群）和区域波动等。以同一地区某风电场（装机容量为 49.5MW）和风电场群（装机容量为 2200MW）在不同时间尺度下的波动量统计为例，分别如图 2-2、图 2-3 所示。由图 2-2、图 2-3 可以看出：一般地，随时间尺度增加波动性增强；随空间尺度增加，风电出力的叠加使波动性减弱。

2.1.1.3　间歇性

风电间歇性特征有两重属性，针对研究周期内的任一时段，一是功率变化的范围是不确定的；二是该时段内任一瞬间功率变化的速率是不均衡的。可见，风电功率在一定置信区间内呈现多变性和不确定性，即过程化波动的多变性和空间位置上的不确定性，这就是体现在每时每刻，无论是采用分钟级还是更小

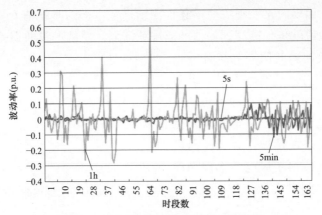

图2-2 风电场不同时间尺度波动量统计

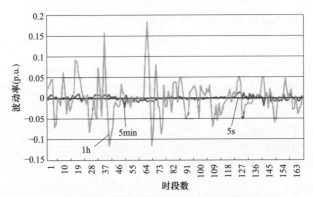

图2-3 风电场群不同时间尺度波动量统计

时间级都难以度量准确的间歇性特征。这里将时段内风电功率视为持续的随机波动过程，将其表达为近似微分形式：

$$W_{t,\,\min} \leqslant W_\tau \leqslant W_{t,\,\max}, \quad \forall \tau \in \left[(t-1)\varOmega,\ t\varOmega \right] \tag{2-3}$$

$$-V_{t,\,\mathrm{d}} \leqslant \frac{\mathrm{d}W_\tau}{\mathrm{d}\tau} \leqslant V_{t,\,\mathrm{u}}, \quad \forall \tau \in \left[(t-1)\varOmega,\ t\varOmega \right] \tag{2-4}$$

式中　　W_τ——风电持续随机波动量，τ 时刻可能的风电功率；

$W_{t,\min}$，$W_{t,\max}$——t 时段风电功率预测在一定置信范围内的最小值和最大值；

$\varOmega$——每一时段的持续时间；

$V_{t,\mathrm{u}}$——t 时段风电功率可能的最大向上变化速率；

$V_{t,\mathrm{d}}$——t 时段风电功率可能的最大向下变化速率。

可见，式（2-3）表示风电功率大小的不确定性，式（2-4）表示风电功率随时间变化率的不确定性。

2.1.1.4 相关性和互补性

电源间的相关性和互补性主要是指各电源之间输出功率波动相互加强或抵消的规律，开展广域范围内不同时间尺度下新能源发电之间的相关性和互补性研究对于新能源功率波动分析有着重要意义。

1. 相关性

相关性分析是指对两个或多个具备相关性的变量元素进行分析，从而衡量两个变量因素的相关密切程度。对于新能源发电而言，相关性常用来描述各电源之间输出功率变化规律的一致程度。例如，风电场功率相关度就是反映某一时期内各风电场功率趋势的一致性程度[33]。

为了便于研究分析，工程中通常采用相关系数来量化变量之间的相关性，其计算公式为

$$\rho_{X,Y} = \frac{\mathrm{cov}(X, Y)}{\sigma_X \sigma_Y} = \frac{E[(X - \mu_X)(Y - \mu_Y)]}{\sigma_X \sigma_Y} \qquad (2-5)$$

式中 $\rho_{X,Y}$——两变量之间的相关系数；

  X，Y——待分析相关性的两变量；

  E——数学期望值算子；

  μ_X，μ_Y——变量平均值；

  cov——协方差；

  σ_X，σ_Y——标准差。

因为 $\mu_X = E(X)$，$\sigma_X^2 = E(X^2) - E^2(X)$，式（2-5）还可写为

$$\rho_{X,Y} = \frac{E(X, Y) - E(X)E(Y)}{\sqrt{E(X^2) - E^2(X)} \sqrt{E(Y^2) - E^2(Y)}} \qquad (2-6)$$

相关系数的绝对值不超过 1。当两个变量的线性关系增强时，相关系数趋于 1 或 -1。当一个变量增加而另一变量也增加时，相关系数大于 0。当一个变量增加而另一变量减少时，相关系数小于 0。当两个变量独立时，相关系数为 0。一般情况下，相关性根据相关系数值按三级划分：$\rho_{X,Y} < 0.4$ 为低度线性相关，$0.4 \leqslant \rho_{X,Y} < 0.7$ 为显著性相关，$0.7 \leqslant \rho_{X,Y} < 1.0$ 为高度线性相关。

2. 互补性

互补性表现为随机性很强的多个变量，在各自的变化过程中，因为相互抵消而使得总体表现出较弱的波动性或随机性。对于变化差异较大的两信号，定义互补性指标以量化风电功率之间的互补能力[34]。

2 个风电功率信号的变化率绝对量为

$$\begin{cases} \gamma_{1,\,i} = \dfrac{P_{1,\,i+1} - P_{1,\,i}}{T} \\[3mm] \gamma_{2,\,i} = \dfrac{P_{2,\,i+1} - P_{2,\,i}}{T} \end{cases}, \quad i = 1 \sim n - 1 \qquad (2-7)$$

式中　$\gamma_{1,i}$，$\gamma_{2,i}$——风功率信号的变化率绝对量；

　　　　$P_{1,i}$，$P_{2,i}$——风功率；

　　　　T——风功率变化的时间间隔。

定义集合

$$B = \{ \beta_i \,|\, \beta_i = |\gamma_{1i} + \gamma_{2i}|\,,\ i = 1 \sim n - 1 \} \qquad (2-8)$$

式中　B——集合；

　　　　β_i——两信号 1 阶变化量的相对差值。

当 $\beta_i = 0$ 时，说明此时两信号的 1 阶变化量方向相反、数值相等，变化量完全抵消，达到完全互补；当 $\beta_i > 0$ 时，说明此时两信号的 1 阶变化量存在未抵消部分，其中 β_i 代表非互补的程度。

为考察某时间窗内两信号非互补程度的平均效应，定义指标：

$$E_B = \frac{1}{n-1} \sum_{i=1}^{n-1} \beta_i \qquad (2-9)$$

式中　E_B——两信号非互补程度的平均效应。E_B 越接近于 0，说明在考察时间
　　　　窗内两信号变化相互抵消得越多，互补性越高；反之，E_B 越大，
　　　　说明两信号变化的互补性越低。

3. 相关性与互补性的关系

在风电工程实践中，分散的风电场可以平滑秒级和分钟级的功率波动，但是对小时级的波动不能有效平滑。这一现象与风电分钟级与小时级功率波动产生的主要因素有关，短期秒级、分钟级的风电功率波动主要由湍流引起，随机性是主要特征。而日内的小时级风电波动根本上是受太阳对地面和空气加热效果的影响，规律性是主要特征。因此，大范围分散的风电场可以有效平滑短期的由湍流造成的随机风电功率波动，而对于日内规律性较强的小时级风电波动，短期时间尺度上功率波动相互抵消所产生的平滑效果就比较有限了[34]。

文献［35］基于美国航天局（NASA）Goddard 地球观测数据库中的全球风速数据，对中国正在建设的 6 个千万千瓦级风电基地的季节性风电功率波动、小时功率波动及其季节性差异和地域相关性进行了定量分析，得出如下结论：风电功率在 1 年内具有明显的季节性变化规律，在一天内具有昼低夜高的特征。虽然风电场的分散布置可以平滑秒级和分钟级的风电功率随机波动，但接入华

北和东北电网的风电基地的小时级功率波动具有很强的地域相关性。风电基地之间功率波动的年平均相关系数则在图2-4中给出。蒙西、蒙东和河北的平均相关系数超0.9，因此具有很强的相关性。而酒泉与蒙东、蒙西、河北的风电功率波动相关性最低，年平均值不足0.1。

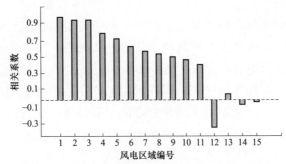

图2-4　风电基地之间功率波动的年平均相关系数
1—蒙西-河北；2—蒙东-河北；3—蒙东-蒙西；4—河北-江苏；
5—蒙西-江苏；6—蒙东-江苏；7—蒙西-哈密；8—河北-哈密；
9—蒙东-哈密；10—江苏-哈密；11—酒泉-哈密；12—江苏-酒泉；
13—蒙东-酒泉；14—河北-酒泉；15—蒙西-酒泉

文献［36，37］分别针对甘肃酒泉和内蒙古地区风电的相关性和互补性进行了分析，得出了类似的结论，也就是风电出力在长时间尺度上不同风电场间表现出较大的相关性，而在短时间尺度下（小时级以下时间尺度范围内）地理分散效应会提高风电场间的互补性。

2.1.2　柔性负荷资源分类及响应特性

2.1.2.1　柔性负荷资源分类

负荷用电特性决定着负荷是否适合参与调度运行。电力用户很大部分具有一定的需求弹性，能够针对电力价格信号或者电网公司激励机制做出响应。可从以下几个角度对可以实施需求响应的柔性负荷资源进行分类：

（1）从物理对象上来讲，包括大型工业、商业用户等集中式大负荷和海量的居民、商业、农用电等中小负荷。

（2）从响应方式和实施机制上，有基于分时电价、实时电价、尖峰电价等价格响应信号的负荷和直接负荷控制、可中断负荷、紧急需求响应等基于电网公司激励的响应模式[38]。

（3）从电网能量流的运行方向上，可分为具有需求弹性的单向可调节负荷，以及以电动汽车、储能、蓄能为代表的具有双向互动能力的负荷。后者目前在系统中的比重呈不断上升趋势，由于同时具备电池特性和用户行为特征，电网不仅可向这类负荷供电，在电网需要的时候这类负荷还可向电网反馈电能。分布式储能单元作为一种特殊的负荷，通过协调控制其充放电过程，使之在系统负荷高峰时放电、低谷时充电，实现系统的削峰填谷。从实施机制上来讲，同单向可调节负荷一样，包括基于价格和基于激励的响应模式。

（4）从负荷用电行为特点角度，又可分为可避免负荷和可转移负荷。可避免负荷是指用户在不改变其他时段电力消费的情况下在用电高峰期避免或削减的用电需求，如在用电高峰期关闭照明负荷或改变空调的使用方式，是基于用户需求的自弹性。可转移负荷是指用户根据电价或激励措施把高峰时期的电力消费转移到其他时段，主要基于用户需求的交叉弹性，此时，用户没有损失和新增成本的发生，但对于大工业用户来说，对常规工作的重组可能会导致生产成本的上升。

2.1.2.2 多时间尺度柔性负荷资源响应特性

负荷侧资源可以参与基于激励的需求响应与基于价格的需求响应。这两类需求响应（Demand Response，DR）可在不同的时间尺度上响应电网需求。

基于激励的需求响应管理主要有可中断负荷（Interruptible Load，IL）、直接负荷控制（Direct Load Control，DLC）、需求侧竞价（Demand Side Bidding，DSB）、容量/辅助服务计划（Capacity/Auxiliary Service Plan，CASP）和紧急需求响应（Emergency Demand Response，EDR）等，主要通过电价折扣或高价补偿两种方式进行激励。基于电价的需求响应管理包括分时电价（Time-of-Use Price，TOU）、实时电价（Real-Time Price，RTP）和尖峰电价（Critical Peak Price，CPP）。参加激励型DR项目的用户需要与实施方签订合同，若不能完成则需要承担相应的惩罚；参与价格型DR项目的用户是否进行负荷调整则是自愿的。这两种DR都可以与系统规划和运行相结合，但不同DR在适用的时间尺度上有差别。对于短期调度（日前调度和实时调度）来讲，能够起作用的是RTP、CPP、IL、DSB、EDR以及DLC。柔性负荷资源在参与电网运行时还需满足自身的用电需求，因此其参与电网运行调控需要一定的提前通知时间、具有一定的响应延迟时间。

在不同时间尺度上，根据负荷参与互动的响应特性筛选出合适的互动资源。电价型负荷由于受外部环境、生活习惯等不可控因素影响较大，其参与响应的不确定性也较大，而激励型负荷通过签订合同的方式，其响应不确定性相对较低。日内调度时，实时电价响应型负荷和可中断负荷可以参与互动，可中断负荷具有明显的阶跃响应特性，一旦被调用具有固定的持续时间，而实时电价响应型负荷具有一定不确定性[40,41]。直接负荷控制和紧急需求响应一般为紧急情况下的响应，属于被动响应且比较可靠，以保证电网安全运行为主要目标。可见随着时间尺度的降低，可响应的负荷类型及响应机制也越来越有限，且响应不确定性也随之减小。部分柔性负荷资源的时序特性如表 2-1 所示。

表 2-1　　　　　　　　　部分柔性负荷资源的时序特性

行　　业	响应类型	响应机制	响应时间
钢铁（轧钢）、有色金属加工	可转移负荷	峰谷电价	日前
		尖峰电价	日前
		可中断	小时前
商业以及公共设施的空调和照明负荷	可避免负荷	自动需求响应	小时前
			实时
冰蓄冷	双向互动负荷	辅助服务	实时
电动汽车充换电站	双向互动负荷	可中断	日前

2.2　新能源建模方法

2.2.1　新能源预测方法

风电预测最初的探索来自 Pacific Northwest Laboratory 的一个工作组，在 20 世纪 70 年代末的一次讨论报告中，该报告首次提出风电预测的概念与愿景，并在时间上对其进行分类。报告提出对风电进行周预测用于安排常规机组检修计划；对风电进行日前预测用于安排日发电计划；以及对风电进行小时级的预测用于实时调度[42]。经过 30 余年的发展，人们提出了上百种风电预测的模型与方法，风电预测的精度不断提高，风电预测的软件系统已经实用于电网运行中。风电预测方法有以下分类：

（1）按预测的物理量，可分为以风速为目标的预测方法和以风电场出力为目标的预测方法。以风速为目标的预测方法需要风电机组或风电场功率特性曲线将风速转化为风电场出力，而以风电场出力为目标的预测方法不需考虑风电机组或风电场功率特性曲线。

（2）根据输入数据的不同，可以分为采用与不采用数字天气预报（Numerical Weather Prediction，NWP）结果的两类方法。数值天气预报是根据大气实际情况，在一定初值和边界条件下，通过数值计算求解描写天气演变过程的流体力学和热力学方程组来预报未来天气的方法。预测目标主要包含风速、风向、气压、气温等天气数据。不采用数字天气预报的方法主要利用历史风电出力数据进行时间序列外推或利用统计方法进行预测。

（3）按预测模型，可以分为持续法、时间序列法、智能预测方法、物理模型法、综合方法五大类。持续法是最简单的预测方法，即把最近一点的风速或功率观测值作为下一点的预测值，该方法适用于 $3 \sim 6h$ 以下的预测。现在的预测技术一般都把持续法作为比较基准，评价风电预测方法的精确度。时间序列法根据风电历史出力或风速建立时间序列模型，并将模型外推进行预测，主要包含自回归积分滑动平均模型（Autoregressive Integrated Moving Average Model，ARIMA）与卡尔曼滤波模型。智能方法的本质是寻找风电出力相关因素（如风速、风向、气压、气温、时间信息）和风电场未来出力之间建立一种非线性映射关系，进而利用已知的相关信息预测未来风电出力，其代表方法有神经网络、支持向量机和模糊逻辑等。物理模型法是根据数值天气预报系统的预测结果如风速、风向、气压、气温等天气数据，考虑风电场周围等高线、粗糙度、障碍物、温度分层等信息计算得到风电机组轮毂高度的风速、风向等信息，最后根据风电场的功率曲线计算得到风电场的输出功率。

（4）按预测时间尺度分类，可分为长期预测、中期预测、短期预测以及超短期预测。

总体上，从国内外一些技术文献分析，超短期风电预测目前常应用的方法是时间序列与神经网络，这与目前负荷预测的方法如出一辙。文献［43］利用时间序列神经网络对风电场的风速进行提前一小时的预测，将所预测点的前6个小时风速作为输入，对实际数据的算例中，预测平均相对误差约为6%。文献［44］提出先利用小波分解法将风速数据进行分解，然后对各频率分量利用ARIMA模型进行提前 10min 的预测，针对同一实际数据，比较了持续法（平均相对误差8.23%）与直接 ARIMA 模型进行预测（平均相对误差7.02%）以及该方法（平均相对误差5.19%）。计算结果表明小波分解能够提取风速序列的更多信息，通过 ARIMA 模型能够将这些信息表达至未来的预测值中，从而使风速预测更加准确。

关于短期风电预测具有代表性的有文献［45，46］，建立了基于人工神经网络的风电功率预测系统。以数值天气预报为基础，将风速、风向、气温、气压、湿度等作为神经网络的基本输入数据，神经网络的输出为风电场的功率。该系统预测结果的均方根误差在15%左右。文献［47］介绍了两个新开发的短期风电预测系统 FORCAST 和 SGP 的预测模型，两个预测系统中均综合了统计预测和物理模型，得到了较好的预测效果，对未来 72h 平均相对预测误差在20%左右。

2.2.2 新能源出力的不确定性模型

新能源出力具有较强的随机性以及波动性，虽然国内外学者对新能源功率预测技术进行了大量研究，但目前日前预测误差仍然较大。由于新能源功率预测的不精确会影响系统运行的经济性和安全性，在电网稳态分析过程中不能简单地把新能源当做常规机组处理，需要建立更加精确的计算模型。

2.2.2.1 概率建模

下面以风电为例，介绍常见的新能源出力概率模型。风电出力概率模型主要有以下两大类：①风速概率分布模型。主要描述风力资源的概率分布特性，用于风功率预测以及较长时间尺度的潮流计算分析，如系统规划等。当风速模型用于潮流计算时，是以风力概率分布模型为输入，结合不同的风机等值模型，获得风力发电机的有功功率、无功功率的概率分布模型。②风功率预测误差概率分布模型。用于描述风电实际出力与预测出力之间误差的概率分布，模型的建立多基于数理统计的思想，以大量历史预测数据和实测数据为样本，以预测值为期望，分析预测误差的分布情况。实际电网中，在考虑风电不确定性对系统运行的影响时，调度运行人员更关心风电出力预测的准确程度以及误差的分布情况，因而风功率预测误差模型在实际调度中应用更为广泛。

2.2.2.1.1 常见风速概率分布模型

1. 对数正态分布模型

最初风能开发利用中，常用对数正态分布来拟合风速频率分布，其三参数模型为

$$f(\nu) = \frac{1}{(\nu - \gamma)\sigma\sqrt{2\pi}}\exp\left\{\frac{-\left[\ln\left(\frac{\nu - \gamma}{\mu}\right)\right]^2}{2\sigma^2}\right\}$$

$$\mu = \frac{1}{n}\sum_{i=1}^{n}\ln\nu_i \tag{2-10}$$

$$\sigma^2 = \frac{1}{n-1}\sum_{i=1}^{n}\left[\ln(\nu_i) - \mu\right]^2$$

式中 σ——形状参数；

μ——尺度参数；

γ——位置参数，描述分布曲线的起始位置。

当 $\gamma = 0$ 时，该分布简化为二参数对数正态分布，其模型如下：

$$f(\nu) = \frac{1}{\nu\sigma\sqrt{2\pi}}\exp\left\{\frac{-\left[\ln\left(\dfrac{\nu}{\mu}\right)\right]^2}{2\sigma^2}\right\} \tag{2-11}$$

由于位置参数求解较为麻烦，二参数对数正态分布较之三参数较为简单，常采用二参数对数正态分布来描述风速频率分布。由于对数正态分布能从多方位的角度对风速分布进行描述，消除数据中的异方差和避免数据变化带来的剧烈波动，大体上能说明风能资源分布情形。

2. 威布尔分布模型

威布尔分布模型对不同形状的频率分布有很强的适应性，能较好的描述风速的分布，特别在估算风速频率分布应用研究上。主要包括双参数威布尔模型，三参数威布尔模型等。

参数威布尔模型能较广泛的描述风能资源分布情形，其概率密度函数为

$$f(\nu) = \frac{k}{c}\left(\frac{\nu-\gamma}{c}\right)^{(k-1)}\exp\left[-\left(\frac{\nu-\gamma}{c}\right)^{k}\right] \tag{2-12}$$

式中　　k——形状参数，$1<k<3$；

　　　　c——尺度参数；

　　　　γ——位置参数。

三参数威布尔模式采用最大似然方法来求解参数，关键是如何对参数给出优良估计，但是求解三参数威布尔模式较困难。

当 $\gamma=0$ 时，即可以简化为双参数威布尔分布模型，因其形式简单、计算方便，目前在工程中的应用最广泛，其概率密度函数为

$$f(\nu) = \frac{k}{c}\left(\frac{\nu}{c}\right)^{(k-1)}\exp\left[-\left(\frac{\nu}{c}\right)^{k}\right] \tag{2-13}$$

式（2-13）称为标准威布尔分布，尺度参数 c 表征了风速的时间特征以及形状参数 k 决定着分布曲线的形状。当 $0<k<1$ 时，分布的众数为 0，分布密度为 ν 的减函数；当 $k=1$ 时，分布呈指数型；当 $k=2$ 时，称为瑞利分布；当 $k=3.5$ 时，威布尔分布很接近于正态分布。形状参数 k 的值越大，表明风速波动越小。对于变化非常剧烈的风，如极地风，其特征的形状参数 k 值一般较小。当 $c=2$ 风速分布与平均风速之间的某种特定关联。然而，通过与实际工程中实测资料的对比分析发现，威布尔分布模型在高风速区域的拟合效果较好，在低风速和零风速区域的拟合偏差较大。瑞利分布是威布尔分布的简化模型，也具有同样的不足。

3. 混合威布尔分布模型

一些学者在威布尔分布模型存在弊端的基础上，提出了混合威布尔分布模型，其概率密度函数为

$$f(\nu) = \frac{a}{b} p(\nu) + (1-a) \frac{k}{c} \left(\frac{\nu}{c}\right)^{k-1} \exp\left[-\left(\frac{\nu}{c}\right)^k\right] \tag{2-14}$$

式中　a、k——标量参数；

　　　b、c——与速度量纲相同的参数；

　　　ν——叠加的分布函数，根据具体的实际工程的风资源特性，可为指数函数，正态分布函数等。

从函数形式上可以看出，混合威布尔分布模型为任意分布函数和威布尔分布的组合。当 $a=0$ 时，该函数简化为双参数威布尔分布函数；当 $a=1$ 时，该函数可简化为任意分布函数的一个特例。实际应用表明，混合威布尔分布模型解决了零风速时威布尔分布存在的缺陷，但对于不同类型的风速频率分布形式，在低风速情况下仍然可能产生较大的拟合误差，并没有从根本上解决风速频率分布的精确描述问题。此外，对于不同的风能资源分布，混合威布尔分布模型需选取不同的函数类型，通用性较差，这会给风速频率分布的描述带来极大的不便。从上述可得，采用对数正态分布、威布尔分布、混合威布尔分布等模型对风速频率分布进行描述时，忽略了风速数据序列内部的相关性和变化规律，无法精确地反映风能资源的统计特征，尤其对于风速特征比较复杂的情况，可能产生较大的拟合误差。

2.2.2.1.2　常见风电功率预测误差概率分布模型

1. 正态分布模型

风电功率预测误差概率分布模型中，最常见的是正态分布模型。将未来某一时间断面的风电功率预测结果作为随机变量，可近似采用正态分布描述其不确定性，该模型使用较为普遍。其模型为

$$f(P_W) = \frac{1}{\sqrt{2\pi}\,\sigma_{P_W}} e^{-\frac{(P_W - \mu_{P_W})^2}{2\sigma_{P_W}^2}} \tag{2-15}$$

式中　P_W——某时刻风电的有功功率，MW；

　　　μ_{P_W}——风电有功功率期望值，MW；

　　　σ_{P_W}——风电有功功率标准差，MW。

正态分布有极其广泛的实际背景，生产与科学实验中很多随机变量及其误差分布概率都可以近似地用正态分布来描述。从理论上看，正态分布具有很多

良好的性质，许多概率分布可以用它来近似。还有一些常用的概率分布是由其直接导出的，例如对数正态分布、t 分布、F 分布等。从概率统计学而言，如果一个量是由许多微小的独立随机因素影响的结果，那么就可以认为这个量具有正态分布（见中心极限定理），或者有些数据虽为偏态分布，但经数据变换后可成为正态或近似正态分布，故可按正态分布规律处理。因此正态分布在数学、物理及工程等领域应用非常广泛，在概率潮流计算研究过程中，很多学者同样大量采用正态分布模型进行仿真分析。

此外，现有研究表明在风电并网容量较大时，多个风电场之间存在很大的相关性，实际风电预测误差分布可能极为复杂。由于风电日前预测误差可能呈现出一定的峰度和偏度，使用正态分布描述会产生误差，因此有学者不断提出新的误差分布，如贝塔分布（Beta Distribution，Beta 分布）、混合分布等。

2. Beta 分布模型

在考虑较小的风机出力波动情况下，Beta 分布被用来描述风机出力的短期概率模型，其中，风机出力的预测值就是这个分布的期望值，标准差取决于不同的风力预测方法。通过对典型风机实际出力数据的统计，可得到预测的期望值和标准差的关系，然后就可以通过风机出力预测的期望值来得到其标准差。Beta 分布可定义为

$$f(X) = \frac{1}{B(p, q)} X^{p-1} (1 - X)^{q-1} \tag{2-16}$$

式中　$B(p, q)$——Beta 函数。参数 p 和 q 与期望 μ 和方差 σ^2 有关，可以通过式（2-17）、式（2-18）计算得到

$$p = \frac{(1 - \mu) \cdot \mu^2}{\sigma^2} - \mu \tag{2-17}$$

$$q = \frac{1 - \mu}{\mu} p \tag{2-18}$$

如果随机变量 ξ 服从 Beta 分布，则记为 $\xi \sim \beta(p, q)$。p、q 取不同值时 Beta 分布概率密度函数如图 2-5 所示。

由图 2-5 可以看出，当参数 p 和 q 小于 1 时，其概率密度函数图形呈现 U 字型，当参数 p 和 q 均等于 1 时，Beta 分布即为区间 [0，1] 上的均匀分布，当参数 p 和 q 大于 1 时，其概率密度函数图形接近于正态分布，这对于无偏的 Beta 分布尤其适用。图 2-6 为 $\xi \sim \beta(5, 5)$ 和 $\xi \sim N(0.5, 0.16)$ 的概率密度函数和概率分布函数图形对比。由图 2-6 可以看出，高参数 Beta 分布是可以通过正态分布来进行拟合的。

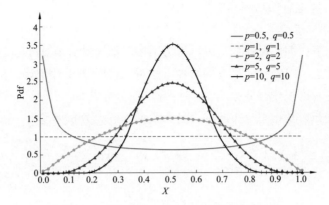

图 2-5　不同参数下 Beta 分布概率密度函数

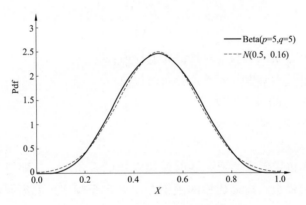

图 2-6　Beta 分布与正态分布拟合图

3. 拉普拉斯分布模型

通过分析风机的功率特性曲线可以发现，在风速小于切入风速或大于切出风速时风电出力为 0，当风速在额定风速和切出风速之间，风电出力为额定功率。因此可以发现即使风速发生变化，风电出力仍然可能维持在 0 或者额定功率。该事件发生的概率在短时间尺度内较大，因此，大部分的风电预测误差集中在 0 附近。因此有学者提出了基于拉普拉斯的风电预测误差分布模型

$$f(P_W) = \frac{1}{\sqrt{2}\sigma_{P_W}} \exp\left(\frac{\sqrt{2}}{\sigma_{P_W}} |P_W - \mu_{P_W}|\right) \tag{2-19}$$

式中　P_W——某时刻风电的有功功率，MW；

　　　μ_{P_W}——风电有功功率期望值，MW；

σ_{P_W}——风电有功功率标准差，MW。

4. 混合分布模型

部分情况下，即使风速变化风电出力依旧可能持续在 0 或 1.0p.u.，预测误差集中在 0 附近。随着预测尺度的增加，这种误差的集中性下降，随机性增加，且预测误差的峰度集中在正态分布与拉普拉斯分布之间。因此也有学者提出基于拉普拉斯分布以及正态分布的混合分布模型。混合分布模型为

$$f(x) = \left[w_1(x) \frac{1}{\sqrt{2\pi}\sigma} e^{-\frac{(x-\mu)^2}{2\sigma^2}} + w_2(x) \frac{1}{2b} \exp\left(-\frac{|x-\mu|}{b} \right) \right] / B \quad (2-20)$$

$$B = \int_{-1}^{1} f(x) \, dx \quad (2-21)$$

$$w_1(x) = k|x-\mu| + a \quad (2-22)$$

$$w_1(x) + w_2(x) = 1 \quad (2-23)$$

式中　W_1——正态分布和拉普拉斯分布的权值；

　　　W_2——正态分布和拉普拉斯分布的权值；

　　　k——权值的时间参数；

　　　a——权值的固定参数。

2.2.2.2　模糊建模[48]

考虑风电不确定因素主要是各时段风电场的有功出力，即把各时段风电场有功出力看做模糊数。模糊建模的关键在于确定模糊变量的隶属函数，隶属函数的确定基本上是根据试验或者经验来确定。隶属函数的表达方法有很多种，常用的有梯形、三角形等分段线性形式。风电场的模糊变量用梯形函数表示如下：

$$\mu_w(P_j^w) = \begin{cases} 0 & P_j^w \leqslant P_{w1} \text{ 或 } P_j^w \geqslant P_{w4} \\ \dfrac{P_j^w - P_{w1}}{P_{w2} - P_{w1}} & P_{w1} < P_j^w < P_{w2} \\ 1 & P_{w2} \leqslant P_j^w < P_{w3} \\ \dfrac{P_{w4} - P_j^w}{P_{w4} - P_{w3}} & P_{w3} \leqslant P_j^w < P_{w4} \end{cases} \quad (2-24)$$

式中　　　P_j^w——各时段风电场有功出力，MW；

　　　$\mu_w(P_j^w)$——各时段风电场有功出力的隶属函数；

w_1，w_2，w_3，w_4——风电场隶属度参数，是决定隶属函数形状的关键，一般由

风电场输出功率的历史数据确定。

相应的风电场有功出力隶属函数如图 2-7 所示。

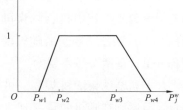

图 2-7　风电场有功出力隶属函数

2.2.3　新能源调度模式及建模方法

2.2.3.1　新能源调度模式

针对新能源，目前主要有弃风量最小调度模式、能耗最小调度模式和经济调度模式三种调度模式。

（1）弃风量最小调度模式。《可再生能源法（修正案）》指出：全额保障性收购电网覆盖范围内符合并网技术标准的可再生能源并网发电项目的上网电量，发电企业有义务配合电网企业保障电网安全。对于风力发电而言，即在保障电力系统安全运行的情况下，尽可能接纳风电，使风力发电企业的弃风量最小。

（2）能耗最小调度模式。以系统煤耗最小为目标的传统调度方式能够最大化降低系统煤耗，符合节能发电调度的节能、经济原则。按能耗最小调度模式进行风电调度就是在保障电力系统安全运行的情况下，使电力系统的化石能源消耗量最小。

（3）经济调度模式。传统的经济调度是以总发电成本最低为目标，这是制订发电计划普遍遵循的原则。然而风电等新能源接入电网之后，给系统的备用成本、调频等辅助服务成本都带来了影响，因此经济调度的目标也就不应单独追求发电成本最小，而应该以全系统运维成本最低为目标。因此目前的研究文献中经济调度的目标函数中也出现了备用成本等其他成本目标。

这几种调度模式谁优谁劣仍需探讨，一般情况下，弃风量最小调度模式下风力发电企业的发电收益比能耗最小调度模式下多；能耗最小调度模式下可用风电单位价值更高、系统能耗更低、系统下调峰能力更强，故其运行经济性比弃风量最小调度模式好。但是，单纯以能耗最小为目标的风电调度模式，没有考虑风电的减排效益，还可能产生煤电倒流、节煤却费水等现象。

2.2.3.2　计及新能源的电网调度模型

根据研究侧重点的不同，新能源建模分为确定性建模方法和不确定性建模方法两种。

1. 确定性建模方法

风电出力直接以预测结果出现在电力调度模型中的目标函数或者约束函数中，显然这种方式是以预测精度较高为前提条件。

2. 不确定性建模方法

针对不确定性较强的风电调度，随机规划方法是研究的热点。随机规划又分为若干个分支，其中机会约束随机规划[49~51]（Chance-Constrained Programming，简称 CCP）和基于场景的随机规划[52~55]（Scenario-based Stochastic Programming，简称 SSP）是两个最主要的分支。

（1）机会约束随机规划。机会约束随机规划主要针对约束条件中含有随机变量，且必须在随机变量实现之前做出决策，非常契合处理风电不确定的调度问题。机会约束规划方法是将不确定性问题的软约束（即允许一定程度不满足的约束）以一定的概率进行松弛处理，用约束条件成立的概率来表示和度量风险，达到通过冒一定风险节省成本的目的，是一种较好的不确定性风险管理方法。

由于风电出力的不确定性，是随机变量，引发出调度模型的目标函数值、备用约束值等也是个随机变量。因此针对备用约束、风电出力可采用通过冒风险的方式使之以一定的置信度满足。这样由于约束条件的松弛，可以节省一部分发电成本。因此这种方法的数学模型为

$$\min \overline{F}$$
$$P_r\{F < \overline{F}\} > \alpha$$
$$s.t. P_r\{P_{w\min} < P_w < P_{w\max}\} > \beta \qquad (2-25)$$
$$\cdots\cdots（其他约束）$$

式中　　$P_r\{\ \}$——$\{\ \}$ 中事件成立的概率；

　　　　α——决策者预先给定的对应目标函数和约束条件的置信水平；

　　　　$\overline{F}$——目标函数值 F 在概率水平至少是 α 时所取得最小值；

　　　　P_w——风电出力；

　　$P_{w\min}$——风电在某个时段内的最小出力；

　　$P_{w\max}$——风电在某个时段内的最大出力；

　　　　β——风电出力在某个时段在 $\{P_{w\min}, P_{w\max}\}$ 区间范围内置信水平。

该模型要求系统调度员在（0，1）范围内适当地选择约束条件的置信水平和相应的调度方案，并允许所形成的调度方案在某些极端情况下不满足约束条件，但是这些情况发生的概率必须小于置信水平。该置信水平的高低可以反映出对电力系统运行的要求。

基于机会约束的调度模型通过冒风电、备用等随机变量不满足约束的风险

节约了发电成本，但是否会带来电网安全运行风险是我们需要评估的，这主要取决于调度模型中与安全相关的约束条件的设置。事实上，从目前的文献来看，大部分约束条件如常规机组出力约束、线路潮流约束都是确定性的刚性约束。风电、备用约束需要在电网经济性与安全性之间去权衡，是个弹性约束，因此大部分文献针对风电、备用约束采用通过冒风险的方式使之以一定的置信度满足。在我国电网安全运行责任体制下，平衡约束个人认为是刚性约束，但国外有些文献对于系统平衡约束也采用冒风险的方式使之以一定的置信度满足，这一点可能限制了其在我国的应用范围。但在实际上，在电网频率波动允许的范围内，适当的松弛平衡约束也未必不可行。

（2）基于场景的随机规划。SSP 的核心思想是根据不确定量的分布规律，生成多个场景，使得决策量在多个场景下都能满足要求，选择那个使得所有场景的期望成本之和最小的调度策略，其适用于不确定量较大的场合。

风电输出功率的随机序列表示方法可以参见文献［56］。分析风电场输出功率的不确定性，需要分析风电场输出功率的预测误差。在风电功率点预测的基础上，假设风电功率点预测误差服从已知的正态分布。基于已知的风电预测误差的概率分布，利用蒙特卡洛模拟方法随机产生 N 组误差值，进行风电预测功率的修正，形成 N 个场景，每个场景概率设置为 $1/N$。

为了提高场景的描述效率，需要对 N 个随机场景进行削减，对大量相似的场景进行合并，形成不等概率的场景集合。场景削减的思想是使削减之前的场景集合与最终保留的场景子集合之间的相似度最大。具体的削减流程，可详见文献［57］。

场景之间的距离，现有欧氏距离（2-范数）、曼哈顿距离（1-范数）、切比雪夫距离（无穷范数）三种常用定义方式。这里考虑场景之间的欧氏距离对场景进行削减。

场景 p_{sw_i} 与 p_{sw_j} 之间的互相的相似程度 $S_{i,j}(p_{sw\_i}, p_{sw\_j})$ 可以用式（2-26）进行描述

$$S_{i,j}(p_{sw\_i}, p_{sw\_j}) = \begin{cases} d_T(p_{sw\_i}, p_{sw\_j}) & \text{不考虑场景概率} \\ d_T(p_{sw\_i}, p_{sw\_j})\pi_i & \text{考虑场景概率} \end{cases} \quad (2-26)$$

式中　$d_T(p_{sw\_i}, p_{sw\_j})$——场景 p_{sw_i} 与 p_{sw_j} 之间的距离；

　　　　π_i——场景 p_{sw_i} 发生的概率。

这些不确定性建模方法目前均有大量的文献在研究。机会约束规划方法是比较好的方法，在某些不具备直接给出事件概率和模糊隶属函数的情形下，调

度员在费用和随机变量不满足约束的风险下，通过机会约束规划方法实现最优化，当然随机变量不满足约束的风险是否会带来电网安全的风险是我们需要评估的；第二种基于场景的随机规划方法，它计算得到的是统计意义上的最优值（最佳的数学期望），须事先获取随机变量的分布函数或者概率密度等先验知识。

2.3 柔性负荷响应建模方法

2.3.1 柔性负荷响应建模要素

柔性负荷参与电网调度不仅要考虑其物理响应特性，还需考虑其行为经济特征，两者交互影响、相互耦合。

2.3.1.1 柔性负荷物理响应模型

根据柔性负荷物理响应特性不同，可将其分为可削减负荷（如工业可中断负荷）、可转移负荷（如冰蓄冷）、双向互动负荷（电动汽车、储能等）以及可平移负荷（如铁合金、碳化硅企业的部分生产线等）四类。前三类负荷响应的主要建模要素与传统机组相近，其响应时序如图2-8所示。可平移负荷由于受生产流程约束，只能将用电曲线在不同时段平移[57]。下面以高载能负荷、空调负荷、热水器负荷等为例介绍几类典型负荷的物理响应模型。

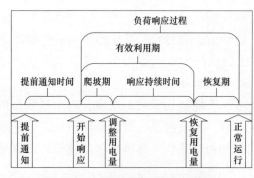

图2-8 负荷响应的时间轴示意图

1. 高载能负荷[58]

高载能负荷是指能源价值在产值中所占比例较高的用户负荷，不同类别的高载能负荷在参与调节的过程中有不同的响应特性，根据其差别可将高载能负荷分为可离散调节负荷、可转移负荷和可连续调节负荷三类。

（1）可离散调节负荷。可离散调节负荷是指电网运行时，可以根据电网调度中心的指令在指定时间内减少或增加定量负荷的高载能负荷，其运行的特点是投入和中断需要一定的连续维稳时间，不能连续调节，用于日前调节。可离散调节负荷主要有铝电解负荷、碳化硅负荷、铁合金负荷等。数学模型可描述为

$$P_{Ld\_i}^t = P_{Ld\_i}^{t-1} - (1 - x_i^t) \Delta P_{Ld\_i}^t \tag{2-27}$$

式中　$P_{Ld\_i}^t$——可离散调节负荷 i 在 t 时段的负荷量；

$\Delta P_{Ld\_i}^{t}$——可离散调节负荷 i 在 t 时段的调节量；

x_i^t——可离散调节负荷的调节状态（1 为不调节，0 为调节）。

（2）可转移负荷。可转移负荷是将某时段的负荷在不影响整体用电行为的条件下，在一定时间范围内合理分配到其他时段，从而缓解高峰时段的负荷压力，负荷前后总的电量不变。可转移负荷主要是高载能企业的一些辅助设备，如配料系统等。数学模型可描述为

$$P_{Lu\_j}^{t} = P_{Lu\_j}^{t-1} + x_j^t \Delta P_{Lu\_j}^{t} \tag{2-28}$$

式中 $P_{Lu\_j}^{t}$——可转移负荷 j 在 t 时段的负荷量；

$\Delta P_{Lu\_j}^{t}$——可转移负荷 j 在 t 时段的转移量；

x_j^t——可转移负荷的启动状态（1 为在该时段转移，0 为不转移）。

（3）可连续调节负荷。可连续调节负荷主要考虑自备电厂，自备电厂的调节特性与常规火电机组相同，响应速度快，可连续调节，可用于日前调节和日内滚动调节。可连续调节负荷的数学模型为

$$P_{Lc\_k}^{t} = \sum_{n=1}^{N_{G\_k}} x_k^t P_{G_{n\_k}}^{t} \tag{2-29}$$

式中 $P_{Lc\_k}^{t}$——可连续调节负荷 k 在 t 时段的负荷量；

N_{G_k}——自备电厂 k 的机组台数；

x_k^t——机组 n 在时段 t 的运行状态（1 为机组在该时段处于开机运行状态，0 为停止运行）；

$P_{G_{n\_k}}^{t}$——自备电厂机组 n 在时刻 t 的有功出力。

2. 空调负荷

假定空调工作于制冷模式。空调工作状态与室温、空调温度设定值等有关，空调负荷参与电力需求响应的物理模型框图如图 2-9 所示。该模型输入变量包括 t 时段需求响应控制信号、t 时段室温、空调温度设定值及温度设定范围及室外温度等；输出变量包括 t 时段空调工作状态或实际功率、$t+1$ 时段室温等。其中，$t+1$ 时段室温作为输入变量反馈至输入端，进行下一时段变量计算。同时，该模型中其他变量还包括空调设备自身参数、房间体积、室内为导热率等，在模型具体计算时根据统计情况将其考

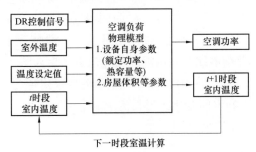

图 2-9　空调负荷物理模型框图

虑为定值。

空调处于制冷模式下，其实际消耗功率与空调工作状态有关，当室温高于最高值时，空调处于通电制冷状态；当室温低于最低值时，空调处于断电状态，其消耗功率几乎为0；室温处于空调温度设定范围内时，空调保持原来状态。t 时段空调实际功率为

$$p_{AC, t} = P_{AC} S_{AC, t} \qquad (2-30)$$

$$S_{AC, t} = \begin{cases} 0, & \theta_{AC, t} < \theta_{AC, s} \\ 1, & \theta_{AC, t} > \theta_{AC, s} + \Delta\theta_{AC} \\ S_{AC, t-1}, & \theta_{AC, s} < \theta_{AC, t} < \theta_{AC, s} + \Delta\theta_{AC} \end{cases} \qquad (2-31)$$

式中　$p_{AC, t}$——t 时段空调实际功率，kW；

P_{AC}——制冷状态下空调额定功率，kW；

$S_{AC, t}$——t 时段空调工作状态（0 表示断电；1 表示通电）；

$\theta_{AC, s}$——最低室温设定值，℃；

$\Delta\theta_{AC}$——室温设定范围，℃；

$\theta_{AC, t}$——t 时段室温，℃。

制冷模式下，空调物理模型即输出变量 t 时段室温为

$$\theta_{AC, t+1} = \theta_{AC, t} + \Delta t \frac{G_t}{\Delta c} + \Delta t \frac{C_{AC}}{\Delta c} S_{AC, t} \qquad (2-32)$$

式中　$\theta_{AC, t+1}$、$\theta_{AC, t}$——分别表示 $t+1$ 时段及 t 时段室温，℃；

G_t——t 时段室外与室内热交换值，J；

Δc——室内温度系数，即室温每增加 1℃所需热量，J；

C_{AC}——制冷状态下空调热容量，J；

$\dfrac{C_{AC}}{\Delta c}$——制冷状态下空调对室温变化的作用值；

Δt——时间段间隔，取 1min。

当无需求响应控制信号时，一般情况下，17：00 居民用户下班后，空调工作负荷曲线及室内温度变化仿真结果如图 2-10 所示。

由图 2-10 可知，当空调温度设定值为 24℃，设定范围为±2℃时，室温将在 21~27℃间变化，当无需求响应控制命令时，空调通断电工作状态随温度变化而呈现周期性变化。

3. 热水器负荷

热水器工作状态与水温（包括流入热水器的冷水温度、热水器内的热水温

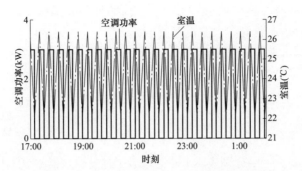

图 2-10　空调工作负荷曲线及室内温度变化仿真结果

度）、热水器温度设定值、热水器进出水流速及流量、热水器自身设备参数等有关。热水器负荷参与电力需求响应的物理模型框图如图 2-11 所示。该模型输入变量包括 t 时段需求响应控制信号、t 时段热水器内水温、流入热水器的冷水水温、热水器水温设定范围及室温等；输出变量包括 t 时段热水器工作状态或实际功率、$t+1$ 时段热水器水温等。其中，$t+1$ 时段热水器水温作为输入变量反馈至输入端，进行下一时段变量计算。同时，该模型中其他变量还包括热水器设备自身参数、热水用量及热水流速等，在模型具体计算时根据用户生活习惯统计情况而定。

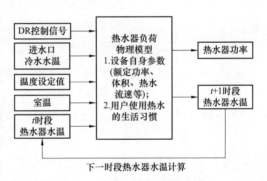

图 2-11　热水器物理模型框图

　　热水器实际消耗功率与其运行状态有关，其运行状态与用户初始的水温设定值相关。当热水器水温高于最高设定温度 $\theta_{\mathrm{WH,s}}$ 时，热水器断电停止加热；当热水器水温低于最低设定温度时，热水器通电开始加热；当热水器水温处于舒适度范围内时，热水器保持原有状态。t 时段热水器实际功率为

$$P_{\mathrm{WH},t} = P_{\mathrm{WH}} S_{\mathrm{WH},t} \qquad (2-33)$$

$$S_{\mathrm{WH},t} = \begin{cases} 0, & \theta_{\mathrm{WH},t} > \theta_{\mathrm{WH,s}} \\ 1, & \theta_{\mathrm{WH},t} < \theta_{\mathrm{WH,s}} - \Delta\theta_{\mathrm{WH}} \\ S_{\mathrm{WH},t-1}, & \theta_{\mathrm{WH,s}} - \Delta\theta_{\mathrm{WH}} < \theta_{\mathrm{WH},t} < \theta_{\mathrm{WH,s}} \end{cases} \qquad (2-34)$$

式中　$P_{\mathrm{WH},t}$——t 时段热水器实际功率，kW；

　　　　P_{WH}——加热状态下热水器额定功率，kW；

$S_{\mathrm{WH},t}$——t 时段热水器工作状态（0 表示断电停止加热，1 表示通电加热）；

$\theta_{\mathrm{WH,s}}$——热水器最高水温设定值，℃；

$\Delta\theta_{\mathrm{WH}}$——热水器水温设定范围，℃；

$\theta_{\mathrm{WH},t}$——t 时段热水器水温，℃。

热水器物理模型中输出变量 t 时段热水器水温为

$$\theta_{\mathrm{WH},\,t+1} = \frac{\theta_{\mathrm{WH},\,t}(V_{\mathrm{WH}} - fl_t \cdot \Delta t)}{V_{\mathrm{WH}}} + \frac{\theta_{\mathrm{in}} fl_t \cdot \Delta t}{V_{\mathrm{WH}}} + \alpha P_{\mathrm{WH},\,t} + \xi \qquad (2\text{-}35)$$

式中 $\theta_{\mathrm{WH},t+1}$、$\theta_{\mathrm{WH},t}$——分别表示 t+1 时段及 t 时段热水器水温，℃；

θ_{in}——热水器进水口注入冷水水温，℃；

fl_t——t 时段热水器热水流量，与居民生活习惯相关，L；

V_{WH}——热水器体积，L；

Δt——时间段间隔，取为 1min；

α——热水器加热温度系数，即单位时间内热水器额定加热功率下热水器水温增加值，℃/kW；

ξ——常规室温下单位时段内，热水器内部热水的自冷却温度减少值，ξ 与热水器体积、表面积、室温及热水器内热水水温等相关，℃。

为方便计算，对上述变量进行线性化处理后，热水器物理模型表示为

$$\theta_{\mathrm{WH},\,t+1} = \theta_{\mathrm{WH},\,t} + \alpha P_{\mathrm{WH},\,t} - \zeta = \theta_{\mathrm{WH},\,t} + 0.1 P_{\mathrm{WH},\,t} - \zeta \qquad (2\text{-}36)$$

式中 α——热水器加热系数，取值为 0.1；

ζ——单位时间内热水器水温自冷却变化值，℃。

ζ 与热水器进水口冷水温度及用户热水使用习惯等有关，为方便计算，将 ζ 取为两种状态下的常量，分别为居民正常使用热水时 ζ_1 及不使用热水器时 ζ_2 两种情况，根据统计规律最终取值为 $\zeta_1 = 1/60$，$\zeta_2 = 1$。

当无需求响应控制信号时，一般情况下，根据居民用户的生活习惯，其热水需求时间集中在 21：00～23：00 时段范围内。单个家庭热水器工作负荷曲线及热水器水温变化仿真结果如图 2-12 所示。

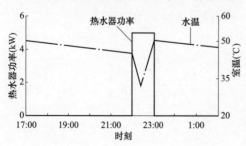

图 2-12　热水器负荷仿真结果

由图 2-12 可知，当居民无热水需求时，热水器水温处于温度设定范围内，此时热水器停止加热，处于自冷却状态；22：00 左右居民

热水用量大增，此时热水器水温急剧下降，当水温低于最低设定值时，热水器开始加热，水温逐渐恢复至设定范围，在达到最高温度设定时，热水器停止加热，进入自冷却状态。

4. 电动汽车负荷

电动汽车充电负荷模型与初始充电时刻、车载电池额定充电功率、电池起始荷电状态（state of charge，SOC）及最终满充电量要求等相关。在无需求响应控制信号时，当电动汽车荷电状态 SOC 未达到电量要求时，将处于持续充电阶段，直至达到满充电量要求。t 时段电动汽车实际充电功率为

$$P_{\text{EV}, t} = P_{\text{EV}} S_{\text{EV}, t} \tag{2-37}$$

$$SOC_{t+1} = \begin{cases} SOC_0 & t < B_{\text{EV}} \\ SOC_t + \eta P_{\text{EV}} S_{\text{EV}, t} \dfrac{\Delta t}{C_{\text{batt}}} & t \geq B_{\text{EV}} \end{cases} \tag{2-38}$$

$$SOC_0 = 1 - \frac{L}{E_{\text{EV}} C_{\text{batt}}} \tag{2-39}$$

$$S_{\text{EV}, t+1} = \begin{cases} 0, & t < B_{\text{EV}} \text{ 或 } SOC_{t+1} \geq SOC_{\max} \\ 1, & t \geq B_{\text{EV}} \text{ 且 } SOC_{t+1} < SOC_{\max} \end{cases} \tag{2-40}$$

式中　$P_{\text{EV},t}$——t 时段电动汽车实际充电功率，kW；

$\quad\quad P_{\text{EV}}$——电动汽车额定充电功率，kW；

$\quad\quad S_{\text{EV},t}$——$t$ 时段电动汽车电池充电状态（值为 0 表示断电，停止充电；值为 1 表示通电，充电状态）；

$\quad\quad SOC_t$——t 时段电动汽车荷电状态；

$\quad\quad B_{\text{EV}}$——初始充电时段；

$\quad\quad \eta$——充电效率；

$\quad\quad C_{\text{batt}}$——电池额定容量，kWh；

$\quad\quad \Delta t$——时间段间隔，取为 1min；

$\quad\quad L$——电动汽车的出行距离，km；

$\quad\quad E_{\text{EV}}$——行驶效率，km/kWh；

$\quad SOC_{\max}$——电动汽车最大荷电状态。

当无需求响应控制信号时，一般情况下，根据居民用户的生活习惯，居民

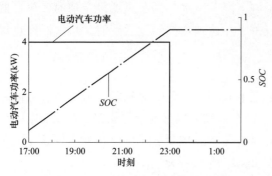

图 2-13　电动汽车充电负荷仿真结果

在 17：00 左右下班后开始对电动汽车进行充电。电动汽车充电负荷仿真结果如图 2-13 所示。

由图 2-13 可知，17：00 左右电动汽车开始充电，电池初始电量 SOC_0 约为 0.1；当无需求响应控制命令时，电动汽车保持持续充电直至达到满充状态，最终电池 SOC_{max} 约为 0.9。

2.3.1.2　柔性负荷随机响应概率模型

在实际运行的电力系统中，负荷功率需求是随时间变化的，负荷预测存在误差，同时负荷响应具有自主性和集聚效应，可借助概率模型来描述负荷响应行为的不确定性。将某一时间断面的负荷预测结果作为随机变量，可近似采用正态分布描述其不确定性。概率分布模型为

$$\begin{cases} f(P_L) = \dfrac{1}{\sqrt{2\pi}\,\sigma_{LP}} e^{-\frac{(P_L - \mu_{LP})^2}{2\sigma_{LP}^2}} \\[4mm] f(Q_L) = \dfrac{1}{\sqrt{2\pi}\,\sigma_{LQ}} e^{-\frac{(Q_L - \mu_{LQ})^2}{2\sigma_{LQ}^2}} \end{cases} \tag{2-41}$$

式中　P_L——负荷有功功率，MW；

$\quad\quad Q_L$——负荷无功功率，Mvar；

$\quad\quad \mu_{LP}$——负荷有功功率期望值，MW；

$\quad\quad \mu_{LQ}$——负荷无功功率期望值，Mvar；

$\quad\quad \sigma_{LQ}$——负荷有功功率标准差，MW²；

$\quad\quad \mu_{LQ}$——负荷无功功率标准差，Mvar²。

2.3.1.3　柔性负荷响应经济成本模型[59]

当系统中出现功率缺额时，调整电网中的负荷分布是最直接有效的方法，电网公司可以通过制定新的调度计划来对电网中的负荷分布进行调整。当电网调度侧需要某互动资源完成一定的互动任务时，无论价格敏感型柔性负荷还是激励型柔性负荷做出响应，电网都需要给负荷支付相应的费用，即柔性负荷调度成本。电网调度负荷的经济成本与柔性负荷的响应特性、激励电价等因素密

切相关。

1. 价格型负荷调度成本模型

在电价机制下，电网侧通过改变不同的电价机制使得柔性负荷参与互动，电价模式的改变会对电力公司的收入带来影响，造成调度成本的改变。相应地，柔性负荷侧互动资源根据电网发出的价格信号做出响应，电价模式和用电方式的改变会改变柔性负荷的用电费用支出。

根据价格型负荷的定义，电价越高，价格型负荷用电量越少，可线性表示为

$$P_{\text{load}\,i} = \alpha_i c_i + \beta_i \quad P_i \in \left[P_{i\,\min}, \ P_{i\,\max} \right] \tag{2-42}$$

式中　$P_{\text{load}\,i}$——价格型负荷 i 的功率量，kWh；

　　　c_i——电价，元/kWh；

　　α_i，β_i——参数，$\alpha_i < 0$，$\beta_i > 0$ 恒成立。

价格型负荷功率与电价关系曲线如图 2-14 所示。

价格敏感型负荷响应电网互动，电网调用它的负荷互动成本可表示为供电公司售电收入的变化。

$$C_i = P_{\text{load}\,i0} c_{i0} - P_{\text{load}\,i} c_i \tag{2-43}$$

式中　C_i——负荷互动成本，元；

　　　c_{i0}——互动前电网的基础售电电价，元/kWh；

　　　C_i——互动后电网的售电电价，元/kWh；

　$P_{\text{load}\,i0}$——响应前负荷的用电功率量，kWh；

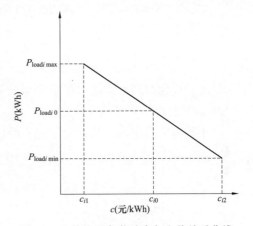

图 2-14　价格型负荷功率与电价关系曲线

　$P_{\text{load}\,i}$——响应后负荷的用电功率量，kWh。

将式（2-42）转化成电价与功率的关系，即

$$c_i = \frac{1}{\alpha_i} P_{\text{load}i} - \frac{\beta_i}{\alpha_i} \tag{2-44}$$

式（2-44）代入式（2-43），可得

$$C_i = P_{\text{load}i0}c_{i0} - P_{\text{load}i}c_i$$

$$= P_{\text{load}i0}c_{i0} - P_{\text{load}i}\left(\frac{1}{\alpha_i}P_{\text{load}i} - \frac{\beta_i}{\alpha_i}\right)$$

$$= -\frac{1}{\alpha_i}P_{\text{load}i}^2 + \frac{\beta_i}{\alpha_i}P_{\text{load}i} + P_{\text{load}i0}c_{i0} \qquad (2-45)$$

负荷增加和负荷削减时，价格型负荷功率与互动量的关系分别可表示为

$$P_{\text{load}i} = P_{\text{load}i0} + \Delta P_{\text{load}i} \qquad (2-46)$$

式中 $\Delta P_{\text{load}i}$——互动量，kWh。

从上述推导可以看出，价格型负荷调度互动成本和价格型负荷响应互动效益具有同样的物理意义。式（2-46）代入式（2-45），最终可以得到，价格型负荷的负荷调度互动成本（负荷响应效益）与负荷互动量之间的关系为

$$C_i = -\frac{1}{\alpha_i}P_{\text{load}i}^2 + \frac{\beta_i}{\alpha_i}P_{\text{load}i} + P_{\text{load}i0}c_{i0}$$

$$= -\frac{1}{\alpha_i}(P_{\text{load}i0} + \Delta P_{\text{load}i})^2 + \frac{\beta_i}{\alpha_i}(P_{\text{load}i0} + \Delta P_{\text{load}i}) + P_{\text{load}i0}c_{i0}$$

$$= -\frac{1}{\alpha_i}\Delta P_{\text{load}i}^2 + \frac{\beta_i - 2P_{\text{load}i0}}{\alpha_i} \times \Delta P_{\text{load}i} \qquad (2-47)$$

综上，单位时间断面的价格敏感型负荷调度成本如式（2-47）所示。

2. 激励型负荷调度成本模型

由于国内电力市场发展尚处于起步阶段，基于合同约定的激励型柔性负荷互动是较为常见的模式，即电力公司与用户签订协议，事先约定用户基线负荷和柔性负荷响应量的计算方法、激励电价的确定方法、响应时间以及违约的惩罚措施等。

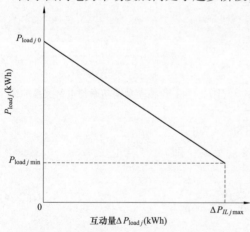

图 2-15 可中断负荷节点功率与可中断
负荷互动量关系曲线

以工业可中断负荷为例，可中断负荷 j 通过与电网调度层签订可中断合同方式，包括单位互动量的补偿价格和最大可中断负荷互动量。可中断负荷的负荷功率 $P_{\text{load}j}$ 与可中断负荷互动量 $\Delta P_{\text{load}j}$ 关系曲线如图 2-15 所示。

由图 2-15 可以看出，可中断负荷参与电网互动的功能是负荷削减，对应的单位互动量补偿价格按照所签订合同执行，在响应过程中保持恒定，同时该节点的用电电价为电网的基础售电电价 c_{j0}。其负荷互动成本由两部分组成，一部分是由于功率的改变而造成供电公司收益的变化，另一部分为基于事先签订的合同而产生的互动基本费用以及随着互动量的增加而产生的互动成本，分别表示为：

$$
\begin{aligned}
C_{j1} &= P_{\text{load} j0} c_{j0} - P_{\text{load} j} c_j \\
&= P_{\text{load} j0} c_{j0} - (P_{\text{load} j0} - \Delta P_{\text{load} j}) c_{j0} \\
&= c_{j0} \Delta P_{\text{load} j}
\end{aligned}
\tag{2-48}
$$

$$
C_{j2} = c_{ILj} \Delta P_{\text{load} j}
\tag{2-49}
$$

式中　　C_j——负荷互动成本，元/kWh；

$\quad\quad c_{j0}$——电网的基础售电电价，元/kWh；

$\quad\quad C_{j1}$——供电公司收益的变化，元；

$\quad\quad C_{j2}$——基于事先签订的合同而产生的互动基本费用以及随着互动量的增加而产生的互动成本，元；

$\quad\quad c_{ILj}$——单位互动量的补偿价格，元/kWh；

$\quad\quad P_{\text{load} j}$——实施中断后负荷的用电功率量，kWh；

$\quad\quad \Delta P_{\text{load} j}$——可中断负荷互动量，kWh。

两部分互动成本相加，可得到可中断负荷的总负荷调度互动成本，即

$$
\begin{aligned}
C_j &= C_{j1} + C_{j2} \\
&= c_{j0} \Delta P_{\text{load} j} + c_{ILj} \Delta P_{\text{load} j}
\end{aligned}
\tag{2-50}
$$

从上述推导可以看出，可中断负荷的总负荷响应互动效益与可中断负荷的总负荷调度互动成本具有同样的物理意义，用式（2-50）表示。

针对电价型负荷和激励型负荷，可以分别设计不同菜单式激励电价（Tariff Incentives，TI）的模式，菜单式激励电价的实行过程示意图如图 2-16 所示。通过设计多种菜单式可选择激励电价，供用户根据自身实际情况进行选择。菜单式电价的优势在于：①用户可以选择最大化自身利益的激励电价，能够有效吸引用户参与电网互动；②用户选择某种激励电价合同，就向售电商透露了其用电响应偏好；③菜单激励电价差异化地满足了不同类型用户的需求，并可在电力营销实践中通过收集用户用电数据以及用电行为智能分析而不断得到优化。

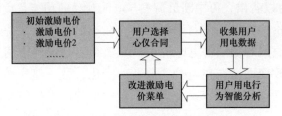

图 2-16　菜单式激励电价的实行过程示意图

2.3.2　基于成本效益的柔性负荷响应建模

电能用户的电价响应行为往往受自身所能获得的经济利益所驱动，尤其对于工业大用户，其电价响应行为往往只是为了在保证正常生产计划的同时，最大限度的降低自身的用电成本，本节以工业大用户为例，从经济效益角度出发，对其响应实时电价和可中断负荷的机理进行分析，推导不同机制下的柔性负荷响应模型。

2.3.2.1　工业大用户电价响应成本模型

对于工业大用户，其用电量与产量之间的关系存在以下几个特点：

（1）用电量与产量呈正相关性，即产量越大，用电量越大；

（2）单位产品的电耗与用电量呈负相关。根据生产规律，一定时间内的产量越大，用电量越高，则其单位产品的电耗越低。

（3）每个工业大用户均存在最小和最大用电负荷。

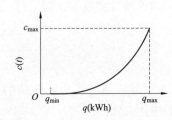

图 2-17　用电量-产量关系曲线

（4）由于工业大用户除了生产用电外还有少量的生活用电，因此大用户停产时，其对应的用电量并不为零。

根据上述几点，可以描绘出产量-用电量关系曲线，如图 2-17 所示。

以用电量 q 为 x 轴，产量 c 为 y 轴，则图 2-17 中所示曲线可用式（2-51）进行描述

$$c(q_t) = a_1(q_t)^2 + b_1 q_t + c_1 \tag{2-51}$$

式中　　q_t——t 时段的用电量，kWh；

$c(q_t)$——t 时段内的产量，t；

a_1、b_1、c_1——二次函数参数，$a_1>0$，$b_1 \neq 0$，$c_1<0$。

则单位产品用电量可以表示为

$$dh = 1 \Big/ \frac{dc(q_t)}{dq_t} = \frac{1}{2a_1 q_t + b_1} \tag{2-52}$$

可以以一小时为一个时间段，假定每一时段内用电功率恒定不变，则对应的产量-功率之间的函数关系可以表示为

$$c(L_t) = a_1(L_t)^2 + b_1 L_t + c_1 \qquad (2-53)$$

式中　L_t——t 时段内的平均负荷，kW。

相应的，单位产品的电耗可以表示为

$$dh(L_t) = \frac{1}{2a_1 L_t + b_1} \qquad (2-54)$$

工业大用户的电价响应成本不仅要考虑用户的购电成本的变化，还要考虑产量调整前后所带来的加工成本的变化。

响应电价后的购电成本函数为

$$W_E^t = p_t dh(L_t) c(L_t) \qquad (2-55)$$

式中　p_t——t 时段内的电价，元/kWh；

$dh(L_t)$——t 时段内单位产品的用电量，kWh；

$c(L_t)$——t 时段内的产量，t；

L_t——响应后 t 时段内的平均负荷，kW。

假设响应前 t 时段内的平均负荷为 L_{t0}，电价为 p_{t0}，则响应前后的购电成本增量为

$$\Delta W_E(L_t) = p_t dh(L_t) c(L_t) - p_{t0} dh(L_{t0}) c(L_{t0}) \qquad (2-56)$$

加工成本指的是将原材料转化为产品或中间产品过程中消耗的除用电成本以外的额外成本，包括油料成本、机器磨损维修成本等。

由于加工成本的边际成本呈递增的规律，因此可以将加工成本 $W_P(c_t)$ 表示成凹型的递增函数，数学表达式为

$$W_P(L_t) = a_2\big[c(L_t)\big]^2 + b_2 c(L_t) + c_2 \qquad (2-57)$$

则 t 时段的额外加工成本可以表示为

$$\Delta W_P(L_t) = W_P(L_t) - W_P(L_{t0}) \qquad (2-58)$$

式中　c_{t0}——t 时段内的原产量，t。

则 t 时段工业大用户响应电价成本函数为

$$W(L_t) = \Delta W_E(L_t) + \Delta W_P(L_t) \qquad (2-59)$$

2.3.2.2　多机制下的工业大用户负荷响应模型

在分时（或实时）电价机制下，工业大用户以响应成本最小为目标响应电价变化，即

$$\min \sum_{t \in T} W(L_t) \qquad (2-60)$$

对于工业大用户来说，用电调整的前提是不能影响生产任务的按时完成，因此工业大用户的约束除了最大和最小用电负荷约束外还有总产量约束，则约束条件为

$$\begin{cases} \sum_{t \in T} c(L_t) \geqslant c_{\Sigma 0} \\ L_{\min} \leqslant L_t \leqslant L_{\max} \end{cases} \tag{2-61}$$

式中 $c_{\Sigma 0}$——周期 T 内的总产量，t。

当工业大用户响应可中断负荷时，由于签订了可中断负荷合同，因此其响应电价成本函数中还多了一块可中断负荷补偿成本，其目标函数为

$$\min \sum_{t \in T} \left[W(L_t) - \Delta L_{t\_IL} p_{IL} \right] \tag{2-62}$$

式中 ΔL_{t_IL}——中断负荷容量，kW；

p_{IL}——可中断负荷补偿电价，元/kW。

同时负荷还多了一层等式约束，如式（2-63）所示

$$L_t = \begin{cases} L_{t0} - \Delta L_{t\_IL} & t \in T_{IL} \\ L_{t0} & t \notin T_{IL} \end{cases} \tag{2-63}$$

式中 T_{IL}——合同中签订的负荷中断时间，h。

通过对目标函数的求解，可得到工业大用户在不同机制下的负荷响应量。

2.3.3 柔性负荷主动响应决策模型

本节将重点介绍多种类型柔性负荷根据电网发出的不同激励信号，各自决策主动响应行为以实现各自不同的目标。

2.3.3.1 柔性负荷主动响应效益分析

所谓主动响应是指柔性负荷资源根据电网发出的电价信号或者激励措施所主动做出的响应。柔性负荷的用电费用支出会随着电价和功率关系的改变而改变，用电费用支出的变化量，即柔性负荷响应效益。同时，用电方式也会随之改变，从而影响用电方式满意度。

定义，柔性负荷响应效益 B 与负荷互动量 $\Delta P_l(t)$ 之间的关系为

$$B = f\left[\Delta P_l(t) \right] \tag{2-64}$$

式中 B——柔性负荷响应效益，元；

$\Delta P_l(t)$——t 时段的负荷互动量，kWh。

1. 电价型负荷主动响应效益

在电价机制下，电网侧通过改变不同的电价机制使得柔性负荷参与互动，电价模式的改变会对电力公司的收入带来影响，造成调度成本的改变。相应地，

柔性负荷侧互动资源根据电网发出的电价信号做出主动响应，电价模式和用电方式的改变会对柔性负荷的用电费用支出产生相应的变化。

由上述分析可知，电价型负荷响应效益即为电价型负荷调度成本。

因此，电价型负荷 i 的响应响应效益 B_i 与其负荷互动量 $\Delta P_{l,i}(t)$ 之间的关系可以表示为[60]

$$B_i = -\frac{1}{\alpha_i} \times \Delta P_{l,i}(t)^2 + \frac{2P_{l,i0} - \beta_i}{\alpha_i} \times \Delta P_{l,i}(t) \qquad (2-65)$$

式中　B_i——电价型负荷 i 的响应响应效益，元；

　$\Delta P_{l,i}(t)$——t 时段负荷互动量，kWh；

　α_i、β_i——电价型负荷的弹性参数，且 $\Delta P_{l,i} + P_{l,i0} = \alpha_i \times c_i + \beta_i$；

　$P_{l,i0}$——初始负荷量，kWh。

2. 可中断负荷主动响应效益

在激励机制下，柔性负荷可以更直接快速地通过激励措施参与电网互动。本小节选用可中断负荷作为激励型负荷，设定参与激励响应的柔性负荷的单位响应量补偿价格为 c_{IIj}，且在其响应过程中保持恒定，同时该节点的用电电价为电网的基础售电电价 c_{j0}。其负荷互动效益 B_j 由两部分组成，一部分是由于功率的改变而造成电费支出的变化 B_{j1}，另一部分是基于补偿费用而产生的互动效益 B_{j2}，分别表示为

$$\begin{aligned} B_{j1} &= P_{l,j0}c_{j0} - P_{l,j}(t)c_j \\ &= P_{l,j0}c_{j0} - \left[P_{l,j0} - \Delta P_{l,j}(t)\right]c_{j0} \\ &= c_{j0}\Delta P_{l,j}(t) \end{aligned} \qquad (2-66)$$

$$B_{j2} = c_{IIj}\Delta P_{l,j}(t) \qquad (2-67)$$

式中　B_{j1}——由于功率的改变而造成电费支出的变化，元；

　B_{j2}——基于补偿费用而产生的互动效益，元；

　c_j——响应电量补偿价格，元/kWh；

　c_{j0}——基础售电电价，元/kWh；

　c_{IIj}——参与激励响应的柔性负荷的响应量补偿价格，元/kWh。

由式（2-66）、式（2-67）可以看出，B_{j1} 是互动前后的用电总成本变化量，B_{j2} 是由激励补偿带来的互动效益。两部分互动成本相加，可得到激励型柔性负荷响应效益，即

$$\begin{aligned} B_j &= B_{j1} + B_{j2} \\ &= c_{j0}\Delta P_{l,j}(t) + c_{IIj}\Delta P_{l,j}(t) \end{aligned} \qquad (2-68)$$

2.3.3.2 柔性负荷响应满意度

柔性负荷响应满意度从两方面进行衡量：一是负荷用电方式的满意度；二是负荷响应效益的满意度[61,62]。负荷用电方式的满意度是衡量负荷用电方式的变化量的指标，负荷响应效益的满意度是衡量用户电费支出的变化量的指标。

负荷用电方式的满意度是建立在负荷响应量与原负荷的基础之上，具体表示为

$$\varphi = 1 - \frac{|\Delta P_l(t)|}{P_{l0}} \tag{2-69}$$

式中　φ——柔性负荷的用电方式的满意度，且 $\varphi \in [0,1]$；

　　ΔP——柔性负荷响应量，kWh；

　　P_{l0}——柔性负荷初始负荷量，kWh。

当柔性负荷未改变用电方式时，用电方式满意度最大，其值为1；柔性负荷响应量越大，即用电量改变越大，其用电方式满意度越低；在用户完全不用电的极端情况下，用电方式满意度为0。

负荷响应效益的满意度是建立在负荷响应互动效益与原负荷用电费用支出的基础之上，具体表示为

$$\gamma = 1 + \frac{P_l(t)c_l - P_{l0}c_{l0}}{P_{l0}c_{l0}} \tag{2-70}$$

式中　γ——负荷响应效益满意度；

　　P_l——柔性负荷用电量，kWh；

　　c_l——售电电价，元/kWh；

　　P_{l0}——初始负荷量，kWh；

　　c_{l0}——基础售电电价，元/kWh。

柔性负荷侧以最大化负荷响应满意度为目标，包括负荷用电方式的满意度最大，和负荷响应效益的满意度最大，表示为

$$\begin{cases} \max\ \varphi \\ \max\ \gamma \end{cases} \tag{2-71}$$

该目标函数为多目标优化问题，可以采用主要目标法、线性加权和法、分层排序法等方式进行求解。选取引入目标函数权重转化为单目标问题解，从而柔性负荷的负荷响应满意度应是用电方式满意度和电费收益满意度的加权平均数。柔性负荷的负荷响应满意度模型转化为

$$\max\ \ f_i = \lambda_{i1}\varphi_i + \lambda_{i2}\gamma_i \tag{2-72}$$

$$\lambda_{i1} + \lambda_{i2} = 1 \tag{2-73}$$

式中 λ_{i1}——负荷 i 负荷响应后电费收益满意度的权值；

λ_{i2}——负荷响应后用电方式满意度的权值。

对于不同的柔性负荷其权值可设置为不同值，体现了不同柔性负荷用户对负荷响应收益和用电方式满意度的重视程度。

2.3.3.3 电价型柔性负荷主动响应决策模型

当系统功率不平衡时，根据电网能量平衡原则[64]，电网侧将通过改变电价引导电价型负荷消纳这部分功率不平衡量。此时，柔性负荷侧各个参与者则根据电网给定的电价信号，参与互动响应消除系统功率不平衡量所作出的策略，即主动响应策略。

（1）目标函数。以各个电价型负荷的负荷响应满意度最大化为目标，表示为

$$\begin{cases} \max \quad f_{RL_1} = \lambda_{RL_{1,\ 1}}\varphi_{RL_{1,\ 1}} + \lambda_{RL_{1,\ 2}}\gamma_{RL_{1,\ 2}} \\ \qquad\qquad\qquad \vdots \\ \max \quad f_{RL_i} = \lambda_{RL_{i,\ 1}}\varphi_{RL_{i,\ 1}} + \lambda_{RL_{i,\ 2}}\gamma_{RL_{i,\ 2}} \\ \qquad\qquad\qquad \vdots \\ \max \quad f_{RL_n} = \lambda_{RL_{n,\ 1}}\varphi_{RL_{n,\ 1}} + \lambda_{RL_{n,\ 2}}\gamma_{Rl_{n,\ 2}} \\ \qquad\qquad RL_i = 1\cdots N_{rl}; \end{cases} \tag{2-74}$$

其中

$$\varphi_{RL_{i,\ 1}} = 1 - |\Delta P_{RL_i}(t)|/P_{RL_{i,\ 0}} \tag{2-75}$$

$$\gamma_{RL_{i,\ 2}} = 1 + \left(-\frac{1}{\alpha_{RL_i}} \times \Delta P_{RL_i}(t)^2 + \frac{2P_{RL_{i,\ 0}} - \beta_{RL_i}}{\alpha_{RL_i}} \times \Delta P_{RL_i}(t)\right)\Big/ P_{RL_{i,\ 0}} \times c_{RL_{i,\ 0}}$$

$$\tag{2-76}$$

式中 RL——负荷节点类型为电价型负荷；

N_{rl}——电价型负荷节点数。

（2）等式约束条件。能量平衡为

$$\Delta P_{\Sigma W}(t) = \sum_{RL_i = 1}^{N_{rl}} \Delta P_{RL_i}(t) \tag{2-77}$$

式中 ΔP_{RL_i}——电价型负荷 i 响应量，kWh；

$\Delta P_{\Sigma W}$——功率不平衡量，kWh。

（3）不等式约束。负荷互动量约束为

$$\Delta P_{RL_{i,\,\min}} \leqslant \Delta P_{RL_i}(t) \leqslant \Delta P_{RL_{i,\,\max}} \tag{2-78}$$

式中　$\Delta P_{RL_{i,\min}}$——电价型负荷 i 最小负荷响应量，kWh；

　　　　$\Delta P_{RL_{i,\max}}$——电价型负荷 i 最大负荷响应量，kWh。

2.3.3.4　激励型柔性负荷主动响应决策模型

当系统功率不平衡，电网侧改变激励措施，希望通过补偿使得激励型负荷消纳这部分功率不平衡量。此时，柔性负荷侧各个参与者则根据电网给定的激励机制，参与互动响应消除功率不平衡。

（1）目标函数。以各个激励型负荷的负荷响应满意度最大化目标为

$$\begin{cases} \max \quad f_{IL_1} = \lambda_{IL_{1,\,1}}\varphi_{IL_{1,\,1}} + \lambda_{IL_{1,\,2}}\gamma_{IL_{1,\,2}} \\ \qquad\qquad\qquad \vdots \\ \max \quad f_{IL_j} = \lambda_{IL_{j,\,1}}\varphi_{IL_{j,\,1}} + \lambda_{IL_{j,\,2}}\gamma_{IL_{j,\,2}} \\ \qquad\qquad\qquad \vdots \\ \max \quad f_{IL_n} = \lambda_{IL_{n,\,1}}\varphi_{IL_{n,\,1}} + \lambda_{IL_{n,\,2}}\gamma_{IL_{n,\,2}} \\ \qquad\qquad IL_j = 1\cdots N_{IL}; \end{cases} \tag{2-79}$$

其中

$$\varphi_{IL_{j,\,1}} = 1 - \Delta P_{IL_j}(t)/P_{IL_{j,\,0}} \tag{2-80}$$

$$\gamma_{IL_{j,\,2}} = 1 + \left[c_{IL_{j,\,0}} \times \Delta P_{IL_j}(t) + c_{IL_j} \times \Delta P_{IL_j}(t)\right]/(P_{IL_{j,\,0}}c_{IL_{j,\,0}}) \tag{2-81}$$

式中　IL——该负荷节点类型为激励型负荷；

　　　　N_{IL}——激励型负荷节点数。

（2）等式约束条件。能量平衡为

$$\Delta P_{\Sigma W}(t) = \sum_{IL_j=1}^{N_{IL}} \Delta P_{IL_j}(t) \tag{2-82}$$

式中　$\Delta P_{RL_i}(t)$——激励型负荷 j 响应量，kWh；

　　　　$\Delta P_{\Sigma W}(t)$——功率不平衡量，kWh。

（3）不等式约束条件。负荷互动量约束为

$$0 \leqslant \Delta P_{IL_j} \leqslant \Delta P_{IL_{j\max}} \tag{2-83}$$

式中　$\Delta P_{IL_{j,\max}}$——电价型负荷 i 最大负荷响应量，kWh。

2.3.3.5　柔性负荷综合主动响应决策模型

事实上，参与响应的市场主体之中，既有电价型的柔性负荷，也有激励型

的柔性负荷。当系统功率不平衡时，这类综合的柔性负荷主动响应决策模式中电价型负荷和激励型负荷可同时参与电网互动，此时，结合上文的推导，可知其互动模型为

$$
\begin{cases}
\max \quad f_{RL_i} \\
\cdots \\
\max \quad f_{IL_j}
\end{cases}
$$

$$
s.t. \quad \Delta P_{\sum W}(t) = \sum_{RL_i=1}^{N_{rl}} \Delta P_{RL_i}(t) + \sum_{IL_j=1}^{N_{IL}} \Delta P_{IL_j}(t)
$$

$$
\Delta P_{RL_{i,\ min}} \leqslant \Delta P_{RL_i}(t) \leqslant \Delta P_{RL_{i,\ max}}
$$

$$
\Delta P_{IL_{jmin}} \leqslant \Delta P_{IL_j}(t) \leqslant \Delta P_{IL_{jmax}}
$$

(2-84)

由式（2-84）可知，柔性负荷综合主动响应决策可认为是一个负荷聚合商的集中决策行为。该负荷聚合商集合了多个柔性负荷参与者，各柔性负荷参与者需向负荷聚合商提供用电方式满意度、互动响应满意度等参数信息，在此基础上，负荷聚合商根据各柔性负荷的主动响应优化目标进行集中优化。对于这一多目标优化问题，通过粒子群优化算法寻找最优解，其算法搜索的多方向性和全局性，使得具有潜在解的种群得以持续改进并向 Pareto 最优解集逼近。若将粒子群优化算法中的多目标隶属度参数设为相同值，$\omega_1 = \omega_2 = \cdots = \omega_n = \dfrac{1}{n}$，则表示负荷聚合商在不牺牲任何一个优化目标的前提下，求取柔性负荷群的主动响应信息，而单个柔性负荷的满意度权值 λ_{i1}、λ_{i2} 的分配，则根据其满意度偏好决策。

2.4 本章小结

本章首先从互动主体的运行特性出发，通过对新能源的出力特性和负荷的用电特性进行分析，掌握了电源、负荷的运行特点。在此基础上，一方面归纳总结了新能源的预测方法、调度模式及调度建模方法；另一方面通过分析区域电网内中小负荷的用电方式和用电特性，挖掘潜在的资源数量、用电时间特性、用电习惯、负荷控制方式等精细用电特征，从大用户移峰类负荷、可中断负荷、电动汽车、空调集聚负荷多个方面，分析了不同需求侧资源的建模要素。通过构建电价机制下的大用户效益函数并建立了基于实时电价的大用户需求

响应模型，大用户参与可中断负荷的收益函数模型得到大用户参与可中断负荷的概率约束方程。随着电价机制、激励政策、市场机制等相关政策的进一步完善，柔性负荷势必更加积极主动地参与电网互动。从用户角度出发，同时考虑了柔性负荷发生主动响应后的负荷响应效益变化情况和用电方式变化情况两个方面，以其满意度指标最大为目标，分析了不同类型柔性负荷的主动响应决策过程。

第3章
互动主体可调度潜力评估

电源、负荷作为重要的互动主体，其有多少可调度潜力是电网运行必须掌握的基本信息。本章首先简要介绍了电源、负荷作为互动主体的可调度潜力分析方法，在此基础上提出了一种基于详细物理模型仿真知识发现的典型负荷响应潜力评估方法，并采用自上而下的负荷分离和自下而上的响应潜力评估相结合的方法来评估大型供电节点负荷聚合响应潜力。最后，设计了反映我国未来 DR 发展不同阶段的场景，并对某区域电网未来中长期的 DR 潜力进行了评估。

3.1 互动主体的可调度潜力

"源–网–荷"互动环境下，电力系统中各互动主体的可调度潜力，是指在一定时间尺度下，电力系统各类可用资源能够响应负荷波动和可再生能源随机变化的能力，包含了电源侧、负荷侧、储能装置等各类资源[64]。考虑到目前我国电网中大规模储能技术尚未推广，电源侧常规火电、水电、燃气轮机[65]等资源在不同时间尺度上的可调度潜力已经有大量研究。因此，本章在简要分析风、光等可再生新能源可调度潜力的基础上，重点考虑了需求侧柔性可调负荷的可调度潜力，旨在给出适用于评估典型负荷资源可调度潜力的方法。

3.1.1 电源侧可调度潜力

目前实际电网中，由于抽水蓄能电站在电网中的装机比例很小、核电机组基本以固定出力运行，电源侧主要依靠火电、水电、燃气轮机等常规电源实现灵活性调节。所有常规机组在不同时间尺度上的可调容量之和即为系统在该时段能够提供的可调度容量，针对负荷上升和下降的情况，分别称之为上调潜力和下调潜力。

然而，在可再生能源并网比例较大的电网，本着可再生能源优先调度的基本原则，上述常规电源的年利用小时数已逐年降低，电源侧整体上呈现可调度资源不足、调节能力亟待提升的局面。如何有效提升电源侧资源的可调度潜力已成为学术界和工业界关注的重点，主要研究成果包括：

（1）依据可再生能源发电预测、计划编制、实时计划修正等环节，在考虑电网安全约束的前提下，充分利用可再生能源发电能力的新能源调度方法[66,67]。

新能源调度是为了保证新能源最大化消纳、协助电网安全稳定运行而采用的一种有效管理手段。同时它也是电网调度的一部分，其目的是将波动性强、场站数量众多的新能源进行精细化管理，为电网调度提供技术支撑。为了保证电网安全稳定运行、促进新能源并网运行规范化管理，新能源调度应能够实时监测场（站）功率和变化趋势，预测风电（光伏）发电功率，在此基础上制定合理的风电场（光伏电站）发电计划，并通过对风电场（光伏电站）的并网运行特性进行评价，以加强对场站的管理，提高系统新能源利用率，即新能源调度应包含新能源实时监测、预测、调度计划与控制、辅助决策等方面的内容。

（2）合理利用广域范围内风能和太阳能等资源的时空互补性[69]，通过不同可再生能源间组合比例优化、合理配置来有效降低可再生能源输出功率的整体波动。

广域范围内可再生能源具有良好的时空互补性，如果充分利用好这种互补性，则可以有效地缓解风电的间歇性和不稳定性对电网造成的负面影响。利用广域分散分布的风电场来平滑功率输出一直以来都受到大量关注，关于美国东海岸风电场、中国酒泉风电场等实际数据都证明了广域范围内风能资源的互补特性[37]。对于广域范围内太阳能站点之间的互补性也有部分研究，认为广域光伏发电站之间的互补特性能降低平滑其短期波动的成本。而对于风能和太阳能互补特性的研究，目前国内外文献大多集中在小型离网风光互补系统或分布式发电系统内考虑风光互补后的系统设计以及优化方面，也有文献利用中国气象局提供的气象站点实测的小时时间尺度的风速时值数据，研究了不同时间尺度下中国广域范围内风能和太阳能的时空互补性[69]。

（3）建立多源相济协调调度机制[69]，充分发挥灵活性电源的调节能力和可再生能源之间的互补特性。

关于可再生能源与其他电源的协调调度问题已有诸多研究，主要是利用风电、光伏发电与水电、气电、火电、抽水蓄能、储能等常规能源的互补特性，同时配置较为充裕的备用容量，以缓解风电接入对系统安全稳定运行的不利影响。但这种方法比较适用于风电比例较小的情况，当电网中风电规模较大时，风电功率频繁波动会导致电网净负荷波动更为剧烈，单纯依靠备用容量难以有效响应净负荷的快速变化，电网安全往往面临较大风险；另外，配置足够的备用极易造成大量的备用冗余，成本昂贵且难以为继。近些年，部分研究从系统灵活性的角度对高比例可再生能源系统运行问题进行了分析，提出利用负荷侧资源可调度潜力来提升电力系统对可再生能源的消纳能力[10]。

3.1.2 负荷侧可调度潜力

近年来，随着需求响应技术的发展和相关机制的引导，部分负荷侧资源的可调可控潜力得到了广泛关注。负荷侧可调度潜力一般通过可削减度 S（sheddability）、可控度 C（controllability）和可接受度 A（acceptability）三个指标衡量[70]，如图 3-1 所示。其中，可削减度是在某一给定策略下用户理论上的最大响应潜力，即用户的物理潜力，而可控度和可接受度指的是受到电价、激励机制、有无终端控制设备和通信通道、终端控制设备和通信可靠性、用户意愿等主客观条件影响后用户最终能达到的响应量。

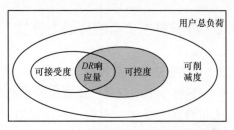

图 3-1　负荷侧可调度潜力示意图

图 3-1 表示的是一种集合运算，DR 响应量是可削减度、可控度和可接受度三个集合的交集（$S \cap C \cap A$）。一般情况下，可接受度和可控度两个集合覆盖的用户群具有重叠性。即装有终端控制设备的用户接受 DR 事件的意愿较强，同样地，愿意接受 DR 事件的用户一般也会考虑安装终端控制设备。故三个集合的关系为：$S \supset C \supset A$ 或 $S \supset A \supset C$，转换成数学计算关系为

$$P_{\text{oth}} = s_h \min[c_h, \ a_h] \tag{3-1}$$

式中　h——统计时段；

　　　s_h——h 时段内用户的可削减度，%；

　　　c_h——h 时段内用户的可控度，%；

　　　a_h——h 时段内用户的可接受度，%；

　　　P_{oth}——h 时段内用户的响应量，%。

其中

$$s_h = \frac{\tilde{P}_{\text{agg},\,h}^{\text{base}} - \tilde{P}_{\text{agg},\,h}^{\text{DR}}}{\tilde{P}_{\text{agg},\,h}^{\text{base}}} \tag{3-2}$$

式中　$\tilde{P}_{\text{agg},h}^{\text{base}}$——$h$ 时段内用户的基准用电功率的平均值，kW；

　　　$\tilde{P}_{\text{agg},h}^{\text{DR}}$——DR 事件期间 h 时段内，假设用户可控且可接受情况下，用电功率的平均值，kW。

$s_h>0$ 时表示用户的负荷削减潜力，$s_h<0$ 时表示用户的负荷增加潜力。在不考虑用户可控度和可接受度的情况下，$P_{oth}=s_h$。此时，P_{oth} 表示的是 h 时段内用户的物理潜力。

现有研究还存在以下不足：①负荷可调度潜力与电网运行工况、外界环境变化、用户用电消费心理、响应前用户用电状态等因素密切相关，针对负荷在某一具体运行工况下的响应潜力评估研究还较为少见；②多从挖掘电网柔性负荷削峰潜力的角度研究负荷的向下调节潜力，缺乏对向上调节潜力的相关研究。

3.2 分类典型负荷响应潜力评估

3.2.1 典型建筑负荷详细物理模型

建筑楼宇类型众多，建筑用能在总用电量中的占比也随着第三产业的发展在逐年升高。受建筑类别、外体结构、暖通空调（Heating, Ventilation and Air Conditioning, HVAC）系统及其他设备效率的影响，不同建筑的用能特性也不尽相同。美国能源局（Department of Energy, DOE）在多年研究的基础上归纳了 16 种商业建筑和 3 种居民建筑类型[71,72]，商业包括大型办公楼宇（Large Office, LO）、中型办公楼宇（Medium Office, MO）、小型办公楼宇（Small Office, SO）、仓库（Warehouse, WH）、零售商店（Stand-alone Retail, AR）、带状商业街（Strip Mall, SM）、小学（Primary School, PS）、中学（Secondary School, SS）、超市（Supermarket, SP）、快捷餐厅（Quick-Service Restaurant, QSR）、饭店（Full-Service Restaurant, FSR）、大型医院（Hospital, HP）、卫生服务中心（Outpatient Center, OPC）、小型宾馆（Small Hotel, SH）、大型宾馆（Large Hotel, LH）和多层公寓（Midrise Apartment, MA），居民建筑包括基本型（Residential base, RB）、低型（Residential low, RL）和高型（Residential high, RH）。按负荷功能又可分为办公楼（大型、中型、小型）、仓库、商店（零售商店、带状商业街、超市）、学校（小学、中学）、饭店（快捷餐厅、饭店）、医院（大型医院、卫生服务中心）、宾馆（小型、大型）、居民建筑（公寓楼、基本型、低型和高型）。通常情况下，我国的商业和居民建筑也可由上述 8 类 19 种建筑类型表示。

商用软件 EnergyPlus[73,74] 是由 DOE 和劳伦斯伯克利国家实验室（Lawrence Berkeley National Laboratory, LBNL）共同开发的一款建筑能耗模拟引擎，在每个仿真步长内可对冷/热负荷、HVAC 系统和其他相关系统组件进行集成及同步仿真，这种基于详细物理模型的仿真方法能够捕捉建筑整体能耗变化细节，仿真结果可信度高。因而，本节选用 EnergyPlus 作为建筑负荷参与需求响应前后的能耗分析软件，基于 EnergyPlus 建立典型建筑的详细物理模型，在此基础上可通过改变温度控制器设定值或调节 HVAC 系统的风扇转速等来模拟参与 DR 对建筑用电功率的影响。

通常情况下，建筑负荷的热平衡计算主要包括室内空气热平衡、房间内表面热平衡和房间外表面热平衡。以室内空气热平衡为例，其主要影响因素有房间内部负荷与房间空气的对流换热，室外空气渗透以及空调系统输出等，热平衡方程[79]可表示为

$$C_Z \frac{\mathrm{d}\theta_Z}{\mathrm{d}t} = \sum_{i=1}^{N_{si}} Q_i + \sum_{i=1}^{N_{surface}} h_i A_i (\theta_{si} - \theta_Z) + m_{inf} C_p (\theta_{si} - \theta_Z) + m_{sys} C_p (\theta_{sup} - \theta_Z)$$

$$(3-3)$$

式中　　　　C_Z——区域热容，J/K；

　　　　　　θ_Z——区域温度，℃；

　　　　　　t——时间，s；

　　　　$\mathrm{d}\theta_Z/\mathrm{d}t$——单位时间内区域温度的变化情况，℃/s；

　　　　　　N_{si}——建筑内部所有房间数量；

　　　　　　Q_i——房间内部负荷与房间空气的对流换热，J；

$\sum\limits_{i=1}^{N_{surface}} h_i A_i (\theta_{si} - \theta_Z)$——来自各个热区表面的对流热传递，J；

　　　　　$N_{surface}$——建筑内部房间的所有热区表面数量；

　　　　　　h_i——热区表面的热传递参数；

　　　　　　A_i——热区表面面积，m²；

　　　　　　θ_{si}——热区表面温度，℃；

$m_{inf} C_p (\theta_{si} - \theta_Z)$——室内外空气之间的热量渗透度，W；

　　　　　　m_{inf}——室外空气渗入的质量流量，kg；

　　　　　　C_p——比热容，J/(kg·K)；

$m_{sys} C_p (\theta_{sup} - \theta_Z)$——建筑内部 HVAC 系统负荷，W；

　　　　　　m_{sys}——来自空气压缩系统的送风质量流量，kg；

　　　　　　θ_{sup}——送风温度，℃。

为了表示不同建筑楼宇的特征，代表建筑外体结构、HVAC 系统、设备效率的参数随着分类不同而变化，并用于初始化每类建筑楼宇的原型热模型。具体而言，建筑外体结构、HVAC 系统和设备效率参数与其建造年份的建筑节能标准和规范有关。表 3-1 给出了 EnergyPlus 模型中有关建筑的部分仿真参数。

表 3-1 表 3-1　　　　　　　　EnergyPlus 模型中有关建筑的仿真参数

模型参数	商业建筑 （小型）	商业建筑 （中型）	商业建筑 （大型）	居民建筑 （多层）
楼层数	1	3	12	4
每层面积 m²	511	4982	46 320	3135
外墙 U 值（W/m²）	0.35	0.35	0.35	0.35
屋顶 U 值（W/m²）	0.37	0.37	0.37	0.37
窗户 U 值（W/m²）	2.04/0.25	2.04/0.25	2.04/0.25	2.04/0.25
灯光（W/m²）	10.76	10.76	10.76	3.88
充电负荷（W/m²）	10.76	10.76	10.76	5.38
人员密度（人/m²）	18.58	18.58	18.58	2.5/每个公寓
HVAC 系统	PSZ-AC	电再热 VAV	水再热 VAV	
制冷系数	3.7	3.3	6.1	3.7
空调运行时间	6：00~22：00	6：00~22：00	6：00~22：00	24h

3.2.2　基于仿真分析知识发现的 *DR* 物理潜力评估

　　知识发现（Knowledge Discovery in Database，KDD）是从各种信息中根据不同的需求获得知识。知识发现的目的是向使用者屏蔽原始数据的繁琐细节，从原始数据中提炼出有意义的、简洁的知识。其中数据挖掘是基于观察数据进行模式或模型的抽取，是知识发现过程的核心[80]。本节仿真分析的"仿真"是指从机理角度对柔性负荷元件进行数学建模，使用代数或微分方程表示各个元件的物理响应特性，通过求解所有元件数学模型组成的方程组得到待求变量值，从而掌握柔性负荷的响应行为特性。"分析"则是基于上述详细物理模型大量仿真计算的结果进行响应特性分析、关键影响因素识别、控制策略制定等。所涉及的知识包括经验性知识和发现的知识。

　　为便于调度中心及时分析、预测和掌握建筑负荷的需求响应特性，建筑负荷的响应模型一方面应能反映内部相互作用的能量系统之间的复杂（热）动力学关系和动态变化过程；另一方面计算速度要足够快，能应用于大规模多样化负荷资源聚合响应的仿真分析。然而，建筑负荷详细物理模型较为复杂、仿真较为耗时，不适于电网调度直接使用。为此，本节提出一种基于详细物理模型仿真知识发现的柔性负荷响应潜力分析方法，其基本思想在于：首先，针对 DR实际项目样本不足的情况，分别建立分类典型建筑负荷的详细物理模型，通过仿真不同外部环境（季节、日期、时间、温度、湿度等）下建筑负荷的用电功率情况，利用相关性分析确定影响负荷用电功率变化的关键外部因素；在此基础上，建立关键外部影响因素、HVAC 空调温度设定值与建筑负荷需求响应潜力的简化回归模型，降低仿真模型的复杂度。

建筑空调系统参与需求响应的调控方式主要分为三类[77]：改变运行模式、改变运行参数以及改变运行方式。改变运行模式包括全局温度调整（Global Temperature Adjustment，GTA）以及预制冷模式，改变运行参数包括增加送风温度、风机变频控制、增加冷冻水温度、限制冷却阀门等控制方式，改变运行方式是指关闭一定数量的风机数量以及减小制冷需求等。其中，全局温度调整是指改变建筑内所有区域空调系统整体温度设定值，是最为常见的一种 *DR* 控制方式。

为了考虑各种季节不同外部环境温度的影响，用于知识发现的仿真样本数据应至少包含一个标准年的数据。图 3-2 给出了建筑负荷 *DR* 潜力简化回归建模流程（假设采用 GTA 模式）。

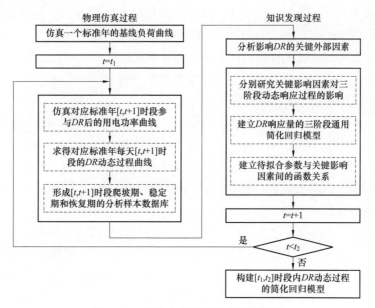

图 3-2 *DR* 潜力简化回归建模流程图

（1）步骤 1。基线负荷曲线生成：基于详细物理模型仿真典型建筑一个标准年（可反映外部环境随季节、日期的变化）的用电功率曲线，作为基准功率。

（2）步骤 2。若一天中该建筑可参与 *DR* 的时段为 $[t_1, t_2]$，令 $t=t_1$。

（3）步骤 3。求取 t 时段该建筑的需求响应曲线，形成 $[t, t+1]$ 时段的分析样本数据库，具体包括如下步骤：

1）步骤 3-1。针对步骤 1 中所述基线负荷曲线场景，调整该标准年中每天 t 时刻的温度设定值（从 θ_{set}^0 调整到 θ_{set}^1），$t+1$ 时刻温度设定值从 θ_{set}^1 恢复至 θ_{set}^0，基于详细物理模型仿真得到该标准年中每天 $[t, t+1]$ 时段参与 DR 后的负荷用电功率曲线。

2）步骤 3-2。用步骤 3-1 中得到的参与 DR 后的用电功率曲线减去步骤 1 中得到的基准负荷曲线，求得对应标准年中每天 $[t, t+1]$ 时段的负荷响应过程曲线。

3）步骤 3-3。基于 $[t, t+1]$ 时段的负荷响应过程曲线，计算负荷响应物理潜力的分析样本，形成样本数据库。

（4）步骤 4。基于仿真生成的样本数据库，利用相关性分析研究影响负荷响应的关键外部因素。

（5）步骤 5。基于 $[t, t+1]$ 时段的分析样本数据库，分别建立负荷响应潜力的通用简化回归模型，具体包括如下步骤：

1）步骤 5-1：基于 $[t, t+1]$ 时段的分析样本数据库，分别研究外部环境温度等关键影响因素对负荷响应潜力的影响。

2）步骤 5-2：以关键影响因素为因变量建立负荷响应潜力简化回归模型。

3）步骤 5-3：分析简化模型拟合参数的规律性和影响因素，建立待拟合参数和各影响因素之间的函数关系。

（6）步骤 6。$t=t+1$，如果 $t=t_2$，跳至步骤 7；如果 $t<t_2$，跳至步骤 3。

（7）步骤 7。构建 $[t_1, t_2]$ 时段内负荷响应潜力的简化回归模型。

其中，步骤 1~3 是基于物理模型进行仿真的过程，步骤 4~5 是分析仿真结果进而发现新知识的过程（建立新的简化回归模型）。

3.2.3　商业建筑负荷响应潜力评估

以商场、酒店等为代表的商业建筑由于舒适性要求高、空调负荷连续使用时间长，是各类建筑中单位面积能耗最高的一类建筑。据统计，商业楼宇的用电量约占美国总用电量的 37%[78]，在中国城市能源消费总量中的份额为 20% 左右[79]。其中，HVAC 系统等温控负荷的能耗占商业建筑总能耗的 60% 以上。

商业建筑中温控负荷的用电功率通常是由内在环境和外在环境共同决定的。外在环境主要是指房间大小、房间结构、窗子大小及朝向以及室外气象条件（温度、湿度、风速）等，而内在环境主要是指人员、设备、照明以及室内环境参数。外在环境是客观存在的，是人为不可改变的；而内在环境，建筑内的人员、设备、照明的数量及运行时间一般固定不变且具有周期性，因而对于用电功率的影响也具有周期性。人为设置和调整室内环境参数，是控制建筑负荷的主要方式。在保持室内温度舒适的前提下，通过实施一定的 *DR* 调控策略，可在短时间内增加或减少建筑负荷的整体用电功率，且商业建筑一般用电功率较大，是一种优质的需求响应资源[80]。

3.2.3.1　基于详细物理模型的需求响应过程仿真

在目前需求响应实际项目较少、分类负荷资源响应数据尚不完善的情况下，基于详细物理模型进行需求响应过程仿真从而得到典型负荷响应样本是一种分析柔性负荷需求响应特性的有效方法。

图 3-3 给出了基于 EnergyPlus 仿真得到的夏季典型日某建筑 HVAC 系统，采用 GTA 时温度设定值及逐时冷负荷的动态变化过程。该建筑 HVAC 系统的工作时间从 7：00 至 24：00，在 0：00~7：00 之间，HVAC 系统不工作，此时 HVAC 系统的逐时冷负荷功率为 0kW。在 7：00~24：00 之间，建筑全局温度设定值为 24℃。假定 HVAC 系统通过 GTA 控制策略参与需求响应，在 13：00~14：00 负荷高峰期将温度设定值提高 2℃，对应时间段逐时冷负荷也对应下降。

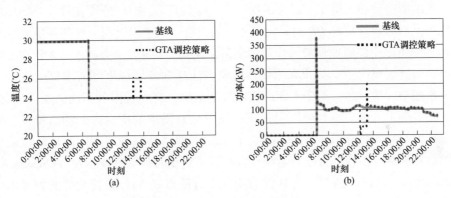

图 3-3　GTA 调整策略的效果

（a）温度设定值；（b）逐时冷负荷

可见，GTA 控制策略能够显著改变 HVAC 系统中所有换气和制冷设备的负荷，是最为有效的 HVAC 需求响应控制策略之一，本章后续研究将默认选用 GTA 控制策略作为建筑负荷参与需求响应的调控策略。

以典型建筑 k 为例，基于详细物理模型可仿真得到其参与需求响应前的基线功率和参与需求响应后的用电功率，两者相减即可得到该建筑随时间 t 变化的负荷响应量，可表示为

$$\begin{cases} DR_k(t) = P_k^{\text{base}}(t, \theta_{\text{set}}^0) - P_k^{\text{DR}}(t, \theta_{\text{set}}^1), & t \in t_{\text{dur}} \\ DR_k(t)\% = DR_k(t)/P_k^{\text{base}}(t) \end{cases} \qquad (3-4)$$

式中　　θ_{set}^0——参与响应前的温度设定值，℃；

θ_{set}^1——参与响应后的温度设定值，℃；

$P_k^{\text{base}}(t, \theta_{\text{set}}^0)$——$t$ 时刻建筑 k 的基线功率（此时 HVAC 的温度设定值为 θ_{set}^0），kW；

$P_k^{\text{base}}(t, \theta_{\text{set}}^1)$——$t$ 时刻建筑 k 参与需求响应后的用电功率（此时 HVAC 的温度设定值调整为 θ_{set}^1），kW；

t_{dur}——从响应开始到响应结束恢复至正常状态的一段时间；

$DR_k(t)$——参与响应后负荷用电功率随时间的变化量，kW；

$DR_k(t)\%$——参与响应后负荷用电功率随时间的相对变化量。

这里，若 $DR_k(t)$ 为正，表示参与 DR 后用电负荷有所削减；为负，则表示负荷有所增加。

3.2.3.2　简化的 DR 潜力评估策略

先前的经验和大量研究已经表明[81~83]，时间、工作日/非工作日、外部环境温度等是影响建筑负荷 DR 的关键外部影响因素。这里以时间、外部环境温度和 GTA 控制策略中的温度调整量作为因变量，建立 DR 响应潜力函数。大量详细物理模型仿真表明[84,85]，如果采用线性模型方法建立环境温度和需求侧响应之间的关系模型，很显然，对于不同的环境温度范围，将出现多种不同的线性模型。在这些算例中，单一线性模型可能无法充分刻画需求响应潜力的动态特性。分段线性回归是回归分析方法的一种，它采用多种线性模型对不同所述环节温度范围的数据进行拟合。分断点是线性方程斜率变化时外部环境温度（Outside Air Temperature，OAT）的值。当 OAT 仅有一个分断点 θ_b 时，负荷响应潜力可用分段线性函数近似拟合，可以描述为

$$DR = \begin{cases} \alpha_1 + \beta_1 \theta_{\text{out}}, & \theta_{\text{out}} \leqslant \theta_b \\ \alpha_2 + \beta_2 \theta_{\text{out}}, & \theta_{\text{out}} > \theta_b \end{cases} \qquad (3-5)$$

式中　θ_{out}——室外环境温度，℃；

α_1——与温度相关的时变常量；

α_2——与温度相关的时变常量；

β_1——与温度相关的时变常量；

β_2——与温度相关的时变常量。

图 3-4 给出了峰荷期间中型的办公楼宇采用 GTA 策略调整 2℃时，负荷响

应量与 θ_{out} 的关系；图 3-5 给出了温度设定值对中等规模公寓楼 DR 响应量的影响。

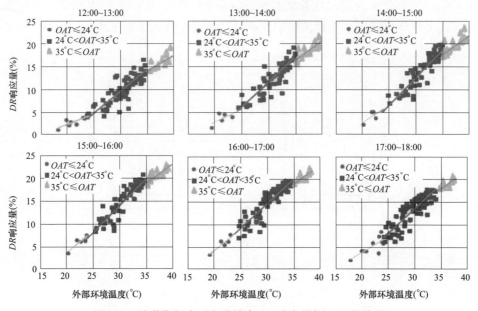

图 3-4　峰荷期间中型办公楼宇 DR 响应量与 OAT 的关系

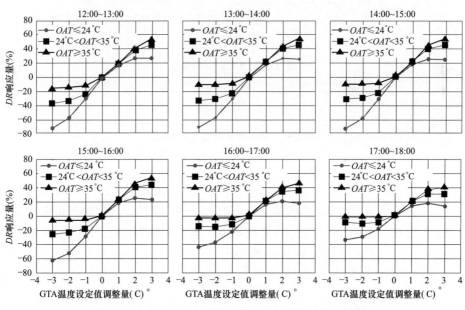

图 3-5　温度设定值对中等规模公寓楼负荷响应量的影响

3.2.3.3　回归模型仿真结果分析

以北京地区典型中型办公楼为例，取夏季 7~9 月期间气象数据进行仿真。正常情况下办公楼内 HVAC 系统温度设定值为 24℃，此状态为本次评估中建筑楼宇的基准运行状态，该建筑楼宇的典型日负荷曲线如图 3-6 所示。

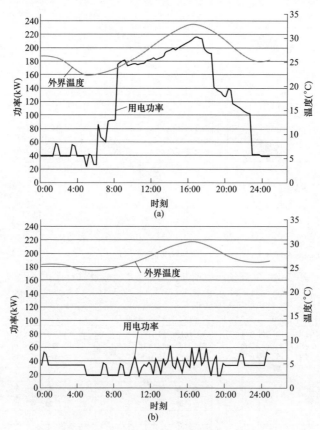

图 3-6　中型办公楼日负荷曲线

（a）工作日；（b）休息日

可以看出，在工作日，从 6：00 开始，该办公楼随着楼内人员陆续上班而用电功率逐步上升，8：00 前后是工作人员到达的高峰期，造成此时用电功率急速增长。随后，从 8：00~17：00 之间用电功率基本保持稳定，这一时段楼内用电功率的增、减量主要受外界温度的影响，且与外界温度变化趋势一致。17：00 后随着工作人员陆续下班用电功率迅速下降，21：00~6：00 之间整栋办公楼的用电功率维持在基本用电功率 40kW 左右。而在休息日，由于没有人员上班，因此整栋楼全天 24h 的用电功率都维持在 40kW 左右。

3.2.3.3.1 调整空调温度设定值对建筑楼宇响应潜力的影响

在夏秋季某典型气象日（此日为工作日），将 HVAC 系统温度设定值上调 1℃，重新在 EnergyPlus 中进行仿真。北京地区中型办公楼用电功率及响应潜力如图 3-7 所示。

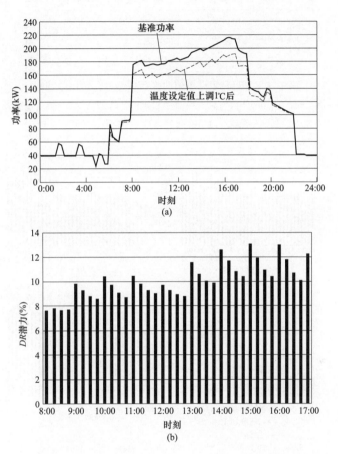

图 3-7　中型办公楼用电功率及响应潜力（HVAC 系统温度设定值上调 1℃）

(a) 用电功率；(b) 响应潜力

可以看出，在正常上班时间 8：00~17：00 之间，HVAC 系统温度设定值上调 1℃后，可减少该办公楼内的用电功率 8%~12%，平均值为 10%。同理，在保证楼内办公人员用电舒适度的前提下，将 HVAC 系统温度设定值上调 1℃、2℃、3℃或下调-1℃、-2℃、-3℃后得到中型办公楼在正常上班时间内的用电功率及响应潜力分别如图 3-8 和图 3-9 所示。

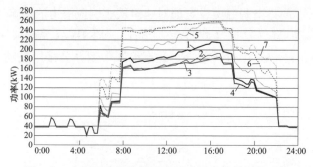

图 3-8 空调温度设定值改变后中型办公楼用电功率

1—基准功率；2—温度设定值上调1℃后；3—温度设定值上调2℃后；4—温度设定值上调3℃后；
5—温度设定值下调1℃后；6—温度设定值下调2℃后；7—温度设定值下调3℃后

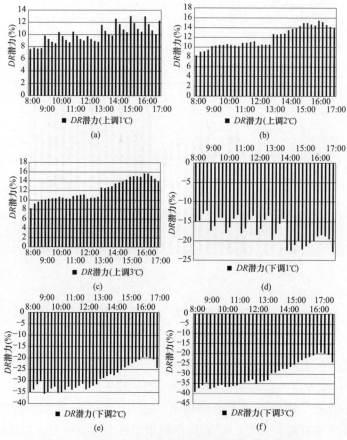

图 3-9 空调温度设定值改变后中型办公楼响应潜力

(a) 温度上调1℃；(b) 温度上调2℃；(c) 温度上调3℃；
(d) 温度下调1℃；(e) 温度下调2℃；(f) 温度下调3℃

为便于观察，将图 3-9 中所得到的 DR 潜力特性统计如表 3-2 所示。由表 3-2 可以看出：

（1）在夏秋季负荷高峰期，通过上调 HVAC 系统的温度设定值，中型办公楼的调节潜力在 10% 左右，可控潜力巨大。但受外界温度及其他因素的影响，每个时段的调节潜力不同。

（2）HVAC 系统温度设定值提高 2℃ 和 3℃，办公楼的 DR 潜力相差不大，这是由于空调制冷量饱和引起的，受到空调制冷能力的限制，即使继续上调温控设定值，空调已经没有调节空间。同理，HVAC 系统温度设定值下调 -2℃ 和 -3℃，办公楼的 DR 潜力也相近，这是由于空调制热量饱和引起的。

表 3-2   *DR* 潜力统计特性

温度设定值调整量 （℃）	DR 潜力（8：00~17：00）	
	潜力范围（%）	潜力平均值（%）
+1	［7.63~13.09］	10.08
+2	［8.21~15.50］	11.99
+3	［8.21~15.76］	12.11
−1	［−22.73~−12.36］	−17.37
−2	［−35.89~−19.38］	−29.00
−3	［−39.20~−19.38］	−30.26

3.2.3.3.2 响应潜力与外界温度之间的回归建模

仍以北京地区中型办公楼为例，选择 10：00~11：00 和 14：00~15：00 两个峰荷时段对夏秋季 7~9 月该建筑楼宇的响应潜力进行回归分析。需要说明的是，在夏秋季高温天气下 HVAC 系统正常处于制冷状态，如果外界环境温度较低（如低于空调的设定温度），空调将停机或者保持待机状态，这种状态下空调用电功率很少，也没有调节潜力。因此，在夏秋季外界温度较低时并不会引导空调负荷参与需求响应，此时如果上调温度设定值，反而会导致 HVAC 系统转为加热，这一状态既不节能也不合理。故仿真中需要去除掉这部分不合理数据后再进行回归。HVAC 系统温度设定值上调 1℃ 后，中型办公楼 *DR* 潜力拟合结果如图 3-10 所示。

拟合优度 R^2 用来描述回归曲线对观测值的拟合程度，R^2 的值越接近 1，说明回归曲线对观测值的拟合程度越好；反之，R^2 的值越接近 1，说明回归曲线对观测值的拟合程度越差。对应图 3-10，10：00~11：00 和 14：00~15：00 两个峰荷时段 *DR* 潜力与外界温度之间的关系由式（3-5）可简化回归拟合表示为

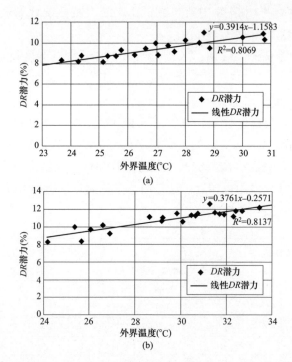

图 3-10　不同外界温度下中型办公楼 DR 潜力拟合结果（HVAC 系统温度设定值上调 1℃）

(a) 10：00~11：00；(b) 14：00~15：00

$$DR = 0.3914\theta_{out} - 1.1583 \quad (10：00 \sim 11：00)$$
$$DR = 0.3761\theta_{out} - 0.2571 \quad (14：00 \sim 15：00) \tag{3-6}$$

两个时段的拟合优度 R^2 均在 0.8 以上，说明线性拟合的效果较好。究其根本原因，是因为空调用电功率和需求响应潜力往往与外界温度呈正相关，这一结论已在多项研究中得到证实。

HVAC 系统温度设定值上调 2℃ 后建筑响应潜力的简化回归拟合结果如图 3-11 所示。10：00~11：00 和 14：00~15：00 两个峰荷时段 DR 潜力与外界之间的关系可拟合表示为

$$DR = 0.494\theta_{out} - 2.9398 \quad (10：00 \sim 11：00)$$
$$DR = 0.567\theta_{out} - 3.9267 \quad (14：00 \sim 15：00) \tag{3-7}$$

在具体应用时，调度中心可以利用历史数据提前拟合出不同时段建筑楼宇的响应潜力与外界环境温度的简化回归关系式，再根据该类型典型建筑在整个区域的用电功率占比，就可以得到该类型典型建筑的聚合响应功率值，大大加快了对于大规模建筑集群的聚合响应潜力评估速度。

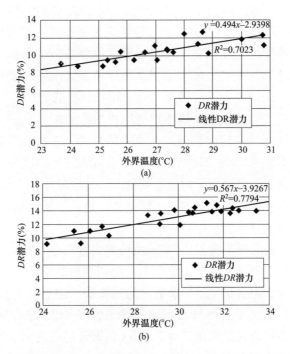

图 3-11 不同外界温度下 DR 潜力拟合（HVAC 系统温度设定值上调 2℃）

（a）10：00~11：00；（b）14：00~15：00

以上是计及了内部人员的发热量和外界环境温度影响后，建筑楼宇在调温策略下的响应潜力分析结果。参照上文分析流程，其他类型建筑楼宇的潜力分析结果都可以如上计算。从以上仿真可见，商业建筑楼宇的可控潜力十分巨大，且当前商业楼宇中一般都部署了楼宇能量管理系统，可以根据外部指令自动调整内部 HVAC 系统温度设定值，因此，商业中央空调是可供电网快速调用的优质资源，对于系统紧急情况下的功率平衡能起到积极的作用。

3.2.4 居民温控负荷聚合潜力评估

以空调、冰箱、热水器等为代表的居民温控负荷（Thermostatically Controlled Loads，TCLs）因具有快速响应、能量存储、高可控性等优点也已成为快速柔性负荷的主要研究对象之一[90,91]。然而，由于 TCLs 负荷具有单体容量小、数量众多、分散分布、响应随机性强的特点，调度中心不易获得其聚合用电功率和响应潜力信息，因此，对调度中心如何利用这部分资源带来困难。TCLs 聚合模型一直是国内外学者的研究热点之一，一般来说，可归纳为简化数学模型、详细物理模型和基于历史数据的回归模型。其中，简化数学模型包括随机 Fokker-

Planck 扩散模型[88]、离散状态空间模型[89]、状态序列模型[90,91]、RC 模型[92]、双线性模型[93]等多种形式，以上模型均定位在控制层面，模型相对较复杂，不易于调度中心直接使用；详细物理模型能够模拟建筑、空调系统的组成以及子系统之间复杂的热动态交互过程，但当这种建模方式应用到多个建筑时，仍然会遇到计算量过大的问题；回归模型在建立用户用电特性分析和需求响应历史数据收集的基础上，通过分析家庭用户的历史用电数据，获得负荷的价格弹性系数，并建立了用电量的回归模型，这种建模方式一般存在两个问题：一是电网中一般采集的是整条馈线的用电数据，由于馈线的负荷成分多样，难以从整体历史数据中分离单一类型负荷的用电数据；二是模型是基于经验方式获取的，为了训练出较好的模型需要大量的历史数据集，包括 TCLs 用电功率、室内和室外环境温度、温度设定值等。

为便于调度中心及时掌握居民 TCLs 负荷的聚合功率及响应潜力，充分利用系统内的各种可调节资源，本节在单个 TCL 物理模型的基础上，推导了 TCLs 聚合功率跟室外温度、温度设定值等参数之间的关系，建立了 TCLs 的近似聚合模型。基于该模型，提出了一种计及响应不确定性的 TCLs 聚合响应潜力评估方法，评估了调整温度设定值控制策略下 TCLs 的聚合响应潜力及其分布特性，并对评估结果的有效性和误差分布进行了分析。

3.2.4.1 单个 TCL 物理模型

单个 TCL 最常见的物理模型为热力学等值模型（Equivalent Thermal Parameters，ETP）[94~97]，该模型采用集中参数法（热容、热阻等）建立 TCL 用电功率与环境温度、能效比、时间的关系，适用于居民或小型商业建筑的冷/热负荷建模。

一阶 ETP 模型采用如下形式的一阶常微分方程来描述室温的变化。

$$\frac{\mathrm{d}\theta(t)}{\mathrm{d}t} = -\frac{1}{CR}[\theta(t) - \theta_a(t) + m(t)RP_c]$$

$$m(t) = \begin{cases} 0, & \text{if } \theta(t) \leqslant \theta_- \\ 1, & \text{if } \theta(t) \geqslant \theta_+ \\ m(t-\varepsilon), & \text{其他} \end{cases} \tag{3-8}$$

式中　$\theta(t)$——t 时刻的室内温度，℃；

$\quad\quad\theta_a(t)$——t 时刻的室内温度与室外温度，℃；

$\quad\quad C$——TCL 的等效热容，kWh/℃；

$\quad\quad R$——TCL 的等效热阻，℃/kW；

$\quad\quad P_c$——TCL 的制冷/制热功率，kW，制冷/制热功率与 TCL 用电功率 P

满足一定的比例关系，$P_c = \eta P$，η 为 TCL 的能效比；

$m(t)$——TCL 的开关状态，取值为 0 时表示 TCL "停机"，取值为 1 时表示 TCL "开机"；

ε——一个足够小的时滞，在离散仿真环境下可以等于仿真的时间步长；

$[\theta_-, \theta_+]$——TCL 正常运行状态下室内温度的变化范围。

θ_- 和 θ_+ 分别表示 TCL 切换开关状态时的室内温度上、下界值，与空调的温度设定值 θ_{set} 满足以下关系

$$\begin{cases} \theta_- = \theta_{set} - \dfrac{\delta}{2} \\[2mm] \theta_+ = \theta_{set} + \dfrac{\delta}{2} \end{cases} \tag{3-9}$$

式中　δ——TCL 的温度死区的宽度。

在温度设定值恒定时，TCL 的开关状态会发生周期性变化，对应室内温度也会在上下界范围内发生周期性变化，如图 3-12 所示。

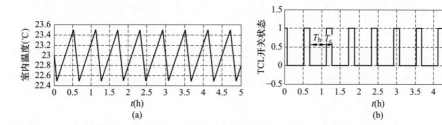

图 3-12　TCL 正常运行状态示意图

（a）TCL 正常运行时室内温度变化；（b）开关状态变化

通过求解式（3-8），可得 TCL 的开机周期 T_c 和停机周期 T_h 分别为

$$T_c = CR\ln\left(\frac{P_c R + \theta_{set} + \dfrac{\delta}{2} - \theta_a}{P_c R + \theta_{set} - \dfrac{\delta}{2} - \theta_a} \right) \tag{3-10}$$

$$T_h = CR\ln\left(\frac{\theta_a - \theta_{set} + \dfrac{\delta}{2}}{\theta_a - \theta_{set} - \dfrac{\delta}{2}} \right) \tag{3-11}$$

式（3-10）、式（3-11）可进一步变换为

$$T_{\mathrm{c}} = CR\ln(1 + x_{\mathrm{c}})$$

$$x_{\mathrm{c}} = \cfrac{\delta}{P_{\mathrm{c}}R + \theta_{\mathrm{set}} - \cfrac{\delta}{2} - \theta_{\mathrm{a}}} \tag{3-12}$$

$$T_{\mathrm{h}} = CR\ln(1 + x_{\mathrm{h}})$$

$$x_{\mathrm{h}} = \cfrac{\delta}{\theta_{\mathrm{a}} - \theta_{\mathrm{set}} - \cfrac{\delta}{2}} \tag{3-13}$$

但是当 TCLs 数量较多时，ETP 模型计算量大，且不易扩展，因此一般不直接用于 TCLs 的聚合建模，而多是在此基础上进行近似，在保证近似效果的前提下降低计算量。

3.2.4.2 TCLs 聚合模型及响应潜力

3.2.4.2.1 TCLs 聚合模型

单个 TCL-i 的用电功率 P_i 容易通过其物理模型获得，但对于负荷代理商或调度中心而言，更为关心的是多个 TCLs 聚合后总用电功率情况。N 个 TCLs 在 t 时刻的聚合功率可表示为

$$P_{\mathrm{agg}}(t) = \sum_{i=1}^{N} P_i m_i(t) \tag{3-14}$$

式中　$P_{\mathrm{agg}}(t)$——t 时刻 TCLs 的聚合功率，kW，只与 t 时刻处于开机状态的
　　　　　　　　TCLs 有关。

稳态情况下，单个 TCL-i 的平均用电功率跟其开机周期占整个运行周期（开机周期加停机周期）的比重（即占空比）有关，令 TCL-i 处于开机状态的概率为 $p_{\mathrm{on},i}$，可用其占空比表示为：

$$p_{\mathrm{on},i} = \frac{T_{\mathrm{c},i}}{T_{\mathrm{c},i} + T_{\mathrm{h},i}} \tag{3-15}$$

考虑 TCLs 数目 N 足够大，且每个 TCL-i 独立运行，当外界温度恒定时，根据大数定律，N 个 TCLs 的聚合功率可近似表示为

$$P_{\mathrm{agg}} = \sum_{i=1}^{N} P_i p_{\mathrm{on},i} \tag{3-16}$$

将式（3-12）和式（3-13）代入式（3-15），可得

$$p_{\mathrm{on},i} = \frac{\ln(1 + x_{\mathrm{c},i})}{\ln(1 + x_{\mathrm{c},i}) + \ln(1 + x_{\mathrm{h},i})} \tag{3-17}$$

根据高等数学中的不等式变换，可进一步变换为

$$\frac{\dfrac{x_{c,i}}{1+x_{c,i}}}{\dfrac{x_{c,i}}{1+x_{c,i}}+\dfrac{x_{h,i}}{1+x_{h,i}}} < p_{on,i} < \frac{x_{c,i}}{x_{c,i}+x_{h,i}} \tag{3-18}$$

将式（3-12）、式（3-13）代入式（3-18），可得

$$\frac{\theta_a-\theta_{set,i}-\delta_i/2}{\eta_i P_i R_i} < p_{on,i} < \frac{\theta_a-\theta_{set,i}+\delta_i/2}{\eta_i P_i R_i} \tag{3-19}$$

在一个区域电网内，居民或小型商业建筑中的 TCLs 负荷可分为参数相同或相近的同质 TCLs 和参数不同的异质 TCLs 两类。对于异质 TCLs 负荷来讲，它们的热容、热阻等模型参数可看作是相互独立的，但又分布在一定的范围内，可做如下合理假设：异质 TCLs 负荷参数相互独立且同分布于给定的概率密度函数。可近似获得 N 个异质 TCLs 聚合功率的上、下界为

$$P_{agg}^u = \sum_{i=1}^{N} \frac{\theta_a-\theta_{set,i}+\delta_i/2}{\eta_i R_i} = NE[X] \tag{3-20}$$

$$P_{agg}^d = \sum_{i=1}^{N} \frac{\theta_a-\theta_{set,i}-\delta_i/2}{\eta_i R_i} = NE[Y] \tag{3-21}$$

式中　$E[X]$，$E[Y]$——分别为随机变量 X 和 Y 的数学期望。计算公式分别为

$$E[X] = E\left[\frac{1}{\eta R}\right] \cdot \left(\theta_a - E[\theta_{set}] + \frac{1}{2}E[\delta]\right) \tag{3-22}$$

$$E[Y] = E\left[\frac{1}{\eta R}\right] \cdot \left(\theta_a - E[\theta_{set}] - \frac{1}{2}E[\delta]\right) \tag{3-23}$$

对于参数形同或者相近的同质 TCLs，式（3-20）和式（3-21）同样成立，且因为参数取值相同，计算过程更为简单。但对于同质 TCLs 来讲，当调整温度设定值时会出现功率振荡现象，这是由于 TCLs 状态多样性的缺失造成的。为了消除振荡现象，国内外学者提出了多种控制策略来填补 TCLs 状态的不足[98]，这些方法可以看作是将同质的 TCLs 异质化处理，使 TCLs 聚合功率达到稳态，此时的聚合功率可用式（3-18）和式（3-19）计算。

进一步地，TCLs 聚合功率的估计值可用区间 $[P_{agg}^d, P_{agg}^u]$ 中的任意值表示为

$$\tilde{P}_{agg} = \alpha P_{agg}^d + (1-\alpha)P_{agg}^u, \quad \alpha \in [0,1] \tag{3-24}$$

从式（3-20）、式（3-21）和式（3-24）可以看出，TCLs 的聚合功率近似可看作只与参数 R、δ、θ_{set}、θ_a、η 有关，而与 C、P 无关。

3.2.4.2.2 TCLs 的聚合响应潜力

考虑到 TCLs 在实际主动响应过程存在的不确定性，进一步将其响应潜力用两部分表示：一是响应潜力的期望值；二是响应潜力的概率分布。响应潜力的概率分布受到用户的通信可靠度、设备可靠度、用户某时刻的响应意愿等不同内外部因素影响，基于大数定律可用正态分布表示为：$DR_h \sim N(\mathrm{d}r_h, \delta_h^2)$，$\mathrm{d}r_h$ 和 δ_h 分别表示该正态分布的期望和标准差。

常见的 TCLs 控制策略一般有开关控制和调整温度设定值两种。开关控制的潜力最大，但会对设备和用户的用电舒适度造成影响，属于刚性控制。调整温度设定值策略属于柔性控制，可以依托 TCLs 本身的恒温控制器（Programmable Communicating Thermostats，PCTs）来控制温度设定值的变化，无需直接对 TCLs 进行开关，对电器和用户的影响较小，在实际中应用更为广泛。

以柔性控制为例，采用常见的全局温度控制（Global Temperature Adjustment，GTA）策略，即所有空调负荷的温度设定值调整量 $\Delta\theta_{set}$ 相同。假设用户响应标准差 δ_h 与 $\Delta\theta_{set}$ 之间呈线性相关关系

$$\delta_h = k\Delta\theta_{set} \tag{3-25}$$

即温度设定值调整量越大，用户响应的个性化、离散程度越大。综上，TCLs 聚合响应潜力可表示为

$$DR_h \sim N[\mathrm{d}r_h, (k\Delta\theta_{set})^2] \tag{3-26}$$

3.2.4.3 算例分析

3.2.4.3.1 TCLs 聚合模型验证

1. 有效性验证

以空调负荷为例，假设 10 000 台空调负荷参数在表 3-3 所示范围内服从均匀分布，空调初始开关状态随机选择，统计在不同外界温度下空调负荷聚合功率值。以蒙特卡洛仿真结果作为实际功率，式（3-21）、式（3-22）和式（3-25）计算结果为估计功率。空调负荷聚合功率仿真结果如图 3-13 所示。

表 3-3 空调负荷参数范围

参　数	取值范围	参　数	取值范围
R	[1.5, 2.5]	θ_{set}	[24, 26]
C	[1.5, 2.5]	δ	[1]
P_c	[16, 20]	η	[2.6, 3]

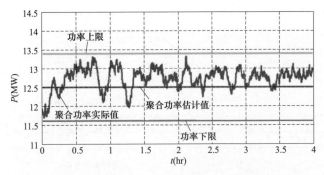

图 3-13 空调负荷聚合功率仿真结果（外界温度为 32℃）

在图 3-13 中，10 000 台空调负荷聚合后实际稳定运行功率约在 11.6～13.4MW 区间内，而根据上述公式估计的功率上限为 13.4MW，下限为 11.6MW，估计功率限值能较好地包络实际功率区间。取 $\alpha=0.5$ 时，聚合功率估计值为 12.5MW，其与实际值的误差及分布如图 3-14 所示。

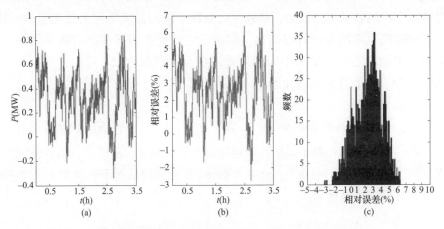

图 3-14 空调负荷聚合功率评估值误差及分布（外界温度为 32℃）
（a）绝对误差；（b）相对误差；（c）相对误差分布

由图 3-14 可以看出，绝大部分情况下，估计值与实际值的相对误差不超过5%，且呈现正态分布规律，估计精度能够满足电网调度中心的决策需求。

2. 外界温度不同

图 3-15 给出了外界温度在 28、30℃和 32℃三种情况下空调负荷聚合功率的估计结果。

可以看出：①空调负荷聚合功率与外界温度之间呈正相关关系，外界温度

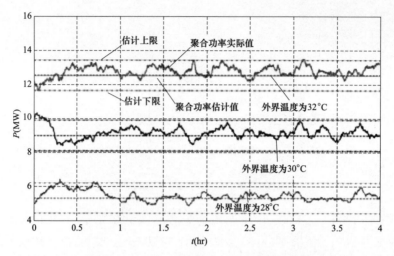

图 3-15　不同外界温度下的 TCL 聚合功率

越高，空调负荷聚合功率也越大。这是因为随着外界温度升高，单位时间内由外界传入室内的热量也将增加，导致室内温度下降到温度下限需要更长的时间，而升高到温度上限所需的时间则相对缩短，空调处于运行状态的概率增加，导致聚合功率随之增大。②在不同的外界温度下，利用式（3-21）、式（3-22）和式（3-25）均能方便地估计聚合功率。

3. α 取值不同

式（3-25）是对聚合功率上、下界 $[P_{\text{agg}}^{\text{d}}, P_{\text{agg}}^{\text{u}}]$ 中任意值的估计值，α 取值在 $[0, 1]$ 之间。α 越小，估计值越接近上界；反之，α 越大，估计值越接近下界。图 3-16 给出了 $\alpha=0.1$、$\alpha=0.5$ 和 $\alpha=0.9$ 三种情况下空调聚合功率的实际值与估计值的仿真结果。

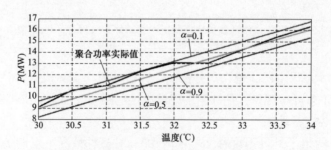

图 3-16　α 取值不同时仿真结果

估计误差如表 3-4 所示。

表 3-4 α 取值不同估计误差

外界温度	估计误差（%）		
（℃）	$\alpha = 0.1$	$\alpha = 0.5$	$\alpha = 0.9$
30	5.90	−1.94	−9.79
31	3.78	−2.71	−9.19
32	1.04	−4.42	−9.88
33	5.29	0.28	−4.73
34	2.64	−1.73	−6.10

从表 3-4 可以看出，本节方法估计出的聚合功率上、下界并不宽，α 取值不同时，聚合功率估计值与实际值之间的误差都能在 −10% ~ 10% 之间，不会因为 α 不同而造成误差显著增加的情况。经过多次仿真表明，α 在中值附近时误差相对较小，实际中，可以近似取值为 $\alpha = 0.5$。

4. 空调聚合数量不同

分别取空调聚合数量 $N = 1000$、$N = 5000$ 和 $N = 10\,000$ 三种情况，模拟空调数量对聚合效果的影响，仿真结果如图 3-17 所示。

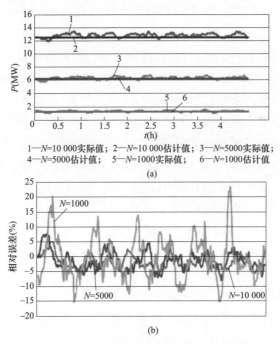

1—$N=10\,000$实际值；2—$N=10\,000$估计值；3—$N=5000$实际值；
4—$N=5000$估计值； 5—$N=1000$实际值； 6—$N=1000$估计值

(a)

(b)

图 3-17 空调聚合数量不同时仿真结果

（a）聚合功率估计值与实际值对比；（b）聚合功率评估误差

由图 3-17 可以看出，空调数量越多，则模型的近似效果越好。但当数量增大到一定值后，聚合模型估计值和实际值之间的误差相差不大，近似效果较为接近。例如，本算例中，$N=5000$ 和 $N=10\,000$ 两种情况下，聚合模型估计值和实际值之间的相对误差均在 $-5\%\sim5\%$ 之间，误差分布相近。

3.2.4.3.2　TCLs 聚合响应潜力分析

1. 有效性验证

以制冷型空调负荷为例，作为一种典型的快速响应负荷，在系统大功率缺失或夏季备用容量不足时，通过适当提高空调负荷的温度设定值能够在不影响

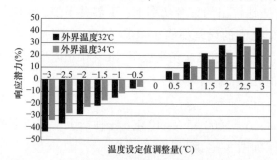

图 3-18　不同外界温度下逐步升高空调温度设定值时 TCLs 的聚合响应潜力仿真结果

用户用电体验的前提下有效减少空调用电功率。首先模拟最理想情况，假设此时用户的可控度和可接受度均为 100%，且用户的响应可靠度高，暂时不考虑响应的不确定性。在不同外界温度下逐步升高空调温度设定值，仿真结果如图 3-18 所示。

由图 3-18 可以看出：①在外界温度恒定时，空调的聚合响应潜力与温度设定值的调整量 $\Delta\theta_{set}$ 呈线性正相关关系。这从式（3-26）可以直接得出，当 TCLs 自身参数和外界温度不变时，聚合功率估计值只和 θ_{set} 线性相关。②在 $\Delta\theta_{set}$ 一定时，空调聚合响应潜力随外界温度升高而减小。原因是：已得知 TCLs 的聚合功率跟外界温度正相关，室外温度越高则 TCLs 聚合功率越大，而在不同的外界温度下调整同样的 $\Delta\theta_{set}$，TCLs 聚合用电功率的改变量近似相等，故相对来讲 TCLs 的聚合潜力随外界温度升高会有所下降。

下面将 TCLs 聚合响应潜力与 EnergyPlus 仿真结果进行对比。选取某夏秋季典型日 14：00～15：00 之间，外界温度 34℃，北京地区某小型独立居民建筑进行 DR 潜力计算，空调初始温度设定为 24℃不同评估方法下 TCLs 聚合响应潜力结果对比如图 3-19 所示。

由图 3-19 可以看出，在室外温度恒定时，用本章简化的线性关系来计算出的 TCLs 聚合响应潜力与 EnergyPlus 仿真结果在趋势上是一致的，且拟合度较好。从而验证了所提的潜力评估方法的有效性。

需要指出的是，该结论是在外界温度合理，空调在温度设定值附近正常运行这一前提条件下得出的。而实际中，受到空调制冷能力的限制，在外界温度

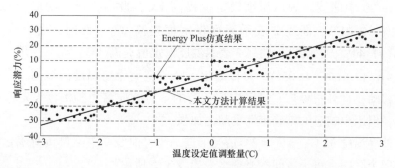

图 3-19　不同评估方法下 TCLs 聚合响应潜力结果对比

很高的情况下，下调温度设定值 $\Delta\theta_{set}$ 会造成空调的响应潜力迅速下降甚至没有潜力的情形。这是由于制冷量饱和引起的，在这种天气情况下，空调负荷通常满容量运行，下调 $\Delta\theta_{set}$ 空调用电空间改变很少或者已经没有调节空间。

对于制热型 TCLs，分析过程与热冷型 TCLs 类似，在此不再赘述。

2. 聚合响应潜力的分布特性分析

国外对 TCLs 负荷的控制效果做过一些试点项目。2009 年夏天，PG&E 公司 SmartAC 项目对 4 条配电馈线下的空调负荷参与辅助服务的潜力评估结果显示：其中两条馈线可控性近似 80%，另外两条馈线可控度不足 60%，用户的接受度大概为 90%[99]。考虑到我国实际实施的 DR 项目较少，用户的可控性和可接受度都将低于国外水平，本章按照 SmartAC 项目评估结果的 2/3 计，假设某地区拥有终端通信和控制设备的用户占 40%，有参与 DR 意愿的用户占 60%。则响应潜力期望值应为 $s_h \cdot \min[40\%,\ 60\%] = 0.4s_h$。仍以外界温度为 32℃ 为例，取 $k = 0.01$，分别调整 $\Delta\theta_{set}$ +1℃、+2℃ 和 +3℃ 后，空调负荷聚合响应潜力的分布特性如图 3-20 所示。

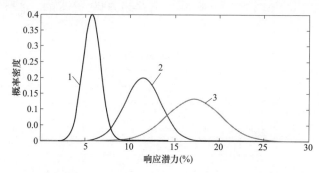

图 3-20　TCL 聚合响应潜力的分布特性

1—温度设定值提高 1℃；2—温度设定值提高 2℃；3—温度设定值提高 3℃

图 3-20 中曲线，表示温度设定值提高 1℃，此时，用户响应分布 $DR_h \sim N(5.72\%, 0.01^2)$；曲线 2 表示温度设定值提高 2℃，此时，用户响应分布 $DR_h \sim N(11.44\%, 0.02^2)$；曲线 3 表示温度设定值提高 3℃，此时，用户响应分布 $DR_h \sim N(17.16\%, 0.03^2)$。可以看出，随着空调设定温度的提高，分布曲线向右侧移动，且分布更广，说明空调负荷的聚合响应潜力随温度设定值的提高而增加，但用户响应的不确定性也随之加强。

在外界温度 32℃，$\Delta\theta_{set} = 2℃$ 情况下进一步将曲线 2 中空调负荷聚合响应潜力分为四个区间，每个区间的概率水平如表 3-5 所示。

表 3-5 　　　　　　　　　 响应潜力的分布区间及其概率水平

响应潜力的分布区间	概率水平
<5%	0
5%~10%	0.2351
10%~15%	0.7267
>15%	0.0382

从表 3-5 可知，在外界温度为 32℃，温度设定值提高 2℃ 这一场景下，空调负荷聚合响应潜力小于 5% 的概率为 0，即响应潜力至少为 5%，而且在较大的概率水平下（此算例为 0.7267）响应潜力的分布区间为 10%~15%，调度中心可利用这一信息进行进一步决策。

3.2.4.3.3　不同类型 TCLs 聚合功率及响应潜力分析

除空调外，我国居民家庭中还存在大量冰箱负荷。冰箱负荷具有普及率高、全年 24h 在线运行的优点，能够弥补空调负荷季节性运行的不足，是一种稳定的需求响应资源。假设某条馈线下有 2000 户居民家庭，以每户家庭拥有 2 台空调、1 台冰箱计，该馈线下共有 4000 台空调和 2000 台冰箱，这些 TCLs 的参数范围如表 3-6 所示。

表 3-6 　　　　　　　　　 不同类型 TCLs 负荷参数范围

参　　数	空　　调	冰　　箱
R	1.5~2.5	80~100
C	1.5~2.5	0.4~0.8
P_c	16~20	0.2~1
θ_a	外界温度	18~27
θ_{set}	18~27	1.7~3.3
δ	0.25~1	1~2
η	2.5	2

仍然假设这些 TCLs 参数之间相互独立且符合均匀分布，在某夏秋季典型气象日下，TCLs 负荷聚合功率如图 3-21 所示。

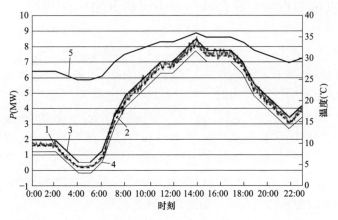

图 3-21　某夏秋季典型气象日 TCLs 负荷聚合功率

1—聚合功率实际值；2—聚合功率估计值；3—估计上限；4—估计下限；5—室外温度

假设在该天 12：00~14：00 期间系统出现功率不平衡，需要用户侧资源参与需求响应。此时，外界温度变化范围为 34~36℃，采用调整温度设定值控制策略，分别调整不同的 $\Delta\theta_{set}$ 后，TCLs 负荷的聚合响应潜力期望值在 2h 内的变化趋势如图 3-22 所示。

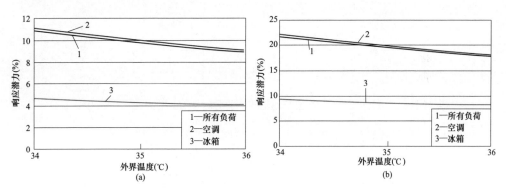

图 3-22　DR 事件期间 TCLs 负荷聚合响应潜力

（a）$\Delta\theta_{set}=1℃$；（b）$\Delta\theta_{set}=2℃$

由图 3-22 可以看出，温度设定值每提高 1℃，TCLs 负荷聚合响应潜力期望值增加 10% 左右。考虑到区域电网中 TCLs 负荷数量众多、基准用电功率大，因此，尽管单个 TCL 的响应潜力微不足道，但通过合理的控制手段，其聚合响应潜力不可忽视，居民 TCLs 负荷是参与电网功率平衡和频率稳定的一类有效资源。

3.3　大型供电节点负荷聚合响应潜力评估方法

一般情况下，电网调控运行无法关注到负荷个体的需求响应行为，影响电网运行的重点是电网中大型供电节点（Bulk Supply Points，BSPs）大量负荷需求响应的整体聚合响应特性。为此，本节提出一种基于双层架构的大型供电节点负荷响应聚合建模方法，在上层，基于典型建筑（Prototype Building，PB）负荷曲线采用最小二乘法求取 BSPs 的负荷类型和数量；在下层，提出以时间、外部环境温度和建筑设定温度调节量为因变量的简化回归模型来快速评估单体建筑的 *DR* 潜力。通过上下层结合就可以得到 BSP 节点负荷响应聚合潜力。

3.3.1　基于双层架构的负荷响应潜力聚合建模思想

图 3-23 给出了采用自上而下的负荷构成辨识和自下而上的单体负荷响应建模相结合的 DR 潜力评估框架。

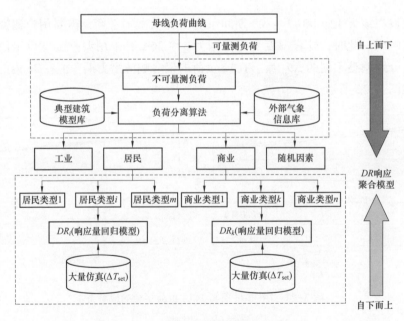

图 3-23　大型供电节点 DR 潜力评估框架

这里，考虑了影响 BSPs 负荷辨识的两类随机因素：一类随机因素是用于负荷构成辨识的典型建筑（PB）模型与实际同类建筑模型之间可能存在的随机偏差。这里的 PB 是指能够反映某一类建筑用电时序特征的典型代表，在同类实际建筑负荷用电特性难以获取时，可用 PB 模型来替代分析。图 3-24 给出了一类典型 PB（中型办公楼宇）模型仿真得到的负荷曲线和 11 栋中型办公楼宇的实际负荷曲线。

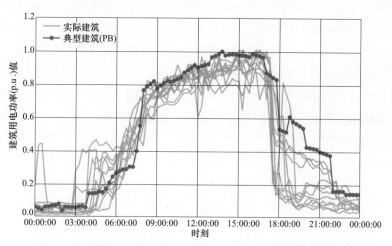

图 3-24　11 栋实际建筑和典型 PB 模型仿真得到的负荷曲线的对比

由图 3-24 可以看出，尽管这些负荷曲线整体上的变化趋势是非常相近的，但每一时段还是存在一定的偏差（一般情况下，偏差在最大负荷的 10% 范围内）。

3.3.2 "自上而下"负荷构成辨识

3.3.2.1 BSP 的负荷构成

从是否可直接量测的角度，大型供电节点的负荷构成分为可量测负荷、不可量测规律负荷以及随机负荷三部分，数学上可表示为

$$P(t) = P_{\mathrm{M}}(t) + P_{\mathrm{NM}}(t) + P_{\mathrm{Rod}}(t) \tag{3-27}$$

式中　t——某一时间点；

$P_{\mathrm{M}}(t)$——可量测负荷，kW；

$P_{\mathrm{NM}}(t)$——不可直接量测规律负荷，kW；

$P_{\mathrm{Rod}}(t)$——随机负荷，kW。

BSPs 负荷可能包含居民、商业、工业等不同类型的负荷。通常情况下，大型工业用户常安装企业能量管理系统（Energy Management System，EMS）或量测设备，其用电特性一般是可辨识的，且多数用电特性较为规律的工业负荷也可作为一种 PB 来处理，其负荷曲线是可预测的。而对于小型工业等不可辨识负荷，则作为随机因素处理。因此，本节的研究将聚焦于商业和居民建筑负荷。

商业和居民建筑负荷分别占美国电力消费的 36% 和 37%。DOE 在多年研究的基础上归纳了 16 种商业和 3 种居民建筑类型。这些典型建筑负荷约占美国商业和

建筑负荷的 80%，其年用电数据可从电网公司获取并已在一些商业软件如 Energy Plus 中建模，可利用这些标准建筑模型来构建 PB 负荷模型库。当 BSPs 的负荷构成无法直接量测获取时，可使用这些 PB 负荷模型库来辨识 BSPs 的负荷构成。值得注意的是，在这些 PB 建筑中，部分建筑具有相似的用电特性，比如 SO、MO 和 LO 均为办公建筑，区别主要在于负荷用电功率的大小，可将其聚合为办公类负荷。

3.3.2.2 PB 模型库

PB 负荷曲线是指在给定时段内典型 PB 随时间变化的整体用电功率曲线，PB 负荷曲线常受建筑中用电设备（如照明、插拔式负荷）运行状态以及 HVAC 系统等天气敏感性负荷的影响。为了反映 PB 的天气敏感特性和随时间变化情况，每一种 PB 的负荷曲线可用公式表示[85]为

$$P_{k,t}^{\mathrm{PB}} = P_{k,t}^{\mathrm{base}}(E_0) + \Delta P_{k,t}(\Delta E) = P_{k,t}^{\mathrm{base}}(E_0)\left[1 + f_{k,t}(\Delta E)\right] \tag{3-28}$$

$$P_{k,t}^{\mathrm{base}}(E_0) = \frac{1}{N_\mathrm{d}} \sum_{i=1}^{N_\mathrm{d}} P_{k,i}^t(E_i) \tag{3-29}$$

$$E_0 = \frac{1}{N_\mathrm{d}} \sum_{i=1}^{N_\mathrm{d}} E_i \tag{3-30}$$

式中　$P_{k,t}^{\mathrm{base}}(E_0)$——$t$ 时刻典型建筑 k 的基线负荷，kW。其用电功率与外部气象因素密切相关，选取一个标准年中每日用电量最小的 N_d 天的平均用电功率作为基线负荷[100,101]。

N_d——选取一个标准年中每日用电量最小的天数，用以计算基线负荷。

E_0——表示对应 N_d 天的外部气象因素的平均值。

$P_{k,i}^t(E_i)$——表示第 i 天 t 时刻典型建筑 k 的用电功率，kW。

E_i——对应的外部气象因素如温度、湿度等。

ΔE——同 E_0 相比外部气象因素的变化情况。

$f_{k,t}(\Delta E)$——$P_{k,t}^{\mathrm{base}}(E_0)$ 和 $\Delta P_{k,t}(\Delta E)$ 之间的关系函数，与外部气象因素密切相关。

一般情况下，建筑工作日和非工作日的负荷曲线差别比较大，需要用两套不同的模型参数来表示。

大量研究已经表明[102,103]，OAT 是影响建筑用电的最关键影响因素。经过大量仿真分析，发现二次回归方程适于表征建筑用电功率与 OAT 的关系。

$$f_{k,t}(\Delta T_p) = f_{k,t}^1(\Delta T_p^2) + f_{k,t}^2(\Delta T_p) + f_{k,t}^3 \tag{3-31}$$

式中　　ΔT_p——表示外部环境温度的变化情况，℃；

$f_{k,t}^1$、$f_{k,t}^2$、$f_{k,t}^3$——与时间相关的参数。

以大型宾馆和中型办公楼宇为例，图3-25给出了8月某日峰荷期间（12：00~16：00）典型建筑用电功率变化与OAT的关系。

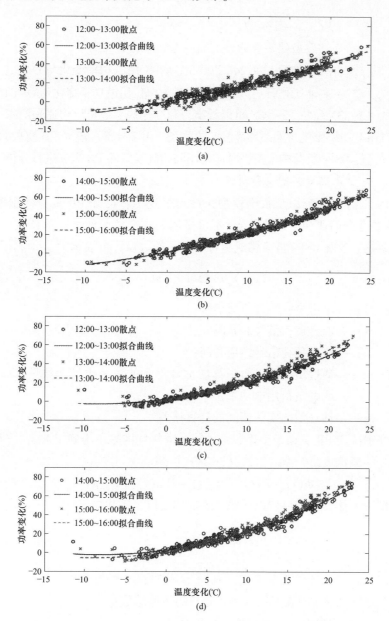

图 3-25　峰荷期间（12：00~16：00）典型建筑用电功率变化与外部环境温度的关系

(a) 大型宾馆 12：00~14：00；(b) 大型宾馆 14：00~16：00；

(c) 中型办公楼 12：00~14：00；(d) 中型办公楼 14：00~16：00

PB 模型库可表示为

$$\varphi = \{\varphi_1, \ \cdots \varphi_k, \ \cdots \varphi_{\mathrm{NB}}\} \tag{3-32}$$

$$\varphi_k = (P_{k,\,\mathrm{base}}^{\mathrm{WD}}, f_{k,\,1}^{\mathrm{WD}}, f_{k,\,2}^{\mathrm{WD}}, f_{k,\,3}^{\mathrm{WD}}, f_{k,\,\mathrm{base}}^{\mathrm{WE}}, f_{k,\,1}^{\mathrm{WE}}, f_{k,\,2}^{\mathrm{WE}}, f_{k,\,3}^{\mathrm{WE}}) \tag{3-33}$$

式中　　　φ_k——典型建筑 k 的负荷曲线参数集合；

$f_{k,1}^{\mathrm{WD}}$、$f_{k,2}^{\mathrm{WD}}$、$f_{k,3}^{\mathrm{WD}}$——工作日一天 24h 以小时为单位用电功率变化与 OAT 的关系；

$f_{k,1}^{\mathrm{WE}}$、$f_{k,2}^{\mathrm{WE}}$、$f_{k,3}^{\mathrm{WE}}$——非工作日一天 24h 以小时为单位用电功率变化与 OAT 的关系。

由式（3-33）、式（3-34）可以看出，利用这些参数可以快速预测每一种 PB 的每小时用电功率变化与外部环境温度的关系。由于外部环境对 PB 模型的影响很大，所以进行 BSPs 负荷构成辨识时应使用同一气候区的 PB 数据进行分析。

3.3.2.3　基于优化分析的负荷辨识

BSPs 负荷构成辨识从数学模型角度可描述为：已知 PB 负荷模型库[104,105]（这里主要考虑商业和居民建筑），不可量测的混合负荷曲线以及特定气候区外部环境参数，求解 BSPs 负荷构成和每类负荷的数量，可表示为

$$\min \sum_{t=t_1}^{t_2} \varepsilon \big[\, \Omega(t), \ \phi(t)\,\big] \tag{3-34}$$

式中　$\phi(t)$——不可量测混合负荷信号；

　　　t_1——混合负荷信号起始时间；

　　　t_2——混合负荷信号结束时间；

　　　$\Omega(t)$——通过负荷构成辨识算法估计得到的负荷类型和数量从而叠加生成的负荷用电功率；

　　　$\varepsilon[\,*\,]$——估计值与实际值间的计算误差。

研究中认为 PB 负荷模型库包含了待研究气候区除了不确定冲击负荷外所有可能存在的建筑负荷类型。由式（3-28）可知

$$\phi(t) = P(t) - P_{\mathrm{M}}(t) = P_{\mathrm{NM}}(t) + P_{\mathrm{Rod}}(t) \tag{3-35}$$

为解决上述负荷构成辨识问题，这里构建以下优化模型

$$\min \sum_{t=t_1}^{t_2} \big[\, \Omega(t) - \phi(t)\,\big]^2 \tag{3-36}$$

$$\Omega(t) = \sum_{i=1}^{N_{\mathrm{PB}}} N_{\mathrm{PB}}^k P_{k,\,t}^{\mathrm{PB}}, \ 0 \leqslant N_{\mathrm{PB}}^k \leqslant b_k \tag{3-37}$$

式中　N_{PB}——BSPs 所在气候区典型建筑的类型总数目；

　　　N_{PB}^k——辨识出的典型建筑 k 的数目；

　　　$P_{k,t}^{\mathrm{PB}}$——t 时段典型建筑 k 的用电功率，kW；

　　　b_k——该类典型建筑可能的数量上限。

然而，即使可辨识的量测负荷曲线在某些特殊情况下也可能是无法获取的，在这种情况下，需将这种可辨识的量测负荷作为不可量测负荷处理。存在两种可能性：如果这种负荷是规律性负荷，基于历史量测数据通过上述方法可以构建其 PB 模型库；否则，如果该负荷是不规律的，只能作为一种随机负荷处理，一定程度上会影响负荷辨识结果的准确性。

3.3.3　自下而上响应潜力建模

这里自下而上响应潜力建模是指在已知 BSP 负荷构成（BSP 下所包含的负荷类型及数量）以及分类典型负荷响应潜力基础上，来求取 BSP 负荷响应潜力的建模方法。

仍以建筑负荷为例，单一建筑的 DR 响应特性已有大量研究，其中基于详细物理模型仿真的 DR 特性分析比较耗时，本章 3.2 中对此进行了分析并提出一种基于物理模型仿真知识发现的负荷响应快速回归建模方法。自下而上响应特性评估也是基于该研究思路开展的研究工作。

单一建筑 k 在时段 t 内的 DR 响应特性可用式（3-4）或式（3-5）表示，从而可推出 BSP 负荷的 DR 聚合响应模型为

$$DR_{BSP}(t) = \sum_{k=1}^{N_{TB}} N_{tb}^k DR^k(t) \qquad (3-38)$$

式中　N_{TB}——BSP 所在气候区典型建筑类型的实际数目；

　　　N_{TB}^k——实际建筑 k 的实际数量。

3.3.4　双层 DR 聚合响应评估的步骤

图 3-26 给出了基于双层架构的大型供电节点负荷响应潜力评估的计算步骤示意图，主要包括：

（1）第 1 步。获取 BSP 负荷曲线和所包含的可量测负荷的负荷曲线，计算待辨识负荷的负荷曲线。

（2）第 2 步。如果可直接获得相同气候区 PB 负荷曲线，跳至第 3 步；否则，跳至第 4 步。

（3）第 3 步。基于待辨识负荷曲线、PB 负荷曲线、同一气候区的外部环境数据，基于优化分析方法进行负荷构成辨识，从而求得待辨识负荷包含的 PB 类型及相应数量。

（4）第 4 步。基于待辨识负荷曲线、同一气候区的 PB 模型库以及外部环境数据，基于优化分析方法进行负荷构成辨识，也可求得待辨识负荷包含的 PB 类型及相应数量。

（5）第 5 步。基于评估出的 PB 类型及对应时间、天气信息，可建立每一种

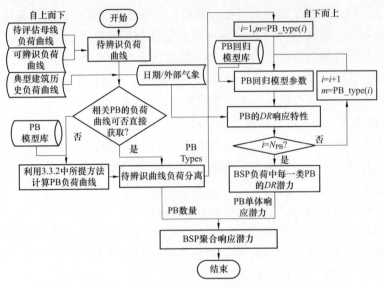

图 3-26 BSP 聚合响应潜力评估步骤示意图

PB 的简化回归模型并求取相应参数，从而得到每一种 PB 的 DR 潜力。图 3-27 给出了 PB 简化回归模型库的形成流程示意图。

（6）第6步。基于 BSP 的负荷构成及数量，最终求得 BSP 负荷响应的聚合潜力。

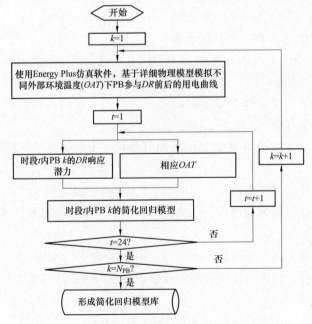

图 3-27 PB 简化回归模型库的形成流程示意图

3.3.5 算例分析

这里利用 Energy Plus 软件搭建了 16 种商业典型建筑和 3 种居民典型建筑的详细物理模型，分别模拟仿真了这 19 种建筑负荷一年的用电情况，其中外部气象数据使用的是 2015 年 BSP 所在区域的实际气象数据。使用 Monte Carlo 仿真按照均匀分布随机抽取每一种典型建筑的可能数量（表 3-7 给出了 BSP 中每一种建筑可能数量的上下限值），以保证在本研究中每一种 PB 的所有可能数量按照相同的概率被抽样到。抽样得到的各种 PB 的负荷曲线相加就是假定的 BSP 整体负荷曲线。

表 3-7   BSP 中每一种建筑可能数量的上下限值

类别	办 公			仓储	商 店			学 校	
PB	SO	MO	LO	WH	AR	SM	SP	PS	SS
min	0	0	0	0	0	0	0	0	0
max	200	100	50	10	50	10	20	2	2

类别	餐 厅		医 院		宾 馆		居 民			
PB	FSR	QSR	HP	OPC	LH	SH	RB	RL	RH	MA
min	0	0	0	0	0	0	0	0	0	0
max	100	100	5	5	20	10	1000	1000	1000	1000

为了便于分析本节所提负荷辨识方法的有效性，这里定义每一种 PB 的平均相对误差（Mean Relative Errors，MREs）为

$$e_{B,k} = \frac{1}{N_t} \sum_{t=t_1}^{t_2} \frac{|N_{\text{PB}}^k P_{k,t}^{\text{PB}} - N_{\text{TB}}^k P_{k,t}^{\text{TB}}|}{N_{\text{TB}}^k PR_{k,t}^{\text{TB}}} \tag{3-39}$$

式中 N_t——$t_1 \sim t_2$ 的总时间步长；

     N_{PB}^k——辨识出的典型建筑 k 的实际数量；

     $P_{k,t}^{\text{PB}}$——典型建筑 k 在 t 时刻的用电功率，kW；

     N_{TB}^k——实际建筑 k 的实际数量；

     $P_{k,t}^{\text{TB}}$——实际建筑 k 在 t 时刻的用电功率，kW。

在 t_1 到 t_2 期间，当 BSP 总用电功率在 $t_{\max}$ 达到最大值时，典型建筑 k 用电功率所占 BSP 总用电功率的百分比定义为

$$P_{B,k} = N_{\text{PB}}^k P_{k,t_{\max}}^{\text{PB}} \Big/ \sum_{k=1}^{N_{\text{PB}}} N_{\text{PB}}^k P_{k,t_{\max}}^{\text{PB}} \tag{3-40}$$

同样地，按负荷功能可将这 19 种 PB 聚合为办公楼、仓库、商店、学校、

饭店、医院、宾馆、居民建筑 8 类。对应地,每一类建筑负荷的 MRE 可定义为

$$e_{C,m} = \frac{1}{N_t} \frac{\sum_{t=t_1}^{t_2} \sum_{k \in m} |N_{PB}^k P_{k,t}^{PB} - N_{TB}^k P_{k,t}^{TB}|}{\sum_{k \in m} N_{TB}^k P_{k,t}^{TB}} \tag{3-41}$$

$$P_{C,m} = \sum_{k \in m} N_{PB}^k P_{k,t_{max}}^{PB} \Big/ \sum_{i=1}^{N_{PB}} N_{PB}^i P_{i,t_{max}}^{PB} \tag{3-42}$$

式中　m——建筑负荷类别,其中典型建筑 k 属于负荷类别 m。

3.3.5.1　负荷构成辨识

1. 时间窗口和 PB 规模对辨识准确性的影响

图 3-28 给出了不同时间窗口(表示从 t_1 到 t_2 的总时间步长)、PB 规模以及每一种 PB 或每一大类负荷类型占比对本节所提负荷构成辨识方法对 MRE 的影响。TS1 表示时间窗口为 1 个工作日(96 点),TS2 表示时间窗口为 1 个工作日和 1 个非工作日共 2 天(192 点),TS3 表示时间窗口为 5 个工作日和 2 个非工作日共 7 天(672 点)。PB 规模是指 BSP 所在气候区的 PB 类型的总数量。此外,为了考虑 BSP 负荷中随机因素的影响,基于均匀分布在每一时间步长 BSP 负荷中分别设置 [0,±10%] 和 [0,±30%] 范围内的随机误差。

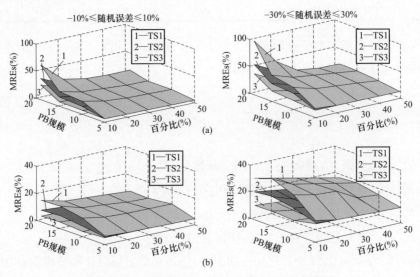

图 3-28　不同时间窗口和 PB 规模对 MRE 的影响
(a) 基于 PB 类型的负荷辨识;(b) 基于负荷类型的负荷辨识

由图 3-28 可以看出:①时间窗口的增长,特别是考虑工作日/非工作日,可以显著降低负荷构成辨识计算结果的平均相对误差;②负荷构成辨识结果随

着 PB 规模的增加而增加；③随着 $P_{B,k}$ 或 $P_{C,m}$ 的增加 MRE 会随之降低。

2. PB 聚类对辨识准确性的影响

考虑聚类影响的 PB 平均相对误差见表 3-8。

表 3-8　　　　　　　　　　考虑聚类影响的 PB 平均相对误差

情况序号	PB 规模	聚合情况	时间尺度	随机误差为 [0, ±30%] 时的 MRE				
				$P=10\%$	$P=20\%$	$P=30\%$	$P=40\%$	$P=50\%$
1		No CA	TS2	14.47	13.26	12.85	12.32	11.64
2	5	5-CA1	TS2	17.15	14.89	14.92	14.91	14.9
3		5-CA2	TS2	10.04	7.71	7.47	7.45	7.44
4		No CA	TS2	16.38	10.24	8.29	7.67	9.11
5	10	10-CA1	TS2	10.24	8.68	8.34	8.56	8.7
6		10-CA2	TS2	21.56	15.48	15.39	16.84	17.92

当 PB 规模为 5 时，从办公、商店、医院、宾馆和居民 5 种不同负荷大类中各选取 1 种 PB。情况 1 给出了不考虑负荷类别聚合的负荷辨识结果，情况 2 给出了一种办公类的 PB 和一种居民类的 PB 聚类的仿真结果，情况 3 给出了一种办公类的 PB 和一种宾馆类的 PB 混合在一起的平均相对误差。当 PB 规模为 10 时，分别从八大类负荷中分别选择 10 种 PB。情况 4 给出了不考虑聚合的负荷构成辨识的 MRE，情况 5 给了 2 种来自办公类的 PB 聚合在一起的仿真结果，情况 6 给出了一种办公类的 PB 和一种零售类的 PB 聚合在一起的 MRE。

与情况 1 相比，在情况 2 中，虽然将不同负荷类型的 PB 聚合在一起使得 PB 规模减小，但仍使得负荷构成辨识的 MRE 有增加。但在情况 3 中，也会出现 MRE 下降的情况。同情况 4 相比，情况 5 给出了相同负荷类型的 PB 聚合在一起的情况，此时 MRE 明显降低。情况 6 则证实了不同负荷类型的 PB 聚合在一起可能使得 MRE 增加的情况。

3. PB 模型对辨识准确性的影响

当 PB 负荷曲线无法直接获取，利用 PB 模型来替代实际 PB 负荷曲线时，PB 模型误差对负荷辨识的 MRE 有明显的影响。图 3-29（a）给出了当 $P_{B,k}\%$ 分别大于 10%、20%、30%、40% 和 50% 时每一种 PB 的 MRE 的概率密度函数（Probability Density Function，PDF）和累积密度函数（Cumulative Distribution Functions，CDF）；图 3-29（b）显示了 $P_{C,m}\%$ 分别大于 10%、20%、30%、40% 和 50% 时每一类负荷的 MRE 的概率密度函数和累积密度函数。

由图 3-29 可以看出：

（1）基于负荷大类的辨识结果比基于 PB 的辨识结果精度要高。这是因为对于同属于同一负荷大类的不同 PB，由于他们具有相同的负荷曲线和天气敏感特性，易产生误判，这也是图 3-29（a）中 PDF 在［80%，100%］范围内又有所增加的原因。比如，当居民基本型（RB）的占比为 15%，同时居民高型（RH）的占比为 20%，基于 PB 类型的负荷辨识的结果显示居民 RB 的占比是 30%，居民 RH 的占比为 5%。这种情况下，居民 RB 的相对误差可能会超过 100%。

（2）辨识结果的准确性同 $P_{B,k}$% 或 $P_{C,m}$% 密切相关，占比越大，辨识结果的准确性相对越高。

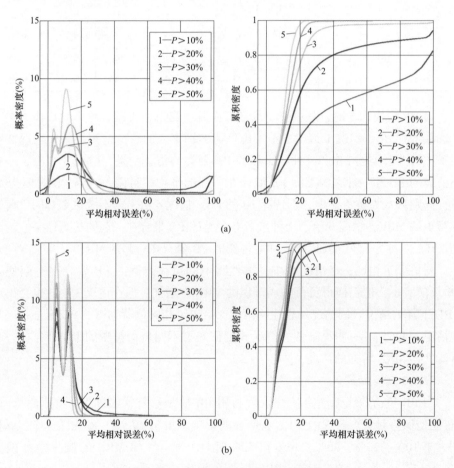

图 3-29　PB 模型误差对 MRE 的影响
（a）每一种 PB 的 MRE；（b）每一类负荷的 MRE

为了仿真随机因素的影响，在每一时间步长上依据均匀分布分别设置了

BSP 负荷的［0，±10%］、［0，±20%］和［0，±30%］范围内的随机误差。从图 3-30 可以看出，当 $P_{C,m}$% 大于 10% 时，负荷辨识结果在置信区间［0，±20%］内的置信水平为 90%。由于随机因素（模型误差和随机值）的交互影响，随着随机值的增加，MRE 并未表现出明显地增加。

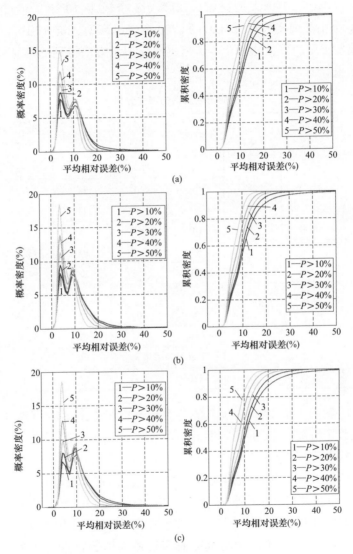

图 3-30　计及随机因素影响的基于负荷大类的辨识误差

（a）-10%≤随机误差≤10%；（b）-20%≤随机误差≤20%；（c）-30%≤随机误差≤30%

3.3.5.2 BSP 负荷聚合响应

基于商用软件 Energy Plus 的详细物理模型仿真得到一段时间（典型周）各种 PB 的用电功率曲线，在此基础上生成一个假定变电站的用电负荷曲线，包括 11 栋小型办公楼（SO）、12 栋中型办公楼（MO）、24 栋大型办公楼（LO）、20 栋零售商店（AR）、7 栋大型宾馆（LH）、18 个饭店（FSR）、7 个大型医院（HP）、300 个中等规模公寓（MA）和 200 个居民高型建筑（RH）。表 3-9 给出了实际建筑类型、数量和基于本节所提负荷辨识方法得到的负荷构成之间的误差比较结果。

表 3-9　　　　　　　　　　　负荷构成辨识的误差分析

负荷类型	$P_{C,m}$ (%)	$e_{C,m}$ (%)	PB 类型	$P_{B,k}$ (%)	实际数量	辨识出的数量	$e_{B,k}$ (%)
办公	51.19	8.55	LO	47.55	24	25.857	13.92
			MO	3.37	12	0	100
			SO	0.27	11	109.047	100
医院	10.87	5.29	HP	10.87	7	6.4834	5.29
居民	30.81	5.44	MA	22.51	300	373.597	25.74
			RH	8.3	200	94.96	51.84
商店	2.57	81.1	AR	2.57	20	0	100
			SM	0	0	3.6334	0
餐厅	1.59	91.7	QSR	0	0	57.87	0
			FSR	1.59	18	0	100
宾馆	2.97	100	LH	2.97	7	0	100

图 3-31 给出了该 BSP 中包含的各类建筑负荷采用 GTA 控制策略，将其 HVAC 温度设定值调整 2℃ 时稳定期的物理响应量。图 3-32 给出了该 BSP 参与 DR 的负荷构成及响应贡献，可以看出，办公、医院和居民（公寓）负荷提供了绝大多数的 DR 聚合响应量。此外，通过误差比较分析可以得到，DR 响应上、下限的平均相对误差分别为 1.5% 和 3.1%，上、下限的最大相对误差分别为 6.0% 和 9.0%，且最大误差主要发生在 HVAC 启动或关闭的时段内。在仿真效率方面，单体建筑物理仿真的时间往往高达数百秒，而基于本节提出的分析方法只需不到 1s 的时间既可以计算出单体建筑的 DR 响应特性，具有明显优势。

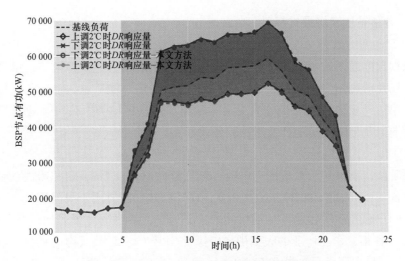

图 3-31　某典型日 BSP 的负荷聚合响应潜力

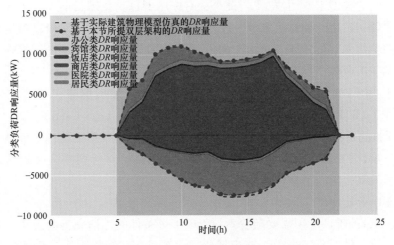

图 3-32　参与 *DR* 的负荷构成及响应贡献

3.4　区域电网需求响应潜力评估

区域电网需求响应潜力评估是制定 DR 政策、规划 DR 资源的基础，也是推广实施 DR 项目的前提，评估并掌握区域电网需求侧资源潜力对于指导我国电力需求侧管理工作具有重要意义。为此，本节在调研并分析不同类型负荷的用电特性和需求响应实施现状的基础上，设计了反映需求响应发展不同阶段的场景和假设条件，提出了针对不同用户类型的区域电网潜力评估方法。

3.4.1 评估范围及场景选择

1. 评估用户选择

依据国际通用的"三次产业"划分法，将待评估用户分为第一、第二、第三产业以及居民用户四类。第二产业用户进一步分为重工业、轻工业、建筑业三类；第三产业用户进一步分为交通运输类、信息传输类、公共事业及管理组织、商业以及金融、房地产及居民服务业五类。

2. DR 项目选择

现阶段，我国基于电价的 DR 项目包括分时电价（Time-of-Use, TOU）和尖峰电价（Critical Peak Pricing, CPP），TOU 已经广泛应用于我国第二、三产业大中型用户和经济发达地区的居民用户中[106~108]，某些电力紧张地区夏秋季 7、8、9 月会在第二、三产业的大型用户中执行 CPP[109]，以缓解电力危机；基于激励的 DR 项目主要是可中断负荷（Interruptible Load, IL），通常用于对供电可靠性要求不高的大型工业用户[110]。此外，有序用电也是我国目前广泛采用的需求侧管理手段，它是一种行政调节手段，只适用于 DR 实施初期阶段，根据"五个保障，两个优先"的原则，可用于第一产业的灌溉控制，第二、三产业中的照明、空调、工业生产控制等。

基于我国 DR 发展的实际情况并展望未来 DR 发展前景，本节主要评估 TOU、CPP、RTP、有序用电、直接负荷控制（Direct Load Control, DLC）、IL6 类 DR 项目的负荷优化潜力。目前正在我国居民用户中推广的阶梯电价是根据用户用电量设计的阶梯式递增电价，主要作用是节能，对于削减高峰负荷并不会产生明显效果，因此不在评估范围内。

3. DR 场景设计

DR 项目的推广应用需要随着不同阶段市场条件的逐渐完善而进化，具有阶段发展特性。针对我国电力工业市场化的改革进程、智能电网建设的发展阶段和 DR 项目的实施程度，本章将 DR 在我国的发展划分为市场初期阶段、市场成长阶段和市场成熟阶段三个阶段。

（1）市场初期阶段，即我国现阶段。基于价格型的 DR 项目主要有 TOU 和 CPP，基于激励型的 DR 项目主要是有序用电，各项目的参与率即为现阶段的统计值。

（2）市场成长阶段。是指在市场初级阶段的基础上积累了一定的 DR 项目经验且取得了一定的用户认可度，为 DR 项目的开展创造了更为有利的条件。价格型的 DR 项目主要有 TOU 和 CPP，激励型的 DR 项目主要包括 DLC 和 IL。在市场成长阶段，随着用户对 DR 认知的逐步理性化，有些 DR 项目的用户参与率可能会出现"饱和"或者经历"增—减—相对稳定"的"倒S形曲线",这在传统的DLC、IL等项目中较为常见,因此,在市场成长阶段,用户参与率会在一定范围内变化。

(3)市场成熟阶段。此时市场化程度较高,价格机制健全,RTP将作为默认电价在所有用户中广泛推行,此外,在第二、第三产业中保留部分IL和DLC项目。各类DR项目发展成熟,用户的参与率也基本稳定。

3.4.2 潜力评估方法

DR潜力即需求侧的最大可能响应量,可以根据需求侧响应高电价或者激励信号而产生的短期负荷削减量来衡量,政策制定者需要在某一特定市场或特定条件下提供一整套配套的DR选项以实现这一预期目标[111]。

一般情况下,可把DR资源分为价格型DR和激励型DR两类。因此,针对不同的项目类型,单个用户的DR潜力评估方法也分为两类。

1. 价格型DR项目潜力评估方法

作为我国DR项目的核心措施,用户侧分时电价早在20世纪80年代试行,并于2003年广泛推行于全国各省级电网,从2004年开始,我国部分省(直辖市)也陆续开始实行尖峰电价。追踪近年来多个地区TOU和CPP政策变化和调整情况,各行业不同电压等级的电价政策呈现以下三个特点:

(1)峰谷电价比值逐年拉大,同时作为基数的平时段电价随着电能成本的上升不断提高,实际峰谷电价价差逐年增大。

(2)高峰电价上浮比例高于低谷电价下浮比例,且呈现扩大趋势。

(3)尖峰电价执行标准一般是在峰时段电价基础上再上浮10%。

理论上,根据电价变化和用户用电需求的价格弹性,能够有效评估电价型DR项目的实施效果和影响[112~114]。本节采用对数据依赖程度较小的弧弹性对TOU的价格弹性进行计算。

对应时段 i,实行TOU期间的平均电价 $\bar{p}_i$ 和总电量 Q_i 分别为

$$\bar{p}_i = \frac{S_{pi} + S_{fi} + S_{vi}}{Q_{pi} + Q_{fi} + Q_{vi}} \tag{3-43}$$

$$Q_i = Q_{pi} + Q_{fi} + Q_{vi} \tag{3-44}$$

式中　S——售电收入,万元;

　　　Q——售电量,kWh;

　　　p——峰时段;

　　　f——平时段;

　　　v——谷时段。

假设研究时间范围内峰、平、谷时段保持不变，TOU 价格弹性计算公式为

$$\sigma = \frac{(Q_{i2} - Q_{i1})/Q_{i1}}{(\overline{p_{i2}} - \overline{p_{i1}})/\overline{p_{i1}}} \tag{3-45}$$

式中　Q_{i2}——评估年第 i 个月执行 TOU 的电量，kWh；

　　　$\overline{p_{i2}}$——评估年第 i 个月执行 TOU 的电价平均值，万元；

　　　Q_{i1}——基准年第 i 个月执行 TOU 的电量，kWh；

　　　$\overline{p_{i1}}$——基准年第 i 个月执行 TOU 的电价平均值，万元。

CPP 在我国实施较少，RTP 还尚未施行，因此长期以来反映用户对 CPP 和 RTP 等 DR 项目响应结果的数据积累不足，本节在参考美国等 DR 发展较为成熟国家案例的基础上，对 TOU 价格弹性进行适当调整得到 CPP 和 RTP 等项目的价格弹性，如表 3-10 所示。在评估过程中，假设这些弹性系数长期保持不变。

表 3-10　　　　　　　　价格型 DR 项目价格弹性系数

行业分类	TOU	CPP	RTP
第一产业	-0.06	-0.08	-0.1
第二产业	-0.05	-0.03	-0.08
第三产业	-0.03	-0.03	-0.07
居民用户	-0.30	-0.30	-0.30

单个用户参与价格型 DR 项目后负荷削减潜力计算公式为

$$\Delta P_{dr} = (-1)P_{peak}\sigma \cdot (\overline{p_2} - \overline{p_1})/\overline{p_1} \tag{3-46}$$

式中　ΔP_{dr}——峰荷削减量，kW 或 MW；

　　　P_{peak}——实施 DR 前用户峰荷，kW 或 MW；

　　　σ——价格弹性系数；

　　　$\overline{p_1}$——未实施 DR 期间平均电价，元/kWh；

　　　$\overline{p_2}$——实施 DR 期间平均电价，元/kWh。

2. 激励型 DR 项目潜力评估方法

对于一个含重工业和轻工业比例较高的地区来说，通过实施可中断负荷来改善负荷曲线是一种可行的方案。可中断负荷量与用户用电模式和生产工艺过程特点紧密相关，最大可中断容量一般保持不变。表 3-11 对所调研区域几类适宜参与可中断的重工业和轻工业行业用户参与可中断的特性进行了统计[115,116]，其中考虑到我国实际生产情况为 8h 工作制，为方便合理安排生产计划，可中断负荷中断时间采用 4、8h 两种时间机制方式。

表 3-11　　　　　　　　　工业用户参与可中断特征表

工业用户	行业分类	提前通知时间（h）	最大中断容量（百分比）	响应速度（h）	可持续时间（h）
重工业	钢铁	1	轧钢生产线：80%~90%	1	4/8
	有色金属加工	1/4	压延加工：35%~50%	1	4/8
	水泥	4	57%	4	4/8
轻工业	造纸	1	8%	1	4/8
	塑料	1	64%	1	4/8
	橡胶	1~10	33%	1	4/8
	纺织	4	棉布生产：54.1%	1	4/8
	电子制造	4	15%~40%	4	4/8

单个用户参与可中断项目的负荷削减潜力计算公式为

$$\Delta P_{dr} = P_{peak} \gamma \zeta \tag{3-47}$$

式中　ΔP_{dr}——峰荷削减量，kW 或 MW；

P_{peak}——实施可中断前峰荷，kW 或 MW；

γ——最大中断容量（百分比）；

ζ——用户响应度。

最大负荷和最大中断比例是用户的固有负荷特性，通过调研可以获得，而用户响应度主要与可中断补偿电价有关，一般通过电价折扣率来体现。评估中假设可中断补偿电价符合用户满意度水平，用户响应度为 100%。以调研地区某日产 400t 的水泥厂为例，其最高负荷达 37MW，在生产淡季给予一定的激励措施后，可获得 21MW 的可中断量。

3.4.3　潜力评估流程

本节采用的是自下而上的统计评估方法，其核心在于通过评估单个典型用户的 DR 潜力汇总得到整个区域的 DR 潜力。评估流程大致分为以下三步：

（1）第 1 步。执行 DR 项目前，单个典型用户峰荷评估。评估过程分成当前年份平均峰荷估算和未来年份峰荷增长率预测两大部分。整个区域的当前峰荷及峰荷增长率可以直接从当地调度中心获取，对于典型用户的当前峰荷及其增长率预测则需要结合负荷形状和行业总用电量进行综合分析，其流程示意图如图 3-33 所示。

（2）第 2 步。执行 DR 项目后，单个典型用户峰荷变化量评估。根据式（3-47）和式（3-48）分别计算价格型和激励型 DR 项目的峰荷削减量，流程示意图如图 3-34 所示。

（3）第 3 步。评估用户数量及参与率，整个区域的 DR 潜力由单个用户潜力自下而上汇总得到。

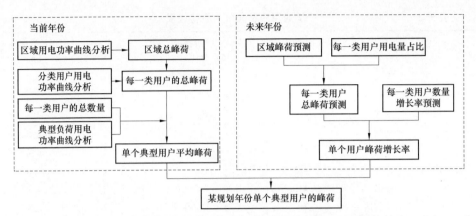

图 3-33 实施 DR 项目前典型用户的峰荷评估流程示意图

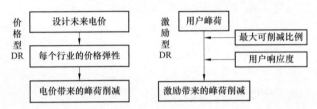

图 3-34 执行 DR 项目后典型用户峰荷变化量评估流程示意图

3.4.4 算例分析

1. 某地区电网的算例数据

本节以我国某经济发达的地区电网为例，该地区既包括传统重工业基地，也包括以商业和居民负荷为主的地区，负荷特性多样，且近年来最大负荷不断攀升，电网峰谷差日益加大。该地区当前在第一、第二、第三产业中施行 TOU，居民中实施阶梯电价，目前的峰谷比在 2.4：1~3：1 之间。结合当地负荷特性，针对 DR 发展的三个不同阶段设计的项目类型及用户参与率如表 3-12 所示。

表 3-12　　　　　　　　不同场景下 DR 项目及用户参与率假设

DR 项目	市场初级场景	市场成长场景	市场成熟场景
TOU	第一、第二、第三产业：100%	第一、第二、第三产业：100%；居民用户：30%~50%	无
CPP	第二、第三产业：40%	第一、第二、第三产业：100%；居民用户：20%~40%	无
RTP	无	无	第一、第二、第三产业：100%；居民用户：50%
有序用电	第一、第二、第三产业：20%	无	无

DR 项目	市场初级场景	市场成长场景	市场成熟场景
DLC	无	第三产业：10%～60%	第三产业：40%
IL	无	第二产业：10%～60%	第二产业：40%

基于我国现行电价政策，市场成长阶段和市场成熟阶段场景下不同的电价设计原则如下：

（1）TOU 电价模式下。考虑电能成本的上升，认为作为基数的平时段电价逐年提高，平时段电价每年提高 10%，峰时段每年提高 20%，峰谷差逐年拉大。

（2）CPP 电价模式下。尖峰电价在峰值电价的基础上上调 50%。

（3）RTP 电价模式下。高峰时段的价格是非高峰时段价格平均值的 4 倍。

2. 某地区电网的评估结果

本评估中以 2017 年为基准年，该地区电网 2017 年最大负荷量约为 15 150MW。基于此基线对 2018～2022 年 DR 潜力进行了评估，评估结果如图 3-35 所示，具体数值如表 3-13 所示。

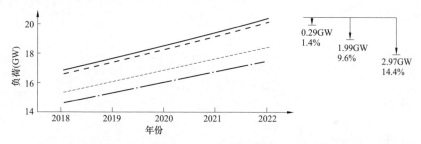

图 3-35　某地区电网 2018～2022 年不同场景下 DR 潜力评估结果

表 3-13　　某地区电网 2018～2022 年不同场景下 DR 潜力评估结果

年份	预测最大峰荷（GW）	市场初期阶段			市场成长阶段			市场成熟阶段		
		计及 DR 潜力后最大峰荷（GW）	峰荷削减量（GW）	削峰比例（%）	计及 DR 潜力后最大峰荷（GW）	峰荷削减量（GW）	削峰比例（%）	计及 DR 潜力后最大峰荷（GW）	峰荷削减量（GW）	削峰比例（%）
2018	17.000	16.763	0.237	1.39	15.416	1.584	9.32	14.650	2.350	13.83
2019	17.850	17.601	0.249	1.39	16.173	1.676	9.39	15.358	2.492	13.96
2020	18.742	18.481	0.261	1.39	16.968	1.774	9.47	16.101	2.642	14.09
2021	19.679	19.405	0.274	1.39	17.802	1.878	9.54	16.879	2.800	14.23
2022	20.663	20.376	0.288	1.39	18.676	1.987	9.62	17.694	2.969	14.37

由图 3-35 和表 3-13 可以看出，在不考虑 DR 情形下，2022 年整个区域最大负荷将超过 20GW。在市场初期阶段场景下，最大负荷的增长速率将与不考虑 DR 情形时保持一致，但整体上将降低 1.39%，到 2022 年可削减 0.288GW。在市场成长阶段场景下，到 2022 年最大负荷可减少 1.987GW，即 9.62%。在市场成熟阶段场景下，由于电价灵活可控，该场景下的削峰潜力最大，到 2022 年可削减最大负荷约 2.969GW，削峰比例可以达到 14.37%。其中，市场成长阶段场景无须对我国现行电价政策进行调整，具有一定的推广价值。

需要说明的是，本评估中尽管已经考虑了 DR 项目的用户参与率会趋于饱和甚至是 S 形曲线的假设，但由于评估中认为随着我国经济的高速发展，第二、第三产业将持续繁荣，从事第二、第三产业的用户数量将不断攀高，有些行业的年均增长率甚至可达 10%~20%，因此，随着用户基数的增加 DR 削峰潜力持续增加，没有出现明显的拐点。

3. 推广到整个区域电网的评估结果

根据上文所提方法，进一步对某区域电网的 DR 潜力进行了评估，评估中以 2017 年为基准年，基于此基线对 2018~2022 年的需求响应潜力进行了分析。评估结果如图 3-36 所示。

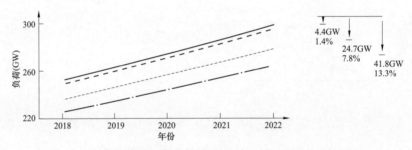

图 3-36 某区域电网 2018~2022 年不同场景下 DR 潜力评估结果

—— 无 DR；- - - 市场初期场景；----- 市场成长场景；-·- 市场成熟场景

通过评估可以发现，2022 年该区域电网最大负荷将超过 315GW。表 3-14 从图 3-36 中截取了 2022 年不同评估场景下的峰荷削减量。由图 3-36 与表 3-14 可以看出，在市场初期场景（即按照当前轨迹发展）下，峰荷的增长速率将与不考虑需求响应时保持一致，但最大峰荷整体上将降低 1.4%，到 2022 年可削减 4.43GW。在市场成长场景下，到 2022 年，比不考虑需求响应情形下的最大峰荷减少 24.7GW，即 7.8%。市场成熟场景下，由于电价的灵活可控，因此该场景下的削峰潜力最大，到 2022 年可削减峰荷约 41.8GW，削峰比例可以达到 13.3%。

表 3-14		2022 年各种场景下 DR 的峰荷削减量		
2022 年	无 DR 场景	市场初期阶段	市场成长阶段	市场成熟阶段
最大峰荷（GW）	315. 289 525 2	310. 863 125	290. 624 803 2	273. 474 107
峰荷削减量（GW）	—	4. 426 400 145	24. 664 721 95	41. 815 418 15
削峰比例（%）	—	1. 403 916 017	7. 822 880 237	13. 262 545 95

根据 SD 131—1984《电力系统技术导则》规定，负荷备用容量为最大发电负荷的 2%～5%，低值适用于大系统，高值适用于小系统。对应于市场成长阶段场景，到 2022 年，典型区域电网的需求响应潜力约为 7.8% 左右。即：在当前的电价政策下，区域电网内充分发挥 DR 潜力完全可以达到替代系统负荷备用、缓解调峰压力的目的。

3.5　本章小结

本章首先简要介绍了电力系统中各互动主体的可调度潜力的含义，并分别分析了源、荷等互动主体的可调度潜力分析方法。

在此基础上，针对商业、居民等分类典型负荷提出了一种基于详细物理模型仿真知识发现的典型负荷响应潜力评估方法，基于外部环境温度采用分段线性函数能够快速量化评估分类典型负荷的需求响应潜力。针对居民建筑中的 TCL 负荷数量多、单体容量小的特征，建立了其近似聚合模型，根据气象数据和本区域 TCLs 负荷的参数统计信息，能够方便、快速地确定 TCLs 聚合功率的估计值及上下界范围。针对调度层面更为关心大型供电节点或变电站层级负荷的聚合响应特性的实际需求，提出一种基于双层架构的量化评估方法：自上而下根据母线负荷曲线和已知典型负荷特征曲线辨识负荷构成，从而得到负荷类型和数量；自下而上基于简化潜力预测建模方法聚合单类型负荷响应特性。两者相结合可以就得到大型供电节点或变电站层级负荷聚合响应特性。

最后，在中长期时间尺度上，提出了一套 DR 中长期潜力评估方法，并据此对某区域电网的潜力进行了评估。评估发现我国 DR 潜力巨大，到 2022 年，典型区域电网的需求响应潜力约为 7.8%，完全可以达到替代系统负荷备用的目的。但现阶段由于我国的 DR 项目还比较少，用户的参与率较低，大大抑制了 DR 潜力的发挥。在我国现行电价机制下，通过在大中型工商业用户中适当调高峰谷电价平时段的基数、拉大峰谷比、提高尖峰电价、推进 DLC、IL 等 DR 项目可以大为激发 DR 潜力。如果电价机制放开，通过在用户侧推行 RTP，DR 的潜力还将进一步提高。

第4章 "源–网–荷"互动环境下电网稳态分析

电网稳态分析方法是电网安全、稳定、经济运行和控制的基础手段。"源–网–荷"互动环境下，电源、电网和负荷的构成形式、运行特性变化较大，并存在多种耦合关系和复杂互动形式，电网运行控制面临的不确定性将更为突出。本章在继承原有稳态分析方法的基础上结合互动环境的新特征和新需求，提出了计及源荷双侧不确定性及互动特征的潮流计算方法和静态安全分析方法，以提升电网调度应对复杂互动环境的分析能力。

4.1 互动环境对电网稳态分析方法的新要求

电网稳态分析方法主要包括潮流计算、预想故障分析、无功电压调整等内容。在算法方面，传统分析方法多基于确定性计算模型，以发电跟踪负荷为功率平衡准则。随着智能电网"源–网–荷"互动的发展，对电网稳态分析方法的模型和算法均提出了新的要求：

（1）节点注入功率的随机性增强。一方面，随着新能源发电渗透率的不断提升，发电侧节点功率注入的随机性不断增强；另一方面，互动环境下电力用户的用电和响应行为具有自主性和随机性，使得负荷侧的不确定性也在逐步增强，进而导致注入功率具有随机性的节点占全网总节点数的比例不断攀升。

（2）功率平衡模型更为复杂。"源–网–荷"互动环境下，系统功率平衡模式不再是单纯的"发电跟踪负荷"的形式，而是呈现源源互补、源网协调、网荷互动和源荷互动等互动模式，更经济、高效和安全地实现电力系统实时功率平衡。

（3）电网潮流时空分布特性更趋复杂。多数互动类型，如可中断、可平移负荷具有明显的时序响应特征，不同时间断面间的耦合关系更为紧密。互动环境下使用传统的单断面潮流计算无法描述互动过程在连续时间尺度上的演变对系统潮流分布带来的影响。

为应对互动环境对电网稳态分析方法的新要求，需在建模和计算方法方面进行全面改进。各类稳态分析方法中，又以潮流计算为基础，且应用最为广泛。潮流计算不仅是电力系统规划设计、发用电调度以及安全性和可靠性分析的基础，同时也是电力系统电磁暂态和机电暂态分析的基础和出发点，因此本章后续将以潮流算法为重点，研究适应复杂互动环境的电网稳态分析方法。

4.2　复杂互动环境下潮流分析方法研究

近年来，一方面随着风电、光伏渗透率的不断提高，电源侧间隙性新能源比例不断增加，其随机性对电力系统运行的影响愈加显著；另一方面，柔性负荷响应的自主性和不确定性也使得对传统负荷预测的难度加大，亟需研究新的不确定性潮流分析方法以适应电网的新需求。

4.2.1　计及源荷双侧响应的概率潮流算法

为了充分考虑如新能源等随机因素，更全面、更深刻地揭示电力系统的实际运行情况，概率潮流被越来越多的研究者和工程应用者所关注。概率潮流是利用概率统计方法处理电力系统运行中各种随机因素的一种有效方法[117,118]，具有代表性的分析方法有：半不变量法[119,120]、点估计法[121,122]、拉丁超立方法[123]和蒙特卡洛抽样法[124,125]。上述算法各有优劣，而基于半不变量法的概率潮流由于其计算速度快、物理概念清晰，具有较好地工程应用前景。然而，半不变量法的前提假设为输入变量相互独立，因此研究中往往隐含着系统不平衡功率由指定的一台平衡机承担，忽略了常规可调机组和柔性负荷响应参与功率调节，这与实际电网运行有较大的出入[126]。当系统随机因素较多且随机波动较大时，随机潮流计算结果将产生较大的误差，将会给调度人员带来误判信息。

实际电网中，为了应对风功率的随机性，常通过常规可调度火电、水电以及柔性负荷来响应风电的随机性以实现供需的瞬时平衡。因此，系统不平衡功率与可调度资源的响应量之间有明确的关联关系。为有效地计及源荷双侧响应对潮流分布的影响，本节首先建立系统随机注入量和响应量的概率模型，并在常规半不变量概率潮流模型的基础上，从不平衡功率基准值的分配和响应随机变量的计算两个方面对算法进行改进。最后，以实际电网为算例，验证本节所提的计及源荷双侧响应的概率潮流算法的有效性和准确性。

4.2.1.1　随机注入量的概率模型

文献［127］采用动态随机变量（Dynamic Random Variable，DRV）来描述

既有一定规律性又带有随机性的现象，即在各种确定性规律基础上叠加相应的随机波动性来建立随机注入量的概率模型，可表示为

$$W(t) = W_0(t) + \Delta(t) \tag{4-1}$$

式中　$W(t)$——随时间 t 变化的动态随机变量；

　　　$W_0(t)$——表示 $W(t)$ 中按规律变化的确定性部分；

　　　$\Delta(t)$——随机变量，用来反映 $W(t)$ 中的随机波动部分。

以风电、光伏发电为代表的间歇性电源具有一定的随机性。以风电为例，风电预测精度与预测时间尺度相关，日前风电场风电的预测误差一般为 25% ~ 40%，有时可能更大；日内预测误差相对较小，但也经常在 10% 以上。如式 (4-2) 所示，可将风电功率分解为确定性的基础部分和表征随机性的不确定部分。风电功率预测误差的概率分布[133]可用正态分布、拉普拉斯分布、威布尔分布、分段指数分布等多种模型来表示。不失一般性，如式 (4-3) 所示，本节采用正态分布作为风电功率预测误差的分布模型。假设某节点 i 所联风电场的预测误差变量 x_{wi} 服从正态分布 $N(0, \sigma_{wi})$，其中方差 σ_{wi} 取决于预测时间尺度。

$$P_{wi} = P_{w0i} + \Delta P_{wi} \tag{4-2}$$

$$\Delta P_{wi} = \frac{1}{\sqrt{2\pi}\,\sigma_{wi}} \exp\left(-\frac{x_{wi}^2}{2\,\sigma_{wi}^2}\right) \tag{4-3}$$

式中　P_{wi}——风电场风功率，MW；

　　　P_{w0i}——风电场风功率的预测值，MW；

　　　ΔP_{wi}——风功率的预测偏差量，MW；

　　　x_{wi}——风功率预测误差变量的期望值，MW；

　　　σ_{wi}——风功率预测误差变量的方差，MW。

同样地，由于人类活动既具有规律性，也存在很强的随机性，电力负荷同样可用式 (4-1) 的形式表达，以节点 i 上所联负荷预测误差变量 x_{Li} 为例，可用正态分布具体表示为

$$P_{Li} = P_{L0i} + \Delta P_{Li} \tag{4-4}$$

$$\Delta P_{Li} = \frac{1}{\sqrt{2\pi}\,\sigma_{Li}} \exp\left(-\frac{x_{Li}^2}{2\,\sigma_{Li}^2}\right) \tag{4-5}$$

式中　P_{Li}——节点 i 负荷的功率值，MW；

　　　P_{L0i}——节点 i 负荷的功率预测值，MW；

　　　ΔP_{Li}——节点 i 负荷的功率预测偏差量，MW；

　　　x_{Li}——节点 i 负荷的功率预测误差变量的期望值，MW；

σ_{Li}——节点 i 负荷的功率预测误差变量的方差，MW。

目前电力负荷的短期预测精度较高，当采用正态分布模拟器预测偏差时，其方差 σ_{Li} 一般较小。

4.2.1.2 系统不平衡功率的概率模型

当大规模新能源并网后，其间歇性和波动性将增大系统运行中的不平衡功率，由于间歇式发电和负荷预测的随机性，系统不平衡功率表示为

$$P_{\text{Unb}} = P_{\text{Unb0}} + \Delta P_{\text{Unb}} \tag{4-6}$$

式中 P_{Unb}——系统的不平衡功率，MW；

P_{Unb0}——不平衡功率中的确定性部分，MW；

ΔP_{Unb}——不平衡功率中的随机性部分，MW。

应对系统中的不平衡功率，传统电网中往往配备一定的可调机组即 AGC 机组参与调节，且按照一定的分配系数来承担系统总功率缺额，分配系数大小一般由可调机组的爬坡速率或剩余裕度决定的。然而，负荷侧可调度资源具有响应速度快和经济性价比高等优势，因此，在未来智能电网下，源荷双侧共同参与调节是发展的必然趋势。本节将负荷侧可调度资源近似成负的可调发电机，共同承担系统总功率缺额，分配系数由其响应速率或响应潜力决定。系统在一定运行工况下，源荷双侧响应资源是已知的，因此其分配系数也是已知的，表征着各响应资源承担不平衡功率的比例。源荷双侧响应资源的调度量可看作由于间歇性发电和负荷波动引起的不平衡功率的响应量。其响应量可表示为

$$\begin{bmatrix} \text{d}P_{G_r} \\ \text{d}P_{\text{Fld}_r} \end{bmatrix} = \begin{bmatrix} K_G & \\ & K_{\text{Fld}} \end{bmatrix} \begin{bmatrix} P_{Unb0} + \Delta P_{Unb_G} \\ P_{Unb0} + \Delta P_{Unb_G} \end{bmatrix} \tag{4-7}$$

式中 K_G、K_{Fld}——常规可调机组和柔性负荷的功率分配系数；

$\text{d}P_{G_r}$——常规可调节机组响应不平衡功率的调节量，MW；

$\text{d}P_{\text{Fld}_r}$——柔性负荷响应不平衡功率的调节量，MW。

可见，由于新电源和负荷预测的随机性，使得系统不平衡功率存在一定的随机性，从而使得常规机组和柔性负荷的响应调节量也存在一定的随机性。

4.2.1.3 计及响应相关性的概率潮流模型

4.2.1.3.1 常规半不变量概率潮流模型

节点功率方程可表示为

$$\begin{cases} P_{is} = V_i \sum_{j \in i} V_j \left(G_{ij} \cos \theta_{ij} + B_{ij} \sin \theta_{ij} \right) \\ Q_{is} = V_i \sum_{j \in i} V_j \left(G_{ij} \sin \theta_{ij} - B_{ij} \cos \theta_{ij} \right) \end{cases} \tag{4-8}$$

式中 P_{is}——节点 i 的有功注入功率，$P_{is} = P_{Gi} + P_{Wi} - P_{Li}$，MW；

Q_{is}——节点 i 的无功注入功率，$Q_{is}=Q_{Gi}+Q_{Wi}-Q_{Di}$，var；

V_i、V_j——节点 i 与 j 的电压幅值，kV；

θ_{ij}——节点 i 与 j 间的相角差；

G_{ij}、B_{ij}——导纳矩阵元素 Y_{ij} 的实部和虚部。

支路潮流功率方程可表示为

$$\begin{cases} P_{ij}=V_iV_j\left(G_{ij}\cos\theta_{ij}+B_{ij}\sin\theta_{ij}\right)-t_{ij}G_{ij}V_i^2 \\ Q_{ij}=V_iV_j\left(G_{ij}\sin\theta_{ij}-B_{ij}\cos\theta_{ij}\right)+\left(t_{ij}B_{ij}-b_{ij0}\right)V_i^2 \end{cases} \quad (4\text{-}9)$$

式中　P_{ij}——支路 i–j 上的有功潮流，MW；

Q_{ij}——支路 i–j 上的无功潮流，var；

b_{ij0}——支路 i–j 容纳的 $1/2$；

t_{ij}——支路变比标幺值。

事实上，由于风电的反调峰作用，其间歇性和波动性往往使得系统产生较大的不平衡功率，基于式（4-8）的概率潮流将系统所有不平衡功率由平衡节点承担，往往导致平衡机出力偏离正常值较多并可能导致越限的产生，从而影响了计算的精度。

对式（4-8）和式（4-9）进行泰勒展开，忽略 2 次及以上高次项，整理可得

$$\begin{cases} X=X_0+\Delta X=X_0+S_0\Delta W \\ Z=Z_0+\Delta Z=Z_0+T_0\Delta W \end{cases} \quad (4\text{-}10)$$

式中　X、X_0——节点电压和基准运行状态下的节点电压，kV；

Z、Z_0——支路功率和基准运行状态下的支路有功功率，MW；

ΔW——注入功率的随机变化量；

S_0——节点电压对注入功率变化的灵敏度，其中 $S_0=J_0^{-1}$，J_0 为雅克比矩阵；

T_0——支路功率对注入功率变化的灵敏度，其中 $T_0=G_0J_0^{-1}$，$G_0=(\partial Z/\partial X)|_{x=x_0}$，$G_0$ 为支路功率对节点电压的偏导矩阵。

假设所有节点注入功率的随机变化相互独立，根据半不变量性质，节点 i 注入功率的 k 阶半不变量 $\Delta W_i^{(k)}$ 为

$$\Delta W_i^{(k)}=\Delta W_{Wi}^{(k)}+\Delta W_{Li}^{(k)} \quad (4\text{-}11)$$

式中　$\Delta W_{Wi}^{(k)}$——节点 i 风电场注入功率的 k 阶半不变量；

$\Delta W_{Li}^{(k)}$——节点 i 负荷注入功率的 k 阶半不变量。

输出变量的各阶半不变量，由式（4-10）可得到

$$\begin{cases} \Delta X^{(k)}=S_0^{(k)}\Delta W^{(k)} \\ \Delta Z^{(k)}=T_0^{(k)}\Delta W^{(k)} \end{cases} \quad (4\text{-}12)$$

式中 $S_0^{(k)}$——矩阵 S_0 中元素的 k 次幂所构成的矩阵；

$T_0^{(k)}$——矩阵 T_0 中元素的 k 次幂所构成的矩阵。

目前，基于半不变量计算输出变量概率分布的级数方法主要有 Gram - Charlier 级数、Von-Mises 级数等，这里不再赘述。

4.2.1.3.2 计及源荷双侧响应的概率潮流

1. 不平衡功率基准值的分配

由第 3 节的分析可知，间歇性电源和负荷预测的随机性使得系统不平衡功率以及常规可调机组和柔性负荷的响应调节量存在一定的随机性。若忽略网损的不确定性，则可得到

$$\begin{cases} P_{\text{Unb0}} = \sum_{i=1}^{N} (P_{G0i} + P_{W0i} - P_{Li}) - P_L \\ \Delta P_{\text{Unb}} = \sum_{i=1}^{N} (\Delta P_{Wi} + \Delta P_{Li}) \end{cases} \tag{4-13}$$

式中 N——系统中节点个数；

P_{G0i}——节点 i 上常规电源的出力基准值，MW；

P_{W0i}——节点 i 上风电的出力基准值，MW；

P_{Li}——节点 i 上负荷的出力基准值，MW；

P_L——系统网损，MW；

ΔP_{Wi}——节点 i 上常规电源的出力随机分量，MW；

ΔP_{Li}——节点 i 上负荷的出力随机分量，MW。

基于动态潮流[23]的思想，假设节点 i 上存在可调度的常规机组或柔性负荷，则其不平衡功率分配系数为

$$k_i = k_{gi} + k_{\text{fld}i} \tag{4-14}$$

式中 k_{gi}——i 节点所联机组的功率分配因子；

$k_{\text{fld}i}$——i 节点柔性负荷的功率分配因子。

其中，若 $k_{gi} = 0$，表示该节点无可调度机组；若 $k_{\text{fld}i} = 0$，表示该节点无柔性负荷，且 $\sum_{i=1}^{N} k_i = 1$。

由此可知，节点 i 注入功率可表示为：$P_i = P_{G0i} + P_{W0i} - P_{Li} - k_i P_{Unb0}$，将其代入式（4-8）的有功潮流方程，可表示为

$$P_{G0i} + P_{W0i} - P_{Li} - k_i P_{Unb0} = \sum_{j \in i} V_j (G_{ij} \cos \theta_{ij} + B_{ij} \sin \theta_{ij}) \tag{4-15}$$

其中网损可表示为

$$P_L = \frac{1}{2} \sum_{i=1}^{N} V_i \sum_{j \in i} V_j G_{ij} \cos \theta_{ij} \qquad (4-16)$$

式中　$j \in i$——所有和 i 相联的节点 j，包括 $j=i$。

考虑网损的引入，潮流方程雅克比矩阵的修正量为

$$\Delta J = \begin{bmatrix} \Delta H & \Delta N \\ 0 & 0 \end{bmatrix} \qquad (4-17)$$

可见，有功方程中网损 P_L 的引入，将破坏原常规潮流雅可比矩阵的稀疏性。为了利用原常规潮流雅可比矩阵的稀疏性，采用直接修正有功失配量方法求解网损，即在求解动态潮流某一工作点时，在潮流迭代第 i 步的过程中，首先计算第 $i-1$ 步的网损变化量

$$\Delta P_{L(i-1)} = P_{L(i-1)} - P_{L_0} \qquad (4-18)$$

以该网损变化量修正第 i 步系统的网损变化量，也就是在迭代过程中，忽略 P_L 的引入对雅可比矩阵的修正量，直接使用原雅可比矩阵进行迭代求解。

2. 计及源荷双侧响应的随机变量计算

由式（4-7）可得

$$\begin{bmatrix} \Delta \mathrm{d} P_{G_r} \\ \Delta \mathrm{d} P_{\mathrm{Fld}_r} \end{bmatrix} = \begin{bmatrix} K_G & \\ & K_{\mathrm{Fld}} \end{bmatrix} \begin{bmatrix} \displaystyle\sum_{i=1}^{N} (\Delta P_{Wi} + \Delta P_{Li}) \end{bmatrix} \qquad (4-19)$$

记为

$$\Delta \mathrm{d} PR = K \Delta W_n \qquad (4-20)$$

式中　$\Delta \mathrm{d} PR$——所有参与不平衡功率分配的机组和负荷的响应随机变量；

K——表示分配系数；

ΔW_n——风电场和负荷随机性的变量矩阵。

以式（4-10）第一项节点电压方程为例进行随机变量的计算，随机变量包括风电场随机性、负荷随机性以及响应不平衡功率的响应量的随机性，可表示为

$$[\Delta X] = [S_0] [\Delta W] = [S_0] \Delta W_n + [S_0] \Delta \mathrm{d} PR$$
$$= [S_0] [E+K] [\Delta W_n] \qquad (4-21)$$

式中　E——为单位矩阵。

3. 求解流程

基于上述分析，计及柔性负荷响应的概率潮流仿真的主要流程示意图如图 4-1 所示。

4.2.1.4　算例分析

1. 仿真算例参数

针对某省级电网（计算节点 151 个，支路 252 条）2014 年 2 月 23 号 18：00

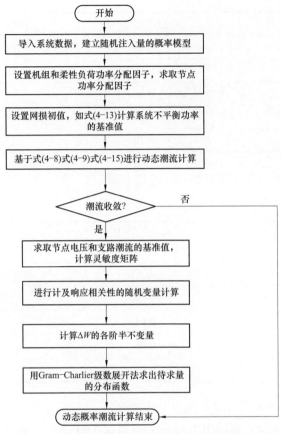

图 4-1　计及响应相关性的概率潮流求解流程示意图

的实时断面进行计算。该省风电资源较为丰富，110kV 及以上存在 11 个风电场接入点，风电场总出力为 1354.3MW，风电渗透率为 11.2%。测试条件如下：①假设风电节点和常规负荷节点均服从正态分布，波动标准差 σ 按期望值的不同百分比取定；②不考虑各节点风电和常规负荷随机变量的相关性；③电网中可调度的常规可调机组 10 台、柔性负荷 4 个，其功率分配因子、基础出力或基础用电功率分别如表 4-1 和表 4-2 所示。

表 4-1　　　　　　　　　　　可调度常规机组信息

机组编号	功率分配因子	基础出力（MW）
G1	0.05	209.10
G2	0.10	192.90

机组编号	功率分配因子	基础出力（MW）
G3	0.05	144.60
G4	0.05	205.80
G5	0.05	210.40
G6	0.20	879.40
G7	0.10	192.30
G8	0.05	192.90
G9	0.05	187.10
G10	0.05	557.10

表 4-2 柔 性 负 荷 信 息

负荷编号	功率分配因子	基础用电功率（MW）
L1	0.10	898.90
L2	0.05	485.50
L3	0.05	78.75
L4	0.05	54.20

2. 多场景下平衡节点累积概率分布情况

多场景下平衡节点有功出力越限概率如表 4-3 所示，设计有以下 4 种不同场景：①风电波动为 5%，负荷波动为 2%；②风电波动为 10%，负荷波动为 2%；③风电波动为 20%，负荷波动为 5%；④风电波动为 30%，负荷波动为 5%。在不同场景下，分别采用基于半不变量的常规随机潮流法（下文简称常规随机潮流）与本节方法进行潮流计算，多场景下平衡节点（表 4-1 中机组 G10）有功功率累计概率分布见图 4-2。从图 4-2 中可看出，随着风电和负荷随机性的不断增大，系统平衡机出力的随机性也不断增加。此外，比较图 4-2 (a) 和图 4-2 (b)，使用常规随机潮流计算时平衡机的最大波动范围在 [-400, 1400] MW，机组 G10 将承担所有系统不平衡功率波动；本节方法下由于系统不平衡功率由表 4-1 和表 4-2 中的所有可调资源共同承担，机组 G10 的最大波动范围为 [510, 610] MW，相对常规随机潮流小很多。图 4-3 为网内部分可调度机组和负荷的概率密度曲线，其中虚线为对应的初始功率期望值。随着风电和负荷随机性的不断增大，可调资源的响应随机性也逐渐增大。

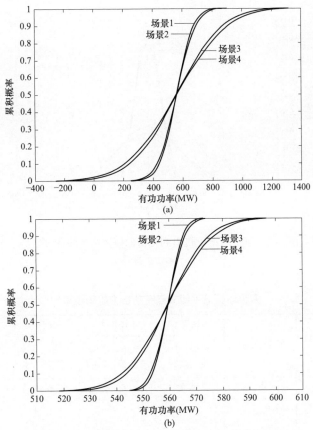

图 4-2 多种场景下平衡节点有功功率累积概率分布

（a）常规随机潮流；（b）计及响应相关性的概率潮流

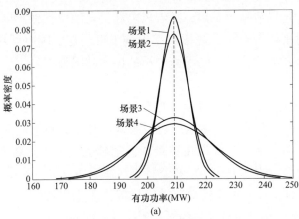

图 4-3 部分可调度机组和负荷的概率密度曲线（一）

（a）可调机组 1

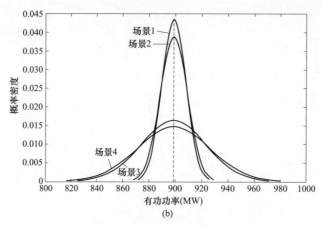

图 4-3　部分可调度机组和负荷的概率密度曲线（二）

（b）响应负荷 1

表 4-3　　　　　　　多种场景下平衡节点有功出力越限概率

| 算法 | 指标（%） | 场景 1 | 场景 2 | 场景 3 | 场景 4 |
		风电：5% 负荷：2%	风电：10% 负荷：2%	风电：20% 负荷：5%	风电 30% 负荷：5%
常规随机潮流	P_{up}	32.95	34.72	43.42	44.1
	P_{down}	0	0	1.11	2.03
本节方法	P_{up}	0	0	0.05	0.15
	P_{down}	0	0	0	0

由表 4-3 中可以清晰地看出，随着风电和负荷随机性的不断增加，使用常规随机潮流法时平衡节点出力越限概率逐渐上升，与实际电网运行情况不符。而使用本节提出方法计算时，原平衡电厂的出力越限概率较小，与实际情况更加吻合。

3. 风电向上波动 30% 时可调度机组和柔性负荷的响应分析

通过可调度机组和柔性负荷响应可以平衡风功率和负荷波动的随机性，提升电网对风电的消纳能力。假设在场景 3 的基础上风电出力将向上波动 30%，分别利用本节所提方法（方法 1）和蒙特卡洛法（方法 2，抽样 10 000 次）对可调度机组和柔性负荷的响应量情况进行分析，计算结果如表 4-4 所示。从表 4-4 中可知，本节方法与蒙特卡洛抽样法所得可调资源的响应量期望和标准差非常接近。图 4-4 分别比较了系统各支路有功期望值和标准差的绝对误差，可以看出，方法 1 和方法 2 结果非常接近，各支路有功期望值绝对误差最大不超过 0.6MW，标准差绝对误差最大不超过 0.7MW，其相对误差约为 2%，验证了本节所提方法的正确性。

表 4-4　　两种方法下可调度机组和柔性负荷响应量的期望值和标准差

编号	方法 1		方法 2	
	期望值（MW）	标准差（MW）	期望值（MW）	标准差（MW）
G1	−20.23	13.07	−20.37	13.08
G2	−40.62	26.13	−40.74	26.16
G3	−20.31	13.07	−20.37	13.08
G4	−20.26	13.07	−20.37	13.08
G5	−20.28	13.07	−20.37	13.08
G6	−81.24	52.27	−81.47	52.32
G7	−40.55	26.13	−40.74	26.16
G8	−20.26	13.07	−20.37	13.08
G9	−20.32	13.07	−20.37	13.08
G10	−13.06	13.07	−12.52	12.84
L1	40.64	26.13	40.74	26.16
L2	20.36	13.07	20.37	13.08
L3	20.32	13.07	20.37	13.08
L4	20.31	13.07	20.37	13.08

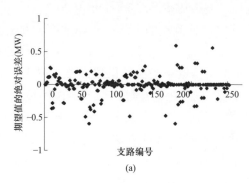

(a)

图 4-4　各支路有功误差分析（一）

（a）期望值的绝对误差

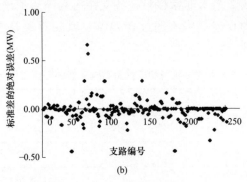

图 4-4 各支路有功误差分析（二）

（b）标准差的绝对误差

4. 方法性能分析

为进一步对本节所提方法的误差进行定量分析，采用方差和根均值（average root mean square，ARMS）来度量本节所提方法的有效性。ARMS 的定义为

$$A_{\text{RMS}} = \frac{\sqrt{\sum_{i=1}^{N} (M_{C_i} - P_{R_i})^2}}{N} \tag{4-22}$$

式中 M_{C_i}——Monte Carlo 所求累积概率分布曲线第 i 个点的值；

P_{R_i}——采用本节所提方法时对应累积概率分布曲线第 i 个点的值；

N——所取统计点总数，各点间距尽量小。

本节设定 Monte Carlo 抽样次数为 10 000 次，且计及功率在可调度机组和柔性负荷间的分配，节点电压、支路功率误差统计 $N = 1000$。

表 4-5 列出了系统中部分节点的电压、支路功率，并给出了系统电压、功率 ARMS 最大值 A_{UM}、A_{PM}、A_{QM}，平均值 A_{UA}、A_{PA}、A_{QA}。由分析可知：①与常规半不变量方法相比，本节所得概率潮流结果误差要小得多，均比常规半不变量概率潮流方法小一个数量级。由此表明，本节方法精度提高较多，所得结果与 Monte Carlo 结果基本一致。误差定量分析进一步验证了方法正确性。②在耗时方面，本节方法速度稍慢于常规方法，主要原因在于计算过程中对不平衡功率进行分配并计及响应相关性。③经测试，Monte Carlo 方法耗时为274.6s，而本节方法耗时仅 0.265s，因而本节方法在求解速度方面具有明显优势。

表 4-5　　　　　　　　　　　方法性能分析结果

方法	节点电压 ARMS/10^{-2}			支路功率 ARMS/10^{-2}		
	节点 62	节点 57	节点 102	支路 26	支路 27	支路 99
常规方法	1.1179	0.5612	0.5475	1.82	1.8198	0.5185
本文方法	0.7645	0.2285	0.0362	0.0269	0.0269	0.5098

	系统 ARMS/10^{-2}					
常规方法	1.1179	1.82	2.0407	0.1609	0.4765	0.3924
本文方法	0.7645	0.5513	0.5646	0.0651	0.0336	0.0663

4.2.2　计及源荷双侧响应的动态概率潮流算法

传统的确定性潮流只能得到给定运行状态下节点电压和支路功率的相关信息，潮流计算的结果也是确定的。在实际电力系统中，负荷侧和电源侧均存在一定的随机因素：用户侧负荷具有自主性和集聚效应，且负荷预测存在误差；发电机具有强迫停运随机性；新能源的波动性和不确定性同样受到了重点关注。在"源-网-荷"复杂互动环境下，这种随机性可能会对电网的安全运行造成影响。此外，由于新能源出力具有间歇性以及波动性的特点，大规模新能源接入电力系统会对电力系统的频率产生明显的影响，因此在含大规模新能源的电力系统稳态运行分析中考虑系统的频率调节问题十分必要。因此，本节在分析新能源的概率分布模型以及负荷的随机响应模型的基础上，构建了考虑电力系统功频静特性以及电压响应特性的动态潮流模型。

4.2.2.1　源荷双侧概率模型

新能源出力的概率分布模型和柔性负荷随机响应的概率模型相关内容分别见第 2 章中 2.2.2 和 2.3.1.2，这里不再赘述。

4.2.2.2　动态潮流模型及求解方法

1. 考虑频率响应和电压响应的动态潮流模型

考虑到电力系统中无功功率和频率及有功功率和电压之间的弱耦合联系，可以进行解耦处理。在建立潮流模型时，只考虑电力系统的有功-频率静态特性和无功-电压静态特性。

（1）常规发电机组的静态特性。

当电力系统发用电不平衡时，装有调速器的发电机会自动进行调节，改变发电机出力，来维持系统的有功功率平衡，称之为发电机组的一次调频。发电机组的有功-频率静特性可表示

$$P_{G} = -K_{G}\left(f-f_{0}\right) \qquad (4-23)$$

式中 P_G——发电机组的有功功率输出，MW；

K_G——发电机组功频静特性系数，MW/Hz；

f——频率，Hz；

f_0——发电机最大空载的运行频率，Hz 。

一次调频作为电力系统频率调整中响应速度较快的方式，能够自动平衡变化周期短、幅度小的有功功率波动，同时对异常情况下的有功功率突变引起的频率变化也可以起到一定的缓冲作用。然而由于发电机一次调频的有差调节特性，并不能保证系统发生较大有功波动时的频率偏移满足运行要求。发电机组有功-频率静态特性见图4-5。

稳态下发电机组的无功-电压静态特性可由下式表示

$$Q_G = I_{QG}V_G = \frac{V_{G0} - V_G}{K_\delta}V_G \tag{4-24}$$

式中 Q_G——发电机组的无功功率，Mvar；

I_{QG}——发电机组的无功电流，A；

V_G——发电机组的端电压，kV；

V_{G0}——发电机组的空载端电压，kV；

K_δ——发电机组的无功-电压静特性系数，Ω。

发电机组无功-电压静态特性见图4-6。

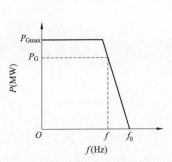

图4-5   发电机组有功-频率静态特性

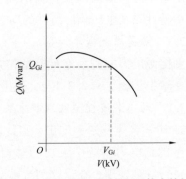

图4-6   发电机组无功-电压静态特性

（2）风力发电机组的静态特性。

目前主流的风力发电设备主要采用双馈感应风电机组和永磁直驱风电机组。这类风电机组主要采用恒功率因数控制，因此在某个时间断面上可以将风电机组看作 PQ 节点。

风电机组的有功功率控制一般采用最大功率跟踪控制，使得风电机组不具有调频能力。双馈风机通过矢量控制技术使得电机转速和电网频率解耦，因此当电网频率发生变化时，不同于常规火电机组，风电机组没有明显的有功-频率静特性。与此同时，由于其间歇性和波动性，作为一个较强的扰动源，其出力的波动还可能导致系统频率的变化。

（3）负荷的静态特性。

电力系统处于稳态运行时，负荷的有功功率也会随频率的变化相应发生变化，其有功-频率静态特性可近似表示为

$$P_D = P_{DN} + K_D (f - f_N) \qquad (4-25)$$

式中　P_D——频率等于 f 时负荷的有功功率，MW；

　　　P_{DN}——频率等于额定频率 f_N 时负荷的有功功率，MW；

　　　K_D——负荷的频率调节效应系数，MW/Hz。

有功负荷有功-频率静态特性见图 4-7。

系统中的无功负荷会随节点电压的变化而相应发生变化，其无功-电压静态特性可以用多项式的形式表示

$$Q_D = Q_{DN} \left[a \left(\frac{V}{V_N} \right)^2 + b \left(\frac{V}{V_N} \right) + c \right] \qquad (4-26)$$

式中　Q_D、Q_{DN}——分别为负荷的无功功率需求量和额定值，Mvar；

　　　a、b、c——分别为负荷的无功-电压静特性系数；

　　　V、V_N——分别为电压幅值的实际值和额定值，kV。

无功负荷无功-电压静态特性见图 4-8。

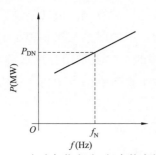
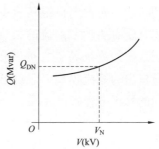

图 4-7　有功负荷有功-频率静态特性　　图 4-8　无功负荷无功-电压静态特性

对于一个有 n 个节点，g 个常规发电机节点（包括平衡节点）的系统，节点功率方程可表示为

$$\begin{cases} P_i = V_i \displaystyle\sum_{j \in i} V_j (G_{ij} \cos\theta_{ij} + B_{ij} \sin\theta_{ij}) \\ Q_i = V_i \displaystyle\sum_{j \in i} V_j (G_{ij} \sin\theta_{ij} - B_{ij} \cos\theta_{ij}) \end{cases} \quad i = 1, 2, \cdots, n \qquad (4-27)$$

对所有节点，可以列写有功功率的不平衡量方程式

$$\Delta P_i = P_{Gi} - P_{Di} - P_i = 0 \tag{4-28}$$

而对 PQ 节点，无功功率的不平衡量方程式可列写为

$$\Delta Q_i = Q_{Gi} - Q_{Di} - Q_i = 0 \tag{4-29}$$

其中，P_{Gi}、Q_{Gi}、P_{Di} 和 Q_{Di} 可分别由式（4-23）~式（4-26）计算得到。在所构成的牛顿-拉夫逊法潮流计算方程的待求变量中，有 $n-1$ 个节点电压相位 θ_i，1个系统频率 f，$n-g$ 个节点电压幅值 V_i，一共是 $2n-g$ 个待求变量。式（4-28）、式（4-29）一共包含 $2n-g$ 个方程式，与待求变量数目相同，潮流方程可以求解。

相对于传统潮流模型，仅仅增加了 1 个待求量以及 1 个方程，所做的改动非常小。通过对潮流模型的改进，计及了电力系统的功频调节效应和电压响应特性，能够通过潮流计算自动反映系统的频率调节特性和电压响应特性，更完整地描述了实际电力系统的运行特性，为电力系统运行分析提供更加准确的模型基础。

2. 动态潮流模型的求解

（1）改进的快速解耦算法。

由于高压电力系统中输电线路等元件的 $x \gg r$，近似地可以认为，有功功率潮流主要与各节点电压的相角有关，而无功功率潮流主要受各节点电压幅值的影响。基于此，在快速解耦法中将有功功率和无功功率的迭代分开进行。

在本节所提出的改进潮流模型中，新增加的 1 个待求量频率主要决定于发电机组的转速，而发电机组转速主要受其有功功率的影响。也就是说，新增的待求量主要受有功功率潮流的影响，而与无功功率的联系相对是很小的。基于电力系统这样的物理特性，可以在快速解耦法的基础上采用分块求解的方法，来求解所提出的潮流模型。假设第 n 个节点为平衡节点，有功功率迭代和无功功率迭代的修正方程式可写成

$$\begin{bmatrix} \Delta P/V \\ \hline \Delta P_n/V_n \end{bmatrix} = -\begin{bmatrix} H & C \\ \hline H_n & C_n \end{bmatrix} \begin{bmatrix} \Delta\theta \\ \hline \Delta f \end{bmatrix} \tag{4-30}$$

$$\Delta Q/V = -L\Delta V \tag{4-31}$$

改进的快速解耦潮流算法的雅克比矩阵仅增加了 1 行（H_n）、1 列（C）以及 1 个对角元（C_n）。由除平衡节点外的节点导纳矩阵的虚部形成矩阵 B'，平衡节点和其他节点间的互导纳形成向量 B'_n。在形成 B' 和 B'_n 时，忽略那些主要影响无功功率（Q）和电压幅值（V），而对有功功率（P）及电压相位（θ）影响很小的因素，并略去串联元件的电阻

$$H_{ij} = \frac{\partial \Delta P_i}{\partial \theta_j} = -V_i V_j \left(G_{ij}\sin\theta_{ij} - B_{ij}\cos\theta_{ij} \right) \approx V_i V_j B'_{ij} \tag{4-32}$$

$$H_{ii} = \frac{\partial \Delta P_i}{\partial \theta_i} = V_i^2 B_{ii} + Q_i \approx V_i^2 B'_{ii} \tag{4-33}$$

$$H_{nj} = \frac{\partial \Delta P_n}{\partial \theta_j} = -V_n V_j \left(G_{nj}\sin\theta_{nj} - B_{nj}\cos\theta_{nj} \right) \approx V_n V_j B'_{nj} \tag{4-34}$$

简化后，修正方程式可以写成：

$$\begin{bmatrix} \Delta \boldsymbol{P}/\boldsymbol{V} \\ \hline \Delta P_n/V_n \\ \hline \Delta \boldsymbol{Q}/\boldsymbol{V} \end{bmatrix} = -\begin{bmatrix} \boldsymbol{B}' & \boldsymbol{C} & \\ \hline \boldsymbol{B}'_n & C_n & \\ \hline & & \boldsymbol{B}'' \end{bmatrix} \begin{bmatrix} \Delta \boldsymbol{\theta} \\ \hline \Delta f \\ \hline \Delta \boldsymbol{V} \end{bmatrix} \tag{4-35}$$

式中，$\Delta\boldsymbol{P}$、$\Delta\boldsymbol{Q}$、$\Delta\boldsymbol{\theta}$、$\Delta\boldsymbol{V}$、$\boldsymbol{V}$、$\boldsymbol{H}$、$\boldsymbol{L}$ 均与原始快速解耦法中表示的含义相同，ΔP_n 和 V_n 分别为平衡节点的有功功率潮流修正量和电压幅值，列向量 $\boldsymbol{C}$、元素 C_n 和方阵 $\boldsymbol{B}''$ 分别由式（4-29）~式（4-31）得到[14]

$$C_i = \frac{\partial \Delta P_i}{\partial f} = -K_{\mathrm{G}i} - K_{\mathrm{D}i} \tag{4-36}$$

$$C_n = \frac{\partial \Delta P_n}{\partial f} = -K_{\mathrm{G}n} - K_{\mathrm{D}n} \tag{4-37}$$

$$B''_{ij} = \begin{cases} B''_{ij0} & i \neq j \\ B''_{ii0} + \dfrac{V_{\mathrm{G}0i}}{K_{\delta i}V_{\mathrm{N}}} - \dfrac{2}{K_{\delta i}} \dfrac{Q_{\mathrm{DN}i}\left(2a+b\right)}{V_{\mathrm{N}}^2} & i = j \end{cases} \tag{4-38}$$

式中 B''_{ij0}、B''_{ii0}——分别是 PQ 节点之间导纳矩阵虚部的非对角元和对角元。

对式（4-35）采用分块求解，得

$$\boldsymbol{V}^{-1}\Delta \boldsymbol{P} = -\boldsymbol{B}'\Delta \boldsymbol{\theta} - \boldsymbol{C}\Delta f \tag{4-39}$$

$$V_n^{-1}\Delta P_n = \boldsymbol{B}'_n\boldsymbol{B}'^{-1}\boldsymbol{V}^{-1}\Delta \boldsymbol{P} - \left(V_n^{-1}C_n - \boldsymbol{B}'_n\boldsymbol{B}'^{-1}\boldsymbol{C} \right) \Delta f \tag{4-40}$$

$$\boldsymbol{V}^{-1}\Delta \boldsymbol{Q} = -\boldsymbol{B}''\Delta \boldsymbol{V} \tag{4-41}$$

由式（4-39）~式（4-41）可进一步推导出

$$\Delta \boldsymbol{\theta} = -\boldsymbol{B}'^{-1}\boldsymbol{V}^{-1}\Delta \boldsymbol{P} - \boldsymbol{B}'^{-1}\boldsymbol{C}\Delta f \tag{4-42}$$

$$\Delta f = -\frac{V_n^{-1}\Delta P_n - \boldsymbol{B}'_n\boldsymbol{B}'^{-1}\boldsymbol{V}^{-1}\Delta \boldsymbol{P}}{V_n^{-1}C_n - \boldsymbol{B}'_n\boldsymbol{B}'^{-1}\boldsymbol{C}} \tag{4-43}$$

$$\Delta \boldsymbol{V} = -\boldsymbol{B}''^{-1}\boldsymbol{V}^{-1}\Delta \boldsymbol{Q} \tag{4-44}$$

式（4-41）是快速解耦潮流计算方法中求解系统频率的关键步骤。注意到式（4-42）~式（4-44）中系数矩阵 $\boldsymbol{B}'$ 和 $\boldsymbol{B}''$ 在迭代过程中维持不变，因此在求解修正方程式时，可以采用因子表解法。而列向量 C 是常数，可在进入迭代过程以前，利用 B' 的因子表进行预备计算，设

$$X_n = -B'^{-1}C \tag{4-45}$$

$$C' = V_n^{-1}C_n + B_n'X_n \tag{4-46}$$

在有功功率迭代求解中可以直接调用式（4-45）、式（4-46）的结果，设

$$\Delta\theta' = -B'^{-1}V^{-1}\Delta P \tag{4-47}$$

于是，

$$\Delta f = -\frac{V_n^{-1}\Delta P_n + B_n'\Delta\theta'}{C'} \tag{4-48}$$

$$\Delta\theta = \Delta\theta' + X_n\Delta f \tag{4-49}$$

可见，基于快速解耦法的分块求解算法很好地传承了快速解耦法的特点，减少了反复形成系数矩阵的运算量，从而迭代速度非常快。

（2）计算流程。

考虑含大规模风电电力系统功频调节效应的改进快速解耦潮流算法的主要计算流程如下：

1）导入系统数据，给定相关参数的初始状态，置一次调节迭代次数和二次调节迭代次数 $k_1 = k_2 = 0$，置表征有功功率和无功功率迭代收敛情况的记录单元 $k_P = k_Q = 0$。

2）形成导纳矩阵 Y。忽略输电线路充电电容和变压器非标准变比等主要影响无功功率和电压幅值，而对有功功率及相角关系很少的因素，得到系数矩阵 B'；由式（4-38）得到系数矩阵 B''。通过三角分解形成因子表。

3）由式（4-36）和式（4-37）计算系数矩阵 C 和 C_n。

4）根据式（4-34）和式（4-35）进行预备计算，得 X_n 和 C'。

5）计算各节点的有功功率和无功功率不平衡量，并判断最大修正量是否小于收敛精度要求 ε_1，本算例中设置 $\varepsilon_1 = 10^{-8}$。

6）当判断条件成立，继续计算系统潮流分布；当判断条件不成立，利用 B' 和 B'' 的因子表进行预备计算，从而修正 θ_i、f 和 V_i，一次调节迭代次数 k_1 加 1，并重复第 5）步。

7）判断系统频率偏差是否超出电能质量要求，本算例设置频率最大允许偏移量的绝对值设置为 $\varepsilon_2 = 0.2\text{Hz}$。

a. 逻辑 1。当判断条件成立，则进行二次频率调节，平移主调频机组的功频特性曲线，重新整定其空载频率 f_0，二次调节迭代次数 k_2 加 1，一次迭代次数 k_1 重新置 0，并返回第 5）步。f_0 自动重新整定至 f_0' 的求法如下：

除主调频机组外，其他所有具有调频能力的功频静态调节特性均保持不变。当二次调节将系统频率调整至额定频率时，非主调频机组沿着原功频静态特性曲线调整其出力，由此产生的有功不平衡量由主调频机组进行平衡。主调频机组的二次调节过程如图4-9所示。设 P_f 为一次调节后主调频机组出力，ΔP_{SFR} 为主调频机组二次调节的有功出力变化值，P_{PFR_main} 和 P_{SFR_main} 分别为二次调节进行之前和完成之后的主调频机组出力。

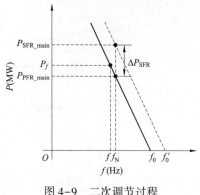

图 4-9　二次调节过程

$$P_{SFR\_main} = P_{PFR\_main} + \Delta P_{SFR} \quad (4-50)$$

$$f_0' = f_N + \frac{P_{SFR\_main}}{K_{G\_main}} \quad (4-51)$$

b. 逻辑 2。当判断条件不成立，输出计算结果，计算流程结束。

计及含大规模风电电力系统静态特性的改进快速解耦潮流计算流程框图见图4-10，整个计算流程能较好地反映电力系统中一次调节和二次调节的过程。

（3）动态概率潮流模型的线性化。

将考虑电力系统静态特性的快速解耦潮流方程在参考运行点进行线性化可得

$$\begin{cases} X = X_0 + \Delta X = X_0 + S_0 \Delta W \\ Y = Y_0 + \Delta Y = Y_0 + R_0 \Delta W \\ Z = Z_0 + \Delta Z = Z_0 + T_0 \Delta W \end{cases} \quad (4-52)$$

式中，X、Y 和 Z 分别是节点电压、系统频率和支路功率，带下标 0 表示其基准运行状态；ΔW 是节点注入功率的随机变量；S_0、R_0 和 T_0 分别是节点电压、系统频率和支路功率对节点注入功率变化的灵敏度矩阵。

由于系数矩阵 B' 和 B'' 在迭代过程中维持不变，因此可以采用因子表解法，得到

$$S_0 = \left[\begin{array}{c|c} -B'^{-1} - \dfrac{B'^{-1}CB_n'B'^{-1}}{V_n^{-1}C_n - B_n'B'^{-1}C} & \dfrac{B'^{-1}C}{V_n^{-1}C_n - B_n'B'^{-1}C} \\ \hline & -B''^{-1} \end{array} \right] \quad (4-53)$$

在传统基于牛顿法的概率潮流计算中，S_0 等于每一次循环中潮流计算最后一次迭代的雅克比矩阵的逆；然而在前面所提的方法中，S_0 可以直接由节点导纳矩阵的因子表和功频静特性系数等参数计算得到，不需要在潮流计算中反复

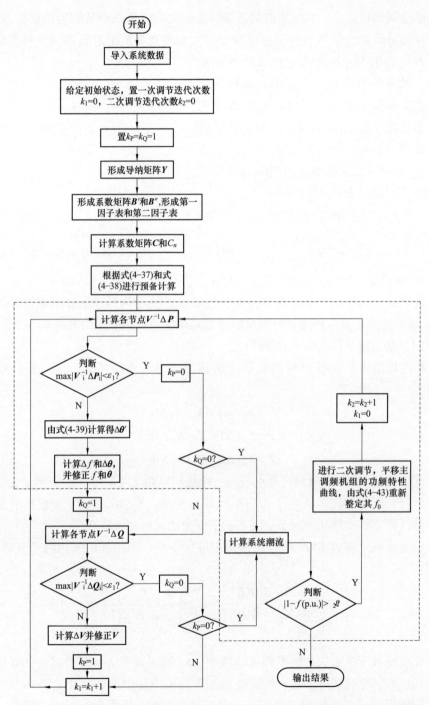

图 4-10 计及含大规模风电电力系统静态特性的改进快速解耦潮流计算流程框图

循环迭代得到最后一次迭代的雅克比矩阵的逆，可以节省迭代计算的时间。

对式（4-52）进行推导，可以得到求解系统频率潮流方程线性变换的灵敏度矩阵（n 为系统节点数，m 为 PV 节点数）：

$$R_0 = -\frac{1}{V_n^{-1}C_n - B_n'B'^{-1}C}\left[-B_n'B'^{-1} \quad 1 \quad \underbrace{0\cdots0}_{n-m-1}\right] \tag{4-54}$$

类似的，R_0 中的参数在迭代过程中维持不变，因此同样可以将 R_0 提出循环避免反复计算。

支路功率潮流线性化的灵敏度 T_0 的求取可以获得类似的结果：

$$T_0 = G_0 S_0 \tag{4-55}$$

式中，$G_0 = \left.\dfrac{\partial Z}{\partial X}\right|_{X=X_0}$，忽略高次项。

这里概率潮流同时考虑了负荷波动和发电机出力波动作为随机扰动，各随机因素扰动的线性和构成了节点注入功率的随机变量。

$$\Delta W = \Delta W_L + \Delta W_G \tag{4-56}$$

式中　ΔW_L 和 ΔW_G——分别是负荷注入功率和发电机注入功率的随机变量。

为了求得各节点注入功率的随机变量 ΔW，需要进行随机变量的卷积运算。然而卷积运算十分复杂，计算量非常大，可以采用基于半不变量的 Gram-Charlier 级数展开法来逼近随机变量的分布。

为了减小概率潮流计算中卷积运算的计算量，本节介绍结合半不变量和 Gram-Charlier 级数展开法进行概率潮流计算，得到在所考虑的各种随机因素影响下各待求变量的分布的方法。

（4）考虑电力系统静态特性的动态概率算法及计算流程。

考虑电力系统功频静特性和电压响应特性，采用以半不变量为基础的 Gram-Charlier 级数展开概率潮流算法的计算步骤如下：

1）导入系统数据，给定相关参数的初始状态，包括确定性潮流计算所需的系统参数，以及节点注入功率的随机分布。

2）形成系数矩阵 B' 和 B_n'，得到系数矩阵 B''，通过三角分解形成 B' 和 B'' 的因子表。

3）计算得到节点电压、系统频率和支路功率对节点注入功率变化的灵敏度矩阵 S_0、R_0 和 T_0。

4）采用上节介绍的方法计算考虑电力系统功频静特性的快速解耦潮流作为基准潮流，得到各待求变量节点电压、系统频率和支路功率的基准状态 X_0、Y_0 和 Z_0。

5）计算各节点注入功率随机变量 ΔW 的各阶矩，然后计算得到 ΔW 的各阶半不变量。

6）计算得到节点电压、系统频率和支路功率的各阶半不变量 $\Delta X^{(\nu)}$、$\Delta Y^{(\nu)}$ 和 $\Delta Z^{(\nu)}$。

7）应用 Gram-Charlier 级数展开，计算得到待求变量节点电压、系统频率和支路功率的累积概率分布函数和概率密度函数。

8）输出结果。考虑电力系统静态特性的动态概率潮流计算流程框图如图 4-11所示。

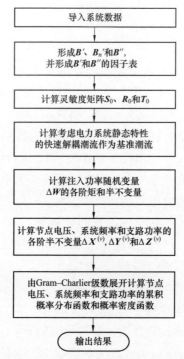

图 4-11　考虑电力系统静态特性的随机潮流计算流程框图

4.2.2.3　算例分析

1. 小规模电网算例分析

这里以某实际 151 节点电网为算例系统进行仿真分析。仿真计算条件设为：在计算考虑电力系统静态特性的快速解耦潮流时，设置所有发电机组的功频静特性系数在各发电机额定容量下的标幺值为 $K_{Gi}=20^{[130]}$，有功负荷的频率调节效应系数 $K_D=1.5$（在额定频率时有功负荷大小下的标幺值）。各节点负荷服从正态分布，期望值取峰荷值，标准差为期望的 10%，共有新能源注入点 11 个，服从正态分布，标准差为期望的 20%。

（1）与蒙特卡洛模拟法的对比。正常运行状态下，考虑电力系统静态特性的动态概率潮流算法（后续简称动态概率潮流法）与蒙特卡洛模拟法（抽样 30 000 次）所得到的结果进行对比。采用均方根值指标（Average root mean square，ARMS）[131]、期望值和方差值的绝对误差来验证本方法的正确性。

通过将两种方法求解得到的结果对比，待求变量支路有功功率、电压幅值、电压相角的期望值、方差值、期望值和方差值的绝对误差以及 ARMS 值结果对比分别如表 4-6~表 4-8 所示，待求变量支路有功功率、电压幅值、电压相角的最大 ARMS 值分别为 0.2975%、0.0078% 和 0.8428%，对比结果表明采用蒙特卡洛模拟法和基于半不变量的 Gram-Charlier 级数展开法得到的结果差别较小，进一步验证了动态概率潮流方法的准确性。

表 4-6 　　　　　　　　　　　支路有功功率结果对比

| 起点 | 终点 | 有功功率（MW） | | | | | | ARMS（%） |
| | | 动态概率潮流法 | | 蒙特卡洛模拟法 | | 绝对误差 | | |
		期望值	方差值	期望值	方差值	期望值	方差值	
128	4	11.6533	0.0057	11.6846	0.0054	0.0313	0.0003	0.0001
128	4	12.0908	0.0059	12.1264	0.0057	0.0356	0.0002	0.0001
148	121	−53.1784	5.5453	−53.0881	5.5829	0.0903	0.0376	0.0496
148	121	−53.1784	5.5453	−53.2339	5.5540	0.0555	0.0087	0.0563
104	132	136.1465	9.4933	136.5926	9.6591	0.4461	0.1658	0.1109
104	132	137.9452	9.6172	138.5400	9.3086	0.5948	0.3086	0.0885
104	132	142.2985	9.9178	142.7825	9.8087	0.4840	0.1091	0.0794
139	134	74.2446	8.1410	74.3073	7.9010	0.0627	0.2400	0.1017
139	134	60.4093	7.8273	60.4031	7.6330	0.0062	0.1943	0.0867
104	82	121.5971	15.4462	121.3070	15.4860	0.2901	0.0398	0.2083
104	82	92.0007	11.8537	92.2657	12.0550	0.2650	0.2013	0.0908
104	82	117.8670	15.0583	117.8667	15.3074	0.0003	0.2491	0.1272
139	133	228.5555	9.7081	229.5506	9.3717	0.9951	0.3364	0.1168
131	125	−15.0383	5.1727	−14.9743	5.3881	0.073	0.023278	0.0759
131	140	57.3208	3.8447	57.1057	3.7721	0.118797	0.059075	0.0500
131	140	77.4580	5.2051	77.6241	5.2789	0.161274	0.079797	0.0397

表 4-7 电压幅值结果对比

| 节点 | 电压幅值（kV） | | | | | | ARMS（%） |
| | 动态概率潮流法 | | 蒙特卡洛模拟法 | | 绝对误差 | | |
	期望值	方差值	期望值	方差值	期望值	方差值	
50	0.9643	0.000518	0.965317	0.000518	0.001017	4.24×10^{-7}	0.0039
51	1.0708	1.13×10^{-17}	1.071714	1.13×10^{-17}	0.000914	1.81×10^{-20}	0.0034
52	0.9915	7.83×10^{-19}	0.991436	7.82×10^{-19}	6.4×10^{-5}	7.89×10^{-22}	0.0003
53	0.9623	0.000299	0.962394	0.000299	9.42×10^{-5}	3.58×10^{-7}	0.0004
54	0.9751	0.000415	0.976312	0.000415	0.001212	3.53×10^{-8}	0.0038
55	0.9645	0.00042	0.964096	0.00042	0.000404	1.35×10^{-7}	0.0017
56	0.9714	0.00047	0.970642	0.000469	0.000758	7.09×10^{-7}	0.0031
57	0.9609	0.000291	0.961493	0.000291	0.000593	9.14×10^{-8}	0.0022
58	0.9629	0.00058	0.963513	0.00058	0.000613	8.71×10^{-8}	0.0025
59	0.9639	0.000521	0.96272	0.000521	0.00118	4.09×10^{-7}	0.0054
60	0.9645	0.00052	0.965354	0.000521	0.000854	6.78×10^{-7}	0.0036
61	1.0060	0.000128	1.00477	0.000128	0.00123	1.32×10^{-8}	0.0050
62	0.9952	1.08×10^{-5}	0.994111	1.08×10^{-5}	0.001089	1.63×10^{-8}	0.0029
63	0.9299	0.000298	0.929581	0.000298	0.000319	5.65×10^{-8}	0.0013
64	0.9799	0.000347	0.98038	0.000348	0.00048	5.62×10^{-7}	0.0024
65	0.9762	0.000314	0.976067	0.000314	0.000133	2.56×10^{-8}	0.0004

表 4-8 电压相角结果对比

| 节点 | 电压相角（°） | | | | | | ARMS（%） |
| | 动态概率潮流法 | | 蒙特卡洛模拟法 | | 绝对误差 | | |
	期望值	方差值	期望值	方差值	期望值	方差值	
50	−0.3754	0.018008	−0.37653	0.018009	0.00113	8.88×10^{-7}	0.0491
51	6.4035	0.012756	6.404172	0.012775	0.000672	1.88×10^{-5}	0.0232
52	6.8237	0.012756	6.844793	0.012769	0.021093	1.33×10^{-5}	0.6261
53	4.7540	0.011887	4.73868	0.011885	0.01532	2.26×10^{-6}	0.6597
54	1.5018	0.018067	1.506179	0.018089	0.004379	2.22×10^{-5}	0.2157
55	1.5644	0.018067	1.559341	0.018072	0.005059	5.23×10^{-6}	0.3055
56	0.4936	0.018069	0.493886	0.01808	0.000286	1.06×10^{-5}	0.0138
57	5.0228	0.011884	5.037026	0.011866	0.014226	1.81×10^{-5}	0.8081

节点	电压相角（°）						ARMS（%）
	动态概率潮流法		蒙特卡洛模拟法		绝对误差		
	期望值	方差值	期望值	方差值	期望值	方差值	
58	−0.8125	0.018075	−0.8113	0.018048	0.001199	$2.74×10^{-5}$	0.0655
59	−0.6069	0.018009	−0.60765	0.018002	0.000747	$7.42×10^{-6}$	0.0480
60	−0.4021	0.018008	−0.40165	0.017987	0.000445	$2.08×10^{-5}$	0.0259
61	0.3959	0.01494	0.396454	0.014946	0.000554	$5.88×10^{-6}$	0.0213
62	0.1933	0.017803	0.192654	0.01778	0.000646	$2.32×10^{-5}$	0.0264
63	−1.2893	0.016183	−1.28826	0.016164	0.001042	$1.91×10^{-5}$	0.0501
64	−1.2476	0.016442	−1.24562	0.016432	0.001979	$9.76×10^{-6}$	0.0961
65	−1.2409	0.016183	−1.24543	0.016201	0.004532	$1.8×10^{-5}$	0.2646

（2）与常规基于牛顿法概率潮流（简称常规概率潮流法）对比。考虑频率和电压静态特性的动态概率潮流法与常规概率潮流法的最大区别在于：除了节点电压和支路功率外，动态概率潮流法还能给出系统频率的概率分布特征，而关于系统频率的概率分布在常规方法中并不能得到。此外，第一种方法考虑了常规机组出力和负荷的频率特性和电压特性。该151节点系统频率的概率密度分布和累积概率分布分别如图4-12和图4-13所示。

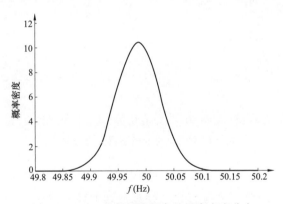

图4-12　151节点系统频率的概率密度分布

在常规概率潮流计算中，除了平衡节点外，各节点有功注入功率为固定值，负荷也固定为给定值不变。而在考虑电力系统静态特性的动态概率潮流算法中，所有具有调频能力的发电机组有功出力和有功负荷都会对系统频率的变化作出响应，这与电力系统的实际运行状态相符。当发电机有功出力和负荷都在变化

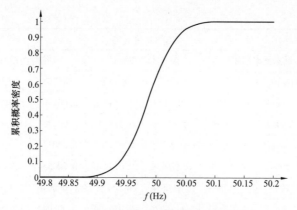

图 4-13　151 节点系统频率的累积概率分布

时，系统潮流也会相应发生改变，以支路 104~132 和 138~151 有功功率为例，考虑电力系统静态特性的动态概率潮流与常规概率潮流计算结果对比分别如图 4-14、图 4-15 所示。

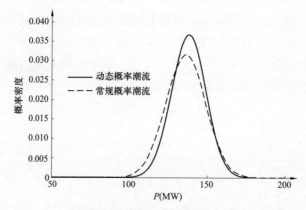

图 4-14　支路 104~132 有功功率在动态概率潮流与
常规概率潮流时的概率密度分布对比

　　由图 4-14、图 4-15 可以看出，对于支路 104~132 的有功功率，采用动态概率潮流方法与常规概率潮流相比，计算得到的概率密度分布函数的概率最大点向右偏移，方差变小。仿真结果说明在概率潮流中考虑了电力系统功频静特性后，所有具有调频能力的发电机组出力和有功负荷都会对系统频率的变化作出响应，支路 104~132 潮流发生了改变：该支路有功功率的概率最大点更远离 0，因此该支路有功功率最有可能出现的情况是传输功率负担增加；概率密度曲线分布更"窄"，方差变大，表示该支路有功功率可能出现更多不同的情况，其

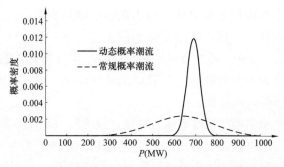

图4-15　支路138~151有功功率在动态概率潮流与
常规概率潮流时的累积概率分布对比

他情况发生的概率明显减少。而支路138~151的标准差相差很大，当不考虑频率特性，平衡机在扰动后参与调节的功率十分大，而实际运行中系统扰动是依靠所有机组的频率的一次调节完成的。因此不考虑频率特性的常规概率潮流会放大部分支路的波动和越限风险。

考虑电力系统功频静态特性的快速随机潮流计算基于 Matpower 4.0 编程实现，在 CPU 主频为 2.9GHz、内存 2GB 的计算机上运算。常规概率潮流法与考虑电力系统功频静态特性的快速随机潮流法的计算时间对比如表4-9所示。

表4-9　　　　　　常规概率潮流法与动态概率潮流法计算时间对比

流程	计算时间（s）	
	动态概率潮流法	常规概率潮流法
1 系统建模	0.05	0.05
2 求取注入功率的半不变量	0.07	0.07
3 基准潮流计算	0.34	0.13
4 根据线性化模型，计算输出变量的半不变量	0.13	0.11
5 求取输出变量的概率分布，求取一个量的情况	0.05	0.04
总时长	0.64	0.40

2. 大规模电网算例分析

同样该方法在某大规模实际电网（1079节点）算例系统进行仿真验证。仿真计算条件设为：在计算考虑电力系统静态特性的快速解耦潮流时，设置所有发电机组的功频静特性系数在各发电机额定容量下的标幺值为 $K_{Gi} = 20$，有功负荷的频率调节效应系数 $K_D = 1.5$（在额定频率时有功负荷大小下的标幺值）。各节点负荷服从正态分布，期望值取峰荷值，标准差为期望的10%。

（1）与蒙特卡洛模拟法的对比。与小规模电网仿真类似，通过将两种方法求解得到的结果对比，计算各待求变量的期望值、方差值、期望和方差的绝对误差以及 *ARMS* 值，其中各待求变量的最大 *ARMS* 值分别为 0.2941%、0.0078% 和 0.8428%，对比表明两种算法的计算结果差别较小，验证了动态概率潮流法在大系统中仍然能保持准确性。

（2）与常规基于牛顿法的概率潮流对比。以支路 764~780 和 1079~781 有功功率为例。采用考虑电力系统静态特性的动态概率潮流、常规基于牛顿法概率潮流和蒙特卡洛模拟三种方法的计算结果对比分别如图 4-16、图 4-17 所示。从图中可以清晰地看出，在考虑电力系统静态特性的动态概率潮流中，所有具有调频能力的发电机组有功出力和有功负荷都会对系统频率的变化作出响应，系统潮流也会相应发生改变，这与电力系统的实际运行状态相符。

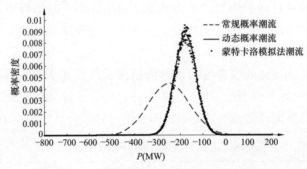

图 4-16　支路 764~780 有功功率分别采用
3 种方法时的概率密度分布对比

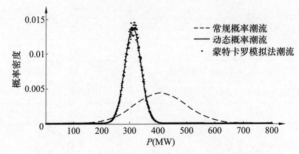

图 4-17　支路 1079~781 有功功率分别采用
3 种方法时的概率密度分布对比

考虑电力系统功频静态特性的快速随机潮流计算基于 Matpower 4.0 编程实现，在 CPU 主频为 2.9GHz、内存 2GB 的计算机上运算。常规概率潮流法与考虑电力系统功频静态特性的快速概率潮流法的计算时间对比如表 4-10 所示。

流程	计算时间（s）	
	动态概率潮流法	常规概率潮流法
1 系统建模	0.12	0.12
2 求取注入功率的半不变量	0.93	0.93
3 基准潮流计算	14.90	12.60
4 根据线性化模型，计算输出变量的半不变量	1.50	1.40
5 求取输出变量的概率分布，求取一个量的情况	2.10	1.90
总时长	19.55	16.95

表 4-10　　　　　　常规概率潮流法与动态概率潮流法计算时间对比

由表 4-10 结果表明，相对常规概率潮流法，采用动态概率潮流法只增加了 2.6s 的计算时间，符合在线计算要求。相比于传统概率潮流法，动态概率潮流法由于考虑了电网二次调频的过程，所以计算时间略有增加。

通过上述分析，考虑电力系统功频静特性、电压特性的动态概率潮流法，不仅能够提供系统频率的累积概率分布和概率密度分布，计算结果更符合实际运行情况，而且不会增加过多的计算时间，可为电力系统规划、运行、分析等工作提供支持，具有在线应用前景。

4.2.3　计及源荷互动的连续性潮流分析方法

互动环境下，电网潮流时空分布特性更趋复杂，传统的单断面潮流计算方法无法描述新能源、柔性负荷响应的时序特性，也无法体现互动过程在各个时间断面上的演变给系统潮流带来的影响。计及互动过程的系统潮流发展示意图如图 4-18 所示。

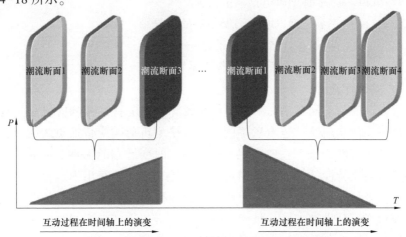

图 4-18　计及互动过程的系统潮流发展示意图

图 4-18 中，初始潮流断面 1 的系统潮流水平处于安全状态（无重载或越限情况），但是由于互动过程在时间轴上的演变，柔性负荷参与互动后响应量不断增大，使得后续时刻潮流断面 3 的系统潮流水平处于不安全状态，需提前做好安全防护策略；又如，初始时刻潮流断面 1 的潮流水平处于不安全状态（有重载或越限情况），但是由于互动过程在时间轴上的演变，柔性负荷参与互动后响应量逐渐减少，使得后续时刻潮流处于安全水平，则无需再增加防护措施。因此，由单断面潮流分析转向连续性概率潮流分析方法是很有必要的。本节在建立新能源出力和柔性负荷响应的时序概率模型基础上，提出了一种计及互动的电力系统连续性潮流分析方法。

4.2.3.1 新能源出力的时序概率模型

风电出力具有间歇性和波动性的特点，是新能源的主要代表。风电出力主要受风速分布特性和风机控制策略等方面的影响。风电出力的概率模型可分为两种：一种是建立风速的分布模型，主要有威布尔分布、正态分布自回归等模型等混合模型来进行拟合，并通过风机的功率特性曲线转换为风机出力的概率分布模型。另一种则基于统计学的风电预测误差分布模型，主要有拉普拉斯分布、正态分布以及混合分布来进行拟合，并根据风电预测值获取风电出力的概率分布模型。

本节以风电出力分布模型为基础，给出风电出力的时序概率模型如下

$$P_{\text{W}}(t) = P_{\text{W}_0}(t) + \Delta P_{\text{W}}(t) \tag{4-57}$$

$$f(\Delta P_{\text{W}}) = \left(w_1 \frac{1}{\sqrt{2\pi}\sigma} e^{-\frac{(\Delta P_{\text{W}}-\mu)^2}{2\sigma^2}} + w_2 \frac{1}{2b} \exp\left(-\frac{|\Delta P_{\text{W}}-\mu|}{b}\right) \right) \Big/ B \tag{4-58}$$

式中　　$P_{\text{W}_0}(t)$——t 时刻风电预测值，MW；

　　　　$\Delta P_{\text{W}}(t)$——t 时刻风电预测误差的随机分量，MW；

　　　　w_1——正态分布的权重系数；

　　　　w_2——拉普拉斯分布的权重系数。

4.2.3.2 柔性负荷响应的时序概率模型

柔性负荷参与电网互动时，由于负荷资源的用电特性和响应机制具有差异性，其所表现的响应特性也有所不同，而价格型负荷响应特征更为明显，用户自主响应的主观性较强，主要表现为随机性、时变性和时滞性。因此，本节主要针对具有响应特性的价格型负荷进行详细地建模。负荷出力可分满足自身生产和生活需求的基础出力分量（短期负荷预测得到）和由于外界的电价刺激而产生的响应变化分量两部分。虽然由于人类社会的生产生活和自主响应等具有很强的随机性，但负荷的波动又呈现较明显地规律性。因此，在各种确定性规

律基础上叠加相应的随机波动性来建立负荷节点注入量的时序概率模型。

1. 负荷预测的时序概率模型

目前电力负荷的短期预测精度较高，在考虑负荷预测的不确定性时，可以用正态分布反映各个负荷的随机性，其时序概率模型如下式所示

$$P_{L}(t) \propto N\left[P_{L_0}(t), \delta_{L}(t)\right] \tag{4-59}$$

式中　$P_{L_0}(t)$——t 负荷预测功率的期望值，MW；

　　　$\delta_{L}(t)$——t 时刻负荷预测功率误差的方差，MW。

当采用正态分布模拟预测偏差时，其方差一般较小。

2. 负荷响应的时序概率模型

用户响应电价模型多基于电力需求价格弹性矩阵，其反映的是用户对电价变化响应的宏观表现。考虑到用户响应电价的不确定性，同时考虑响应的时序发展过程，建立了电价型负荷响应的时序概率模型。

（1）需求价格弹性系数。

需求价格弹性是指需求对价格变化的敏感程度，其大小表征该类电价型负荷对电价变化响应的潜力。基于电价响应机制，可以计算出 t 时刻负荷的理想响应量，如式（4-60）所示

$$P_{LH}(t) = P_{H_0}\frac{p(t) - p_0}{p_0}\varepsilon \tag{4-60}$$

式中　　　ε——负荷的需求价格弹性系数；

　　　　　p_0——初始电价，元/MWh；

　　　$p(t)$——t 时刻的电价，元/MWh；

　　　　　P_{H_0}——初始功率，MW；

　　$P_{LH}(t)$——t 时刻电价变化后的理想响应量，MW。

（2）负荷的响应速率。

当电价发生变化时负荷响应并不是立刻完全响应，而是有一个响应的发展过程，因此定义负荷响应速率来表征响应发展过程的快慢。对于某一特定的负荷，其响应速率是一个固有属性，负荷响应速率的内涵类似于机组的爬坡速率，而该属性则与负荷性质、用电习惯及负荷大小相关。对负荷的大量历史数据进行分析，通过函数拟合可得到响应量与时间的关系

$$P_{H} = F(\Delta t) \tag{4-61}$$

式中　$F(\cdot)$——通过拟合得到响应量与时间的函数表达式，该表达式可为连续函数或者分段函数。

当时间间隔足够小时，负荷的响应量与时间的关系可以用分段线性函数表

示，则将 $F(\cdot)$ 对某一分段时间 Δt_i 进行求导，可得到响应速率因子如下

$$K_v(\Delta t_i) = \partial F(\Delta t_i)/\partial \Delta t_i \tag{4-62}$$

负荷响应速率的大小，代表负荷在单位时间里响应的快慢，其值越小说明该类负荷响应时间越长，时滞性越强；其值越大，则反之。已知负荷不同响应时间段的响应速率因子，其响应量可表征为

$$P_H(t + \Delta t) = \sum_{i=0}^{n} K_v(\Delta t_i) \cdot \Delta t_i$$

$$\Delta t = \sum_{i=0}^{n} \Delta t_i \tag{4-63}$$

式中 n——负荷响应过程的分段数；

K_v——负荷响应速率因子；

Δt——响应持续时间。

其中，当 $n=0$ 时说明该负荷响应量与时间关系为线性关系；Δt 则表明响应自 t 时刻开始，在 $t+\Delta t$ 时刻将完成全部响应，达到理想响应量 P_{LH}。结合式（4-60），不难发现时间-电价-响应量之间的关联关系，当电价变化量增加时理想响应量也增加，由于受响应速率的影响，响应量会随着时间间隔增大而增加。

（3）计及响应过程的时序概率模型。

基于上述模型，价格型负荷的时序概率模型由负荷预测随机性和负荷响应随机性两部分组成，可表示为

$$\widetilde{P}_L(\tilde{t}) = P_L(\tilde{t}) + P_H(\tilde{t})$$

$$\tilde{t} \in [t, t+\Delta t] \tag{4-64}$$

$$P_H(\tilde{t}) \propto N[P_{H_0}(\tilde{t}), \delta_H^2(\tilde{t})] \tag{4-65}$$

式中 $P_L(\tilde{t})$——$\tilde{t}$ 时刻负荷的预测随机分布；

$P_H(\tilde{t})$——$\tilde{t}$ 时刻负荷的响应随机分布；

$P_{H_0}(\tilde{t})$——$\tilde{t}$ 时刻电价型负荷的响应量期望值，MW；

$\delta_H(\tilde{t})$——$\tilde{t}$ 时刻电价性负荷的响应方差，MW；

$\tilde{t} \in [t, t+\Delta t]$——响应发展持续时间。

4.2.3.3 计及互动的电力系统连续性潮流分析方法

基于新能源出力的时序概率模型和柔性负荷动态响应的时序概率模型，建

立计及互动的电力系统连续性潮流模型。

1. 功率不平衡量的时序计算模型

计及互动的连续性潮流计算中，需要计及各随机变量在不同时间断面的相关性，如柔性负荷在当前时刻的响应情况对未来时刻的影响，即需考虑互动过程的发展趋势对下一时刻功率变化的影响。因此，为了更好地把握未来一段时间内系统潮流的变化趋势，描述网-荷互动过程在各时间断面上的演变给系统潮流所带来的影响，需在柔性负荷的时序模型基础上建立功率不平衡量的时序计算模型。

$$\Delta P_{\Sigma}(t_{n+1}) = \sum_{i=1}^{N_{G}} P_{G_i}(t_{n+1}) + \sum_{i=1}^{N_{W}} P_{W_i}(t_{n+1}) - \sum_{i=1}^{N_{L}} P_{L_i}(t_{n+1}) -$$

$$\sum_{i=1}^{N_{H}} P_{H_i}(t_n) - \sum_{i=1}^{N_{H}} \Delta P_{H_i}(t_{n+1}) - P_{Loss}(t_n) \qquad (4\text{-}66)$$

式中　　$P_{G_i}(t_{n+1})$——节点 i 常规发电机从 t_n 预测 t_{n+1} 时刻的输出功率，MW；

　　　　$P_{W_i}(t_{n+1})$——节点 i 风电从 t_n 预测 t_{n+1} 时刻的输出功率，MW；

　　　　$P_{L_i}(t_{n+1})$——节点 i 刚性负荷从 t_n 预测 t_{n+1} 时刻输出功率值，MW；

　　　　$P_{H_i}(t_n)$——节点 i 柔性负荷 t_n 时刻的互动量，MW；

　　　　$\Delta P_{H_i}(t_{n+1})$——考虑互动发展趋势时在 t_{n+1} 时刻的互动增量，MW；

　　　　P_{Loss}——系统总网损，MW。

系统功率不平衡量的时序计算模型可简写成

$$\Delta P_{\Sigma}(t_{n+1} - t_n) = \left| \Delta \sum_{i=1}^{N} P_{Gi} + \Delta \sum_{i=1}^{N} P_{Li} + \Delta \sum_{i=1}^{N_{H}} P_{Hi} \right| \qquad (4\text{-}67)$$

其中，$\Delta \sum\limits_{i=1}^{N_{H}} P_{Hi} = \Delta \sum\limits_{i=1}^{N_{H}} P_{Hi}(t_{n+1}) + \Delta \sum\limits_{i=1}^{N_{H}} P_{Hi}(t_n)$ 表示计及 t_n 时刻的互动量及考虑互动发展趋势在 t_{n+1} 时刻的互动增量两部分。计算得到的相邻时刻的系统不平衡功率 $\Delta P_{\Sigma}(t_{n+1}-t_n)$ 由于实时电价机制的激励，使得柔性负荷参与响应来平抑这部分功率。

值得注意的是，连续性潮流分析按照时间尺度的不同可以分为若干类，如 $t_{n+1}-t_n$ 可以为 5min、15min、1h 等。该时间尺度的选择是基于负荷响应的时序特性，然而通过历史数据发现负荷响应具有一定的响应速率，可分为分钟级和小时级。因此，在日前和实时调度层面，为了更全面地考虑负荷的响应特性基本选取连续性潮流分析的时间尺度为 1h 和 5min 两种。

2. 节点注入功率的表征模型

将原先单断面潮流方程扩展为时序概率潮流方程，将节点功率方程和支路潮流方程写成一般的矩阵形式

$$\begin{cases} W\ (t)\ =f\ [\ X\ (t)\ ] \\ Z\ (t)\ =g\ [\ X\ (t)\ ] \end{cases} \quad t\in\ [\ t_0,\ t_n\ ] \tag{4-68}$$

式中　W——节点注入量，包括各节点有功注入功率和无功注入功率；

　　　X——各节点状态变量，包括各节点电压幅值和相角；

　　　Z——支路潮流有功和无功功率的待求变量。

随机潮流模型中节点注入量 W 是随机变量，与常规不同，此时需计及电价型负荷的响应量部分及响应的随机性。因此，在随机潮流模型中考虑负荷响应后的节点注入量为随机变量 $\widetilde{W}$，可以表示为

$$\widetilde{W}\ (t)\ =P_G\ (t)\ +\widetilde{P}_W\ (t)\ +\widetilde{P}_L\ (t) \tag{4-69}$$

式中　P_G——节点常规发电机的输出功率，MW；

　　　$\widetilde{P}_W$——风机出力的随机变量，MW；

　　　$\widetilde{P}_L$——节点负荷的随机变量，MW。

将节点注入量简化为

$$\widetilde{W}\ (t)\ =W_0\ (t)\ +\Delta\widetilde{W}\ (t) \tag{4-70}$$

式中　W_0——随机变量 $\widetilde{W}$ 的期望值，MW；

　　　$\Delta\widetilde{W}$——随机变量 $\widetilde{W}$ 的随机波动部分，MW。

其中，W_0 表示初始功率期望值与电价型负荷响应量的期望值之和；$\Delta\widetilde{W}$ 是风电、常规负荷预测随机变量部分与负荷响应随机变量部分之和，值得注意的是，这几部分随机变量由于其行为具有不相关性，可认为是相互独立的。

3. 连续性概率潮流改进算法

连续性概率潮流是在当前时刻计算和分析未来一定时间范围内潮流分布的连续变化。同时，电力系统在较短时间内（实时层面）网络结构和网络参数均未发生变化，所以网络的阻抗矩阵、导纳矩阵都和基本运行方式下一样，只是发电侧常规电源出力的调整、新能源的波动和负荷侧常规负荷的调整、柔性负荷的响应波动。因此，在当前时刻潮流计算的基础上，计及新能源的波动和柔性负荷响应在时间轴上的演变过程，并利用灵敏度修正法快速得到连续性计算

结果。图4-19给出了基于灵敏度修正法的连续性概率潮流计算示意图。

利用牛顿拉夫逊法对初始 t_0 时刻进行潮流计算，在该运行点进行泰勒级数展开，忽略 2 阶及以上的高阶项，可得待求变量与节点功率扰动的线性关系为

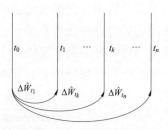

图 4-19 基于灵敏度修正的连续性概率潮流示意图

$$\begin{cases} \Delta X_{t_0} = J_{t_0}^{-1} \Delta W_{t_0} = S_{t_0} \Delta W_{t_0} \\ \Delta Z_{t_0} = T_{t_0} \Delta W_{t_0} \end{cases} \quad (4-71)$$

式中 J_{t_0}——初始时刻潮流计算迭代结束时的雅克比矩阵；

S_{t_0}、T_{t_0}——分别为 t_0 时刻的节点电压和支路功率对注入功率变化的灵敏度矩阵。

若 t_k 时刻的系统注入功率由于新能源波动及柔性负荷响应产生了扰动分量表示为 ΔW_{t_k}，利用灵敏度修正得到该时间段内状态量的变化量为 ΔX_{t_k}，满足以下方程

$$\begin{cases} X_{t_k} = X_{t_0} + \Delta X_{t_k} = X_{t_0} + S_{t_0} \Delta W_{t_k} \\ Z_{t_k} = Z_{t_0} + \Delta Z_{t_k} + Z_{t_0} + T_{t_0} \Delta W_{t_k} \end{cases} \quad k = 1, 2, \cdots, n \quad (4-72)$$

假设所有各节点注入功率都相互独立，则节点状态变量和支路潮流变量的随机变量是各注入功率随机变量的线性和。根据半不变量的可加性，t_k 时刻节点 i 注入功率的 m 阶半不变量为

$$W_{it_k}^{(m)} = W_{it_0}^{(m)} + \Delta W_{it_k}^{(m)} \quad (4-73)$$

式中 $W_{it_0}^{(m)}$——t_0 时节点 i 的发电机注入功率与负荷注入功率的 m 阶半不变量；

$\Delta W_{it_k}^{(m)}$——t_k 时节点 i 上发电及负荷注入功率产生的扰动分量的 m 阶半不变量。

利用半不变量线性可加的重要性质，t_k 时刻节点状态变量和支路潮流变量的各阶半不变量可由下式得到

$$\begin{cases} X_{t_k}^{(m)} = S_{t_0}^{(m)} \cdot W_{t_k}^{(m)} \\ Z_{t_k}^{(m)} = T_{t_0}^{(m)} \cdot W_{t_k}^{(m)} \end{cases} \quad k = 1, 2, \cdots, n \quad (4-74)$$

在此基础上，可通过 Gram-Charlier 级数展开式得到各待求变量的概率分布特性。

为了较好地模拟响应过程，图 4-20 给出了基于灵敏度修正的连续性概率潮

流计算流程框图，该方法包括内外双层的计算框架。外层主要模拟发电和负荷功率出力的时序变化和负荷响应互动量在时间轴上的演变过程；内层主要基于半不变量法并利用灵敏度修正注入功率变化后的概率潮流；内外双层迭代进行，最后根据计算结果分析潮流分布的连续变化情况。

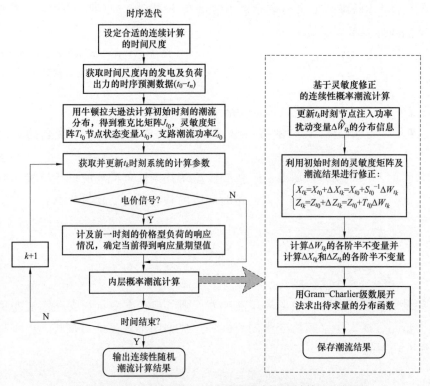

图 4-20　基于灵敏度修正的连续性概率潮流计算流程框图

4.2.3.4　算例分析

1. 基于分时电价响应机制的日前连续性潮流分析

以某地区实际电网 151 节点系统为分析对象，该地区以风电为主的新能源资源较为丰富，其中风机节点为 11 个（47、48、72、73、74、79、82、106、114、130、143），负荷节点为 49 个，均具有一定的随机性。该电网某日的预测风电总出力曲线和日发电-负荷情况分别如图 4-21、图 4-22 所示。

同时，参与分时电价的柔性负荷节点选取其中 8 个（148、58、82、83、126、118、133、127），该负荷节点各典型柔性日负荷曲线特点和负荷类型见表 4-11，弹性系数见表 4-12。各个随机变量的随机性均由正态分布表示，风电随机性方差为期望值的 30%；常规负荷随机性方差为期望值的 5%。

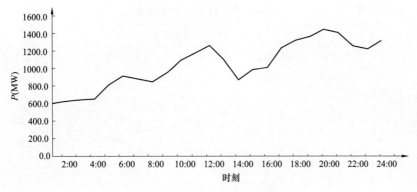

图 4-21　风电总出力曲线

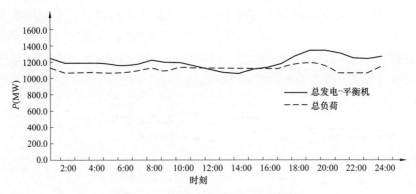

图 4-22　算例电网日发电-负荷情况

表 4-11　　　　　　　　各典型柔性日负荷曲线特点和负荷类型

节点号	日负荷曲线特点	分时电价机制负荷类型
148	小波动	5 初级金属业
58	平直	2 造纸业
82	小波动	3 石油化工业
83	平直	2 造纸业
126	小波动	3 石油化工业
118	小波动	3 石油化工业
133	小波动	3 石油化工业
127	峰低	1 纺织业

表 4-12　　　　　　　　　　　　各典型柔性负荷的弹性系数

项目	弹性系数				
	1 纺织业	2 造纸业	3 石油化工业	4 非金属矿物业	5 初级金属业
	（480 例）	（420 例）	（780 例）	（420 例）	（520 例）
峰–峰	-0.059	-0.049	-0.052	-0.064	-0.048
峰–平	0.065	0.028	0.045	0.014	0.003
峰–谷	0.006	0.021	0.006	0.046	0.045
平–平	-0.086	-0.043	-0.062	-0.053	-0.048
平–峰	0.062	0.026	0.043	0.016	0.002
平–谷	0.024	0.017	0.019	0.037	0.046

该电网每天用电时间分为高峰、低谷、平段 3 个时段，每个时段各为 8h，峰平谷电价比为 1.5：1：0.5。同时，电网具体时段分别为：高峰 8：00～12：00 和 18：30～22：30；低谷 22：30～6：30；其余时间为平段。响应前各柔性互动负荷节点日负荷曲线如图 4-23 所示。

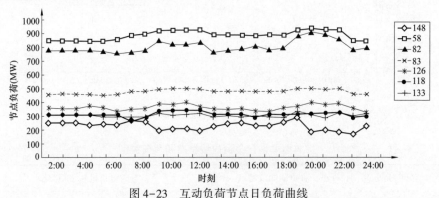

图 4-23　互动负荷节点日负荷曲线

基于分时电价响应机制的日前连续性潮流计算分析后，得到柔性互动负荷节点响应分时电价后的负荷曲线如图 4-24 所示，如负荷曲线变得更加平稳。同时，图 4-25 给出了算例电网响应分时电价前后的总负荷变化曲线，从图中可以清晰看出，虽然该电网的负荷水平在一天内比较均衡，但响应分时电价还是起到了一定的削峰填谷作用。

2. 基于实时电价响应机制的实时连续性潮流分析

仍以该地区电网为分析对象，其风电资源较为丰富，含有 11 个风机接入节点，同时，负荷节点为 97 个。对该地区实际风电历史数据进行统计分析，发现该地区 10min 级风电预测误差用正态分布拟合结果令人满意，且风电误差波动

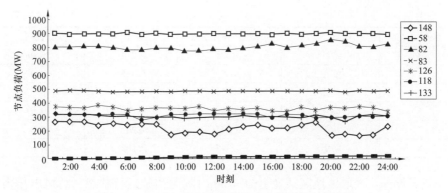

图 4-24　互动负荷节点响应分时电价后的负荷曲线

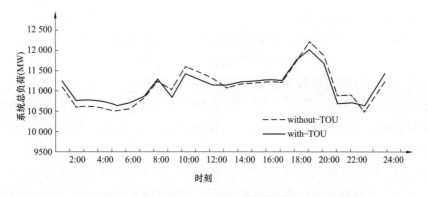

图 4-25　算例电网响应分时电价前后总负荷变化曲线

在 10%以内。因此，算例仿真中设定该地区风电出力预测满足正态分布，且假设标准差为 10%的期望值。同时，算例中假设所有预测负荷均服从正态分布，且标准差取期望值的 5%。

此外，电网中含有 8 个电价型负荷节点，分别是造纸业、石油化工业和纺织业 3 类，各类电价型负荷响应参数如表 4-13 所示。需求价格弹性系数和响应速率因子反映了电价型负荷的响应潜力大小和响应速度快慢两个特性，并不矛盾，响应潜力大且速率大的负荷为优质响应资源，响应潜力小且速率小的负荷属于较为劣质的响应资源。不同负荷类型的弹性系数不同，对于同一种类型的负荷，由于其地理位置及地域用电习惯差异，其响应速率也有所不同。

表 4-13　　　　　　　　　　各类电价型负荷响应参数情况

负荷编号	负荷类型	需求价格弹性系数	响应速率因子	随机标准差
1	造纸	−0.625	5.61	0.08
2	造纸	−0.625	6.02	0.08

负荷编号	负荷类型	需求价格弹性系数	响应速率因子	随机标准差
3	造纸	−0.625	6.214	0.08
4	石油化工	−0.5	5.415	0.07
5	石油化工	−0.5	6.24	0.07
6	石油化工	−0.5	4.56	0.07
7	纺织	−0.375	4.92	0.06
8	纺织	−0.375	2.505	0.06

场景设计：选取该地区某晚上 20：00 时刻为初始运行状态，总风电出力为 28112.18MW。此时，预测未来 30min 内风电呈正增长，相邻时刻波动范围为 10% 以内。随着风电的持续增长，为了提升电网对风电的消纳，每 5min 发布的实时电价呈逐步减小的趋势，价格型负荷则呈现增长趋势。图 4-26 和图 4-27 给出了负荷 1、负荷 7 两类典型电价型负荷响应的发展趋势图。负荷 1 代表的负荷类型是需求价格弹性系数大但响应速率小；负荷 7 代表的负荷类型是价格弹性系数小但响应速率快。从图 4-26、图 4-27 中可以看出，由于负荷 1 在同样的价格信号下理想响应量大，但是受响应速率的影响，其响应过程有明显地滞后性。例如，在 15min 时负荷 1 整体响应量包含以下 3 部分：最下方部分是 5min 时的响应量，由于该负荷响应速率较小响应过程用时较长，呈上升趋势；中间部分是 10min 时的响应量；最上方部分则是当前时刻新的响应叠加量。可以看出，负荷 7 在同样的价格信号下理想响应量小，但响应速度较快，负荷均能在 5min 内完全响应，即负荷整体功率曲线与理想响应曲线重合。通过该价格型负荷响应的模型，能有效反映不同类型负荷的响应量在时间轴上的演变过程。

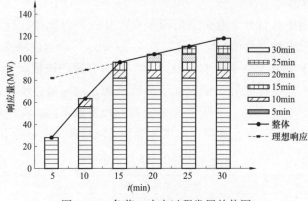

图 4-26　负荷 1 响应过程发展趋势图

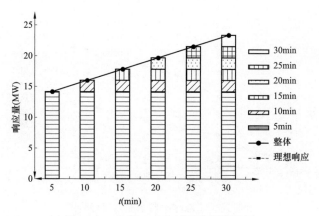

图 4-27　负荷 7 响应过程发展趋势图

考虑了电网不确定性和价格型负荷的响应过程，连续性概率潮流分析可以计算得到各支路有功功率分布的连续变化情况。下面主要分析在实际电网中比较关心的支路功率越限及关键断面的安全情况。对系统中所有支路的越限概率进行统计分析，其发展趋势图如图 4-28 所示。从图 4-28 中可以清晰地看出，虽然当前时刻电网支路的越限情况非常少，电网处于安全状态，但随着电价型负荷响应的进一步发展，支路越限的概率不断增大，在 15min 以后支路 63 的功率越限超过 50%，电网安全水平明显下降。此外，选取两类典型关键断面 1、断面 2 进行分析，其累积概率分布区线分别如图 4-29、图 4-30 所示。对于断面 1来说随着时间地推移，其累积概率分布曲线由右向左转移，向着更安全的方向发展（虚线为功率限制），电网中存在的随机波动对该断面总体影响呈相反趋势，即随机波动呈正波动时断面 1 的总输送功率反而会减小。而对于断面 2 来说则相反，电网随机波动对于断面 2 整体上呈正影响，即随机波动呈正波动时断面 2 的总输送功率也将增大，当 30min 时该断面越限概率超过 50%，电网处于不安全状态。电网随机波动对于断面 2 整体上呈正影响，即随机波动呈正波动时断面 2 的总输送功率也将增大。因此，电网中各组成部分的随机波动对关键断面的影响均存在"良性"和"劣性"两种趋势，需全面把握所有关键断面的发展趋势以确保电网安全稳定运行。

综上可得，当风电持续上升波动时，利用该负荷响应策略来消纳风电将存在较高的风险，为了确保电网安全需调整响应策略或选择弃风。借助以连续性概率潮流为基础的安全调度和静态安全分析方法，调度中心能够在响应过程中不断引导响应行为向有利于电网安全稳定运行的良性趋势发展。

同时，对基于灵敏度修正的连续性概率潮流法与各时刻概率潮流重复计算

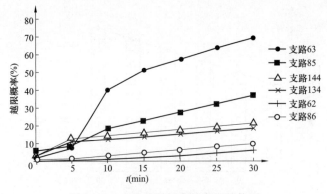

图 4-28 支路越限概率的发展趋势图

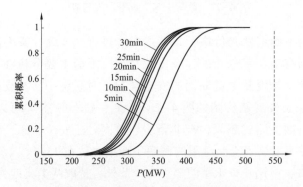

图 4-29 典型断面 1 累积概率分布曲线

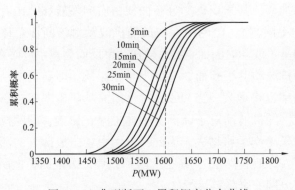

图 4-30 典型断面 2 累积概率分布曲线

法进行比较（见表 4-14）。本节所提方法的计算精度和计算时间均满足要求。两种方法下所得到支路有功功率期望值和标准差均十分接近，最大绝对误差均在 1MW 以内，但本文所提方法计算时间只需 0.0789s，仅为重复计算法的 0.4 倍，大大提高了计算速度，以确保在电网规模进一步扩大时满足在线计算需求。

表 4-14	计算结果比较	
项　目	重复计算法	基于灵敏度修正法
有功功率期望值最大绝对误差（MW）	0.884	0.757
有功功率标准差最大绝对误差（MW）	0.835	0.819
计算时间（s）	0.1967	0.0789

综上所有分析结果可得，考虑电网的不确定性和电价型负荷响应过程的发展趋势，对系统进行连续性概率潮流分析能有效筛选出未来某时刻电网存在的安全隐患，并预留一定的时间提前做好安全防护措施，进一步验证了连续性概率潮流的必要性。利用灵敏度修正的连续性概率潮流法在保证计算精度的基础上，大大提高了计算速度，满足在线计算要求。

4.3　计及源荷互动特性的电网静态安全分析方法

静态安全分析主要是对电网给定运行方式进行预想事故分析，对会引起电气设备过载等对电网安全运行构成威胁的事故进行警示，从而评估电网的静态安全水平，找出系统运行的薄弱环节。静态安全分析是电力系统的传统研究方向之一，国内外都有着很长的研究历史，较长一段时间内，传统的静态安全分析大都基于 Dy Liacco 提出的电力系统安全性评估和安全性控制的框架，使用确定性的方法进行预想事故分析。而实际上，电力系统规模庞大，运行中存在很多不确定因素，加上外部环境变化对系统运行的影响，学者们早已认识到仅采用确定性模型和分析方法反应系统的实际静态安全水平的局限性。为了能更合理的对复杂电力系统进行可靠评估，描述系统运行趋势，国内外的学者逐步采用了概率评估方法和风险度评估方法。

伴随大规模新能源和以电动汽车、储能、需求响应为代表的柔性负荷的快速发展，未来电网中电源、电网和负荷间存在多种耦合关系和复杂互动形式，增加了电网安全分析的复杂性，需要研究和发展"源-网-荷"互动环境下的电网静态安全分析的基本理论和方法。

4.3.1　互动对静态安全分析方法的影响

伴随大规模间歇式可再生能源和柔性负荷的快速发展，未来电网中电源、电网和负荷间存在多种耦合关系和复杂互动形式，增加了电网运行的复杂性。为适应复杂互动环境，静态安全分析方法需要从以下几个方面做出改进：

（1）考虑复杂互动因素的不确定分析方法。未来电网将呈现分布式电源高渗透率、互动行为难以预知、电力双向交换增多、不同电压等级可再生能源多点集中接入与分布式分散接入并存等发展趋势。电网运行状态的不确定性增加是未来电网最为显著的特征之一，主要不确定因素包括可再生能源出力水平的随机变化、柔性负荷响应的随机特性以及设备的时变故障概率等。基于确定性理论的电网传统静态安全分析方法将难以满足电网发展的新需求，需进一步发展能计及复杂互动因素的静态安全不确定分析方法。

（2）考虑预想故障发展过程的连续性分析方法。互动环境下，电网运行状态可能更为多样和时变，潮流时空分布特性更趋复杂，小扰动引发复杂连锁故障的可能性增加，系统"蝴蝶效应"可能会更为明显。同时，互动过程在时间轴上的演变具有一定的时滞效应，为了更好地把握互动发展给电网安全带来的影响，传统静态安全分析由单断面分析转向连续性分析很有必要。

连续性静态安全分析方法不仅需要对预想故障发生后的断面进行分析，而且需要对互动趋势进行判断。由于连续性的静态安全分析方法需要计及故障后各种设备的时间特性，如何尽可能的模拟系统中各设备的状态量在时间轴上的变化，以及互动机制在故障前后对潮流分布的影响，据此制订合理的故障筛选逻辑需要做进一步的研究。

4.3.2　计及电源和负荷响应随机性的电网静态安全分析方法

计及电源和负荷响应随机性后，电网静态安全分析需要基于概率潮流计算进行，计及随机性影响的电网静态安全分析可大致分为以下两个步骤：①对系统进行预想事故选取，得到预想事故一览表；②利用概率潮流计算方法对预想事故一览表中的相关线路进行逐一开断，直到满足终止计算判据。

4.3.2.1　基于概率理论的静态安全指标及排序算法

支路 l 有功功率 P_l 的概率密度曲线如图 4-31 所示。假设支路功率服从正态分布 $P_l \sim N(\overline{P}_{ij}, \sigma^2)$，$P_l$ 的样本值落在 $(\overline{P}_l - 4\sigma, \overline{P}_l + 4\sigma)$ 内的概率为 0.99993，可近似认为等于 1。

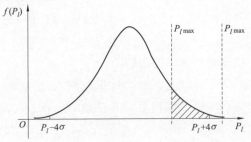

图 4-31　支路 l 有功功率 P_l 的概率密度曲线

$P_{l\max}$ 为支路 l 的有功功率限值，当支路功率限值 $P_{l\max}$ 大于 P_l 的分布上限时，即 $P_{l\max} > \bar{P}_l + 4\sigma$，说明 P_l 的所有样本均不越限，则称此条线路不越限；支路功率限值 $P_{l\max}$ 小于 P_l 的分布上限时，即 $P_{l\max} < \bar{P}_l + 4\sigma$，说明 P_l 的部分样本或全部样本越限，则称此条线路越限[137]。

任意开断一条支路后，支路 l 的功率 P_l 正向越限的风险指标为图 4-31 中的阴影部分的面积。取支路 l 的风险指标作为该支路的越限指标，则支路 l 的有功功率越限指标的算式为

$$F(|P_l| > P_{l\max}) = \int_{\bar{P}_l - 4\sigma}^{-P_{l\max}} f(P_l)\,\mathrm{d}P_l + \int_{P_{l\max}}^{\bar{P}_l + 4\sigma} f(P_l)\,\mathrm{d}P_l = 1 - \int_{-P_{l\max}}^{P_{l\max}} f(P_l)\,\mathrm{d}P_l \qquad (4\text{-}75)$$

式中　$f(P_l)$ ——有功功率 P_l 的概率密度函数。

由于某一支路开断后，系统的其他支路功率并不会全部发生过负荷，而只是很少的一部分支路功率会越限，不需要对所有支路进行越限风险计算，只需要对那些负载率较大的支路进行越限风险计算即可，因此，提出了如下的故障行为指标

$$PI_k = \frac{1}{w} \sum_{l=1}^{m} \left| \frac{\bar{P}_{kl}}{P_{l\max}} \right| F(|P_{kl}| > P_{l\max}) \qquad (4\text{-}76)$$

式中　　　　　　$\bar{P}_{kl}$——表示第 k 条支路断开后，电网中负载率大于 w 的 m 条其他支路中的第 l 条支路的有功功率期望值，MW；

$P_{l\max}$——表示所述第 l 条支路的传输容量，MW；

$F(|P_{kl}| > P_{l\max})$ ——表示所述第 l 条支路的越限概率；

w——为预设的负载率阈值，其取值范围为 [0.5，1]。

系统行为指标的有效性，可以通过捕获率来衡量。在某一规定的终止判据下，捕获率定义为

$$CR = \frac{N_{\mathrm{CA}}}{N_{\mathrm{TA}}} \times 100\% \qquad (4\text{-}77)$$

式中　N_{CA}——被分类到关键性预想事故集中的起作用预想事故的总数；

N_{TA}——实际起作用预想事故的总数。

应用半不变量法直流概率潮流进行预想事故排序的基本步骤如下：

（1）输入原始数据，包括支路参数、发电机、负荷参数等一般潮流计算所需的数据，还要求给出发电机、负荷和风机的随机分布信息，给定的一组预想事故集。

（2）用普通直流潮流计算方法算出正常运行情况下的潮流分布，得到基准运行点上的节点阻抗矩阵 $\boldsymbol{X}$，支路功率与节点电压相角的关系矩阵 $\boldsymbol{T}$，关联矩阵

A，支路功率与节点注入功率的关系矩阵 H。

（3）根据已知的发电机组和负荷的概率描述特征，计算各个节点的注入有功功率的中心矩，从而求出其各阶半不变量，求出节点注入有功功率的各阶半不变量。

（4）利用基于补偿法的支路开断模拟方法获取所述第 k 条支路断开后，其他支路有功功率与节点注入有功功率的关系矩阵 H'；然后由 $\overline{P}_{k0} = H'P$，其中 P 为节点注入有功功率期望值，得到第 k 条支路断开后，电力系统中其他支路的有功功率矩阵 $\overline{P}_{k0}$；选出其中负载率大于 w 的支路，从 H' 提取出负载率大于 w 的 m 条支路的有功功率与节点注入有功功率的关系矩阵，组成新的关系矩阵 H_k。

（5）由节点注入有功功率的一阶半不变量和二阶半不变量，根据公式 $P_k^{(v)} = H_k^{(v)}P^{(v)}$（$v=1$，2）求出第 k 条支路开断后，其他支路中负载率大于 w 的 m 条支路的有功功率 P_k 的一阶半不变量 $P_k^{(1)}$ 和二阶半不变量 $P_k^{(2)}$，进而得到负载率大于 w 的 m 条支路的有功功率 P_k 的期望值和方差，其中 $\overline{P}_{kl} = P_{kl}^{(1)}$，$\sigma_{kl}^2 = P_{kl}^{(2)}$（$l=1$，2，$\cdots$，$m$）。

（6）根据所得到的支路功率 P_l 的期望值和方差（$l=1$，2，$\cdots$，m），求出其概率密度函数 $f(P_{kl}) = \dfrac{1}{\sigma_{kl}\sqrt{2\pi}}\mathrm{e}^{-\frac{(P_{kl}-\overline{P}_{kl})^2}{2\sigma_{kl}^2}}$；并可得其越限概率。

（7）计算第 k 条支路开断后的系统行为指标。

（8）对所有预想事故的系统行为指标进行排序，排列出预想事故集。

基于直流概率潮流的预想事故排序算法流程框图如 4-32 所示。

本节将运用前面所述计算方法，对前面算例中实际系统进行分析。该电网共有 151 个节点，其中常规发电机节点 43 个，风力发电机节点 11 个，负荷节点 49 个，支路 252 条，其中变压器支路 75 条。采用确定性直流潮流法和直流概率潮流法根据预想事故的有功功率行为指标得到预想事故一览表，并将排序结果与采用完全交流概率潮流对所有预想事故进行严格 $N-1$ 校验后确定的严重事故进行对比，通过捕获率判断排序结果的准确性，从而验证算法的有效性。下面对系统不同运行时段进行分析。

（1）运行时段 18：00。常规发电机出力固定，风机出力和负荷均为正态分布，标准差分别为期望值的 30% 和 5%。

表 4-15 列出了该运行场景下，分别采用半不变量法直流概率潮流法计算出的各支路有功功率行为指标数值 P_{lk}、普通直流潮流法计算出的各支路有功功率行为指标[138] 数值 P_{lp} 及排序结果，同时列出了采用完全交流概率潮流法对所有

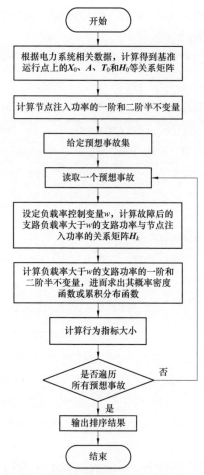

图 4-32　基于直流概率潮流的预想事故排序算法流程框图

预想事故进行严格 $N-1$ 校验后确定的严重事故。

表 4-15　　　不同故障排序方法下的预想事故排序结果 （18：00）

序号	直流概率潮流法		确定性直流潮流法		完全交流概率潮流法	
	开断支路	P_{lk}	开断支路	P_{lp}	开断支路	其他支路越限概率之和
1	195	3.291619	61	31.45405	195	2
2	196	3.254068	195	29.91355	196	2
3	121	0.270098	196	29.8349	126	0.225972
4	126	0.270098	178	29.1488	121	0.225972
捕获率（%）	100		50		—	

（2）运行时段 20：00。常规发电机出力固定，风机出力和负荷均为正态分布，标准差分别为期望值的 30% 和 5%。

表 4-16 列出了该运行场景下，不同故障排序方法下的有功功率行为指标及事故排序结果。

表 4-16　　　　　不同故障排序方法下的预想事故排序结果（20：00）

序号	直流概率潮流法		确定性直流潮流法		完全的交流概率潮流法	
	开断支路	P_{lk} 值	开断支路	P_{lp} 值	开断支路	其他支路越限概率之和
1	196	5.029775	196	34.01034	192	2
2	195	4.9532	195	33.76571	193	2
3	193	3.344839	61	33.54722	195	2
4	192	3.310478	193	29.49492	196	2
5	121	0.209354	178	29.4262	126	0.178762
6	126	0.209354	179	29.4262	121	0.178762
7	61	0.194525	192	29.42174	61	0.070835
捕获率(%)	100		71.43		—	

（3）风机增加出力的期望值为（2）中风机出力期望值的 20%，标准差为期望值的 5%，负荷节点 58、82、83、126、118、133、127 和 148 分别增加负荷变量的期望值分别为 81.9210、76.9753、13.8294、10.5661、38.6945、34.3920、14.1581 和 10.5854，标准差分别为期望值的 5%、5%、6%、7%、6%、6%、7% 和 7%，其余与（2）相同。

表 4-17 列出了该运行场景下，不同故障排序方法下的有功功率行为指标及事故排序结果。

表 4-17　　　　不同故障排序方法下的预想事故排序结果（风机增加出力）

序号	直流概率潮流法		确定性直流潮流法		完全的交流概率潮流法	
	开断支路	P_{lk} 值	开断支路	P_{lp} 值	开断支路	其他支路越限概率之和
1	196	5.02978	196	34.6565	192	2
2	195	4.9532	195	34.4118	193	2
3	193	3.34484	61	33.5894	195	2
4	192	3.31048	178	30.3604	196	2
5	121	0.62978	179	30.3604	126	0.48909
6	126	0.62978	193	30.141	121	0.48909
捕获率(%)	100		50		—	

（4）风机减少出力的期望值为（2）中风机出力期望值的20%，标准差为期望值的5%，负荷节点58、82、83、126、118、133、127和148减少的负荷的期望值分别为81.9210、76.9753、13.8294、10.5661、38.6945、34.3920、14.1581和10.5854，标准差分别为期望值的5%、5%、6%、7%、6%、6%、7%和7%，其余与（2）相同。

表4-18列出了该运行场景下，不同故障排序方法下的有功功率行为指标及事故排序结果。

表4-18　　　不同故障排序方法下的预想事故排序结果（风机减少出力）

序号	直流概率潮流法		确定性直流潮流法		完全的交流概率潮流法	
	开断支路	P_{lk}值	开断支路	P_{lp}值	开断支路	其他支路越限概率之和
1	196	5.02978	61	33.6651	192	2
2	195	4.9532	196	33.4965	193	2
3	193	3.34484	195	33.2519	195	2
4	192	3.31048	193	28.9811	196	2
5	61	0.94935	192	28.9079	61	0.43945
捕获率(%)	100		100		—	

由表4-15~表4-18可知，考虑节点注入功率的不确定性后，采用确定性直流潮流法进行排序的捕获率会发生变化，捕获率最小的只有50%，遮蔽现象较明显，而采用直流概率潮流法排序的捕获率较高，均为100%，即该方法能够筛选出所有的严重事故，这说明考虑不确定性的排序方法有助于提高排序结果的准确性。

4.3.2.2　基于半不变量法的概率静态安全分析

在利用半不变量法概率潮流进行静态安全分析，根据预想事故一览表进行 N-1校核时，通常有至少两种选择，一种是直接将该线路开断，生成新的导纳矩阵，并用半不变量法概率潮流对开断后的系统重新进行完整的概率潮流计算，从而得到新的其他各支路的潮流信息，利用这种方法时每开断一条线路都需要重新进行一次完整的概率潮流计算；另外一种选择是利用灵敏度分析法[4]直接得到开断后系统的支路潮流，这种方法可以利用支路开断前的系统参数得到支路开断后的系统参数，不需要重新进行完整的潮流计算，但由于需要重新形成支路开断后的雅可比矩阵，进而得到灵敏度矩阵，由于求逆运行比较费时，因此该方法与线路直接开断相比，并没有明显优势。

在进行静态 N-1校验时，是根据预想事故一览表的顺序进行校验的，而排序结果有可能会出现一定的误差，因此在校验时，应在连续校验几条线路故障都未引起其他支路过负荷的情况下才终止断线分析。

基于半不变量法概率潮流的 N–1 校验流程框图如图 4-33 所示，其静态安全分析的步骤如下：

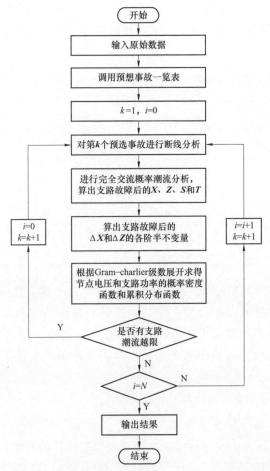

图 4-33　基于半不变量法概率潮流下的 N–1 校验流程框图

（1）输入原始数据，包括支路参数、发电机、负荷注入功率等一般潮流计算所需的数据，此外还要求给出有关节点注入量概率分布的信息，例如对正态分布的负荷要给出其期望值和方差等。

（2）根据上节的预想事故选择方法对预想事故进行排序，形成预想事故集。

（3）对预想事故集中的第 k 个预想事故进行开断分析，计算得到支路开断后的状态变量 X、支路潮流 Z、雅可比矩阵 J 和支路潮流与节点功率关系矩阵 T。

（4）考虑各节点注入功率的随机特性，计算其各阶半不变量。各个节点的注入功率是该节点上的负荷的随机分布、发电机组可用容量以及线路开断后等效注入功率随机分布之和。根据半不变量的可加性，各个节点的注入功率的各阶半不变量等于该节点上各随机变量半不变量的对应阶之和，即 $K_i^{(r)} = K_{iL}^{(r)} + K_{iG}^{(r)}$。其中 $K_{iL}^{(r)}$ 是负荷注入功率的 r 阶半不变量，$K_{iG}^{(r)}$ 是发电机注入功率的 r 阶半不变量。

（5）根据节点电压与节点注入功率和支路功率与节点注入功率的关系式得到各节点电压和各支路功率的半不变量。例如，对于 $\Delta Z = T \Delta W$，某支路的有功功率可以写成

$$\Delta P_{l-i} = h_{i1} \Delta P_1 + h_{i2} \Delta P_2 + \cdots + h_{in} \Delta P_n + g_{i1} \Delta Q_1 + g_{i2} \Delta Q_2 + \cdots + g_{in} \Delta Q \quad (4-78)$$

那么该支路的有功功率的各阶半不变量可以表达成

$$K_r = h_{i1}^r K_r^{(P_1)} + h_{i2}^r K_r^{(P_2)} + \cdots + h_{in}^r K_r^{(P_n)} + g_{i1}^r K_r^{(Q_1)} + g_{i2}^r K_r^{(Q_2)} + \cdots + g_{in}^r K \quad (4-79)$$

（6）根据半不变量 K_r 和中心矩 M_r 之间的关系，利用上面已经求得的节点电压和支路功率的各阶半不变量，可以求得各节点电压和支路功率的各阶中心矩。

（7）根据中心矩 M_r 和 Gram-Charlier 展开级数的系数 ck 之间的关系式可以求出各节点电压和支路功率的概率密度函数和累积分布函数系数 ck，从而求出 ΔX 和 ΔZ 的概率密度函数和累积分布函数，再分别向右平移各自期望值 μ 个单位就可以得到状态变量 X 和支路潮流 Z 的概率密度函数和累积分布函数。判断是否存在越限支路，如果存在，对下一个预想事故进行分析，即令 $k = k+1$，转到步骤（3）；如果连续 N 个预选事故不引起系统其他支路越限，则跳出循环，输出结果。

4.3.2.3　算例分析

以前面算例的实际系统 18∶00 运行时刻的运行状态作为测试算例，在 Matlab 环境下进行基于半不变量法随机潮流的 $N-1$ 校验。表 4-19 列出了采用半不变量法，在直接开断方式与灵敏度分析方式下的 $N-1$ 校验结果对比。

表 4-19　　　　　　　　　不同开断方式下的 $N-1$ 校验结果对比

开断方式	直接开断方式		灵敏度分析方式	
序号	开断支路	其他支路越限概率之和	开断支路	其他支路越限概率之和
1	195（133-100）	2	195（133-100）	2
2	196（98-100）	2	196（98-100）	2
3	121（135-73）	0.225972	121（135-73）	0.223018

开断方式	直接开断方式		灵敏度分析方式	
序号	开断支路	其他支路越限概率之和	开断支路	其他支路越限概率之和
4	126 （135-73）	0.225972	126 （135-73）	0.223589
5	187 （97-95）	0.001596	187 （97-95）	0.001554
6	184 （97-96）	0.001583	184 （97-96）	0.001541
7	185 （136-96）	0.001525	185 （136-96）	0.001526
8	188 （136-95）	0.001522	188 （136-95）	0.001523
9	61 （138-105）	0.0001	61 （138-105）	0.000113
$N-1$ 校验支路数	9		9	
总时间（s）	8.254		8.216	

从表 4-19 中可以看到，线路 195 和 196 开断后的系统综合排序指标均较大，排序靠前，表明线路 195 或 196 开断会对系统造成较大影响。

为进一步研究任一支路开端后其他支路功率的越限情况，下面分别以支路 195、支路 121 以及支路 126 的开断为例进行分析。

1. 支路 195 开断

支路 195 （133-100） 开断后，支路 192 （133-99） 和支路 193 （98-99） 的越限概率最大，两者有功功率的概率密度曲线分别如图 4-34 和图 4-35 所示。

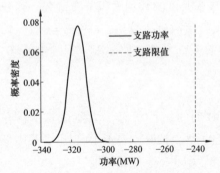 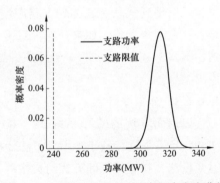

图 4-34 支路 192 的有功功率概率密度曲线　　图 4-35 支路 193 的有功功率概率密度曲线

由图 4-34、图 4-35 可知，线路 195 开断后，线路 192 和线路 193 会发生明显越限，这主要是由于线路 195 开断后，从节点 98 流向节点 133 的功率只能通过线路 193 和线路 192 流通，且线路 195 和线路 196 的容量为 360MW，而线路 192 和线路 193 的容量仅为 240MW，因此线路 195 开断后，会造成线路 192 和线路 193 明显越限。

2. 支路 121 开断

支路 121（135-73）开断后，支路 126（135-73）的越限概率最大，其有功功率的概率密度曲线如图 4-36 所示。

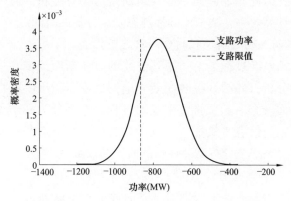

图 4-36　支路 126 的有功功率概率密度曲线

由图 4-36 可知，线路 121 开断后，线路 126 会发生明显越限，其越限概率为 18.94%，从网络结构上可以分析出这主要是由于线路 121 和 126 是双馈线，121 开断后，功率只能通过线路 126 流通。

3. 支路 126 开断

支路 126（135-73）开断后，支路 121（135-73）的越限概率最大，其有功功率的概率密度曲线如图 4-37 所示。

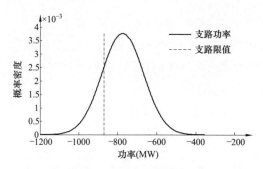

图 4-37　支路 121 的有功功率概率密度曲线

由图 4-37 可知，线路 126 开断后，线路 121 会发生明显越限，其越限概率为 17.88%，这也是由于线路 126 开断后，功率只能通过线路 121 流通。

4.3.3 计及源荷互动的静态安全连续性分析方法

"源-网-荷"互动环境下,需要将传统单断面静态安全分析发展为连续性静态安全分析。互动过程中,尽管负荷、发电机功率变化比较大,但网络拓扑变化的概率比较小,因此相邻断面不必再重新进行拓扑分析。此外,可利用并行计算技术来提高计算效率,减少连续性静态安全分析的时间。

4.3.3.1 计及源荷互动时间过程的电网状态变化

电力系统互动发展过程是由一系列连续的时序断面组成。基于对时序断面电网状态信息的分析,并结合各时序断面电网的安全情况,可将相邻的具有相似特征的时序断面融合一起,将整个互动过程动态划分为几个子时间过程,从而用子过程特征断面信息来表征整个互动过程电力系统的静态安全特性,可以有效减少连续性静态安全分析需要计算的时序断面数量[134,135]。

1. 电网时序断面信息向量

以某互动过程为例,首先分别对其各时段的期望断面进行完整的交流潮流计算,得到每个时刻电网运行状态向量 C,其中

$$C_i = \{S_{Di}, S_{Ci}, V_i, S_{li}\} \tag{4-80}$$

式中　C_i——第 i 时段电网运行状态向量;

　　　S_{Di}——第 i 时段各节点负荷复向量;

　　　S_{Ci}——第 i 时段各发电机出力复向量;

　　　V_i——第 i 时段各节点电压向量;

　　　S_{li}——第 i 时段各支路潮流复向量。

则该时间过程电网运行状态矩阵为

$$C = \{C_1, C_2, \cdots, C_N\} \tag{4-81}$$

且每个时段的运行状态又可由 p 个运行状态变量来表征,即 $C_i = \{C_{i1}, C_{i2}, \cdots, C_{ip}\}$;其中 C_{ij} 表示第 i 个时段第 j 个状态变量值。

2. 子过程特征断面提取指标

为了有效评估各时段子过程的电网安全性,需要定义评价电网安全风险最高的最大和最小特征断面指标 $D_{\max}$、$D_{\min}$,分别为[136]

$$D_{\max} = \alpha \sum_{i=1}^{L_{sum}} w_{ip} \frac{P_{li,\,\max}}{\Delta P_{li}} + \beta \sum_{j=1}^{N_{sum}} w_{jv} \frac{\Delta V_j}{V_{j,\,limit}} \tag{4-82}$$

$$D_{\min} = \sum_{j=1}^{N_{sum}} w_{jv} \frac{\Delta V_{jl1}}{V_{j,\,limit}} \tag{4-83}$$

式中　α——功率分量权重;

　　　β——电压分量权重;

N_{sum}——节点数目；

L——线路数目；

w_{ip}——支路 i 权重，依据支路在电网重要性而定；

w_{jv}——节点 j 电压权重，依据节点在电网重要性而定；

$P_{li,max}$——支路 i 的最大功率极限，MW；

$\Delta P_{li} = P_{li,max} - P_{li}$——第 i 条线路最大功率极限率与第 i 条支路功率差值，MW；

$\Delta V_j = V_j - V_{j,limit}$——节点 j 电压与该节点电压下极限 $V_{j,limit}$ 之差；

$\Delta V_{jl1} = V_{j,limit} - V_j$——节点 j 电压与该节点电压上极限 $V_{j,limit}$ 之差，kV；

$\max\left[D_{max}(t)\right]$ 为该子过程最大特征断面，在该时段内负荷相对较重，支路越限的可能性最大；

$\min\left[D_{min}(t)\right]$ 为该过程最小特征断面，表示该时段内负荷相对较轻，电压越限的可能性最大。

3. 相邻时刻的电网状态距离指标

在高维数据空间中，为了度量分类对象之间的相似程度，需要定义一些分类统计量作为分类的数量指标，例如距离。对于有 p 个变量的样本来说，n 个样本可以视为 p 维空间的 n 个点，可以用点间距离来度量样本间的接近程度，距离越小，表明两个样本越接近。常用的样本距离有欧氏距离、马氏距离、切比雪夫距离等。本节选用欧氏距离衡量相邻时间断面的接近程度，且考虑各节点的重要程度，设节点权重变量为 $w = (w_1, w_2, \cdots, w_p)$，则相邻时间断面间的距离为：

$$D_{ij} = \sqrt{\sum_{k=1}^{p} w_k (c_{ik} - c_{jk})^2} \qquad (4-84)$$

4. 面向时间过程电网状态划分

面向时间过程电网状态划分的基本思想是基于电网状态的时变特征，并结合电网安全性评估状况，对其进行合理的时间过程划分，从而达到在时间区间上对电网进行安全分析的目的。目前电网按照等时间间隔进行状态划分，并未考虑电网状态在时间上连续的变化特征，缺少对电网时间过程的整体把握，从而使安全分析的过程过于繁琐，所以在静态安全分析过程中有必要提出一种自适应的时间过程划分方法，从而减少分析的断面数量，提高静态安全分析的效率。

面向时间过程电网状态划分的具体步骤如下：

（1）第一步。设定初始数据：初始时间过程数目 K 设为 1，子过程划分判断因子 i 设为 1。

（2）第二步。提取第 i 个时间子过程的最大、最小特征断面信息，并对这两个断面进行直流概率预想事故排序，得到最大和最小特征断面的预想事故集 S_1、S_2。

（3）第三步。比较 S_1 和 S_2 预想事故集重合度 m，即预想事故集 S_1 和 S_2 排序的前 10 个预想事故相同程度，通过判断 m，进行到第四步或第五步。

（4）第四步。若 $m<90\%$，将第 i 个子时间过程划分为两个子过程，即以最大和最小特征断面时刻之间的断面中距离最大特征断面欧几里德距离最远的时刻为分界，将其分为两个连续的时间子过程，并将 $K=K+1$，i 不变，返回到第二步循环。

（5）第五步。若 $m \geqslant 90\%$，当 $i<K$ 时，将 $i=i+1$，K 保持不变，返回到第二步循环；当 $i \geqslant K$ 时，循环结束得到 $K_1 = K$ 个连续的子时间过程，初次子过程划分结束。

（6）第六步。依次将相邻两个时间子过程的最大、最小预想事故集进行对比，如果预想事故集重合度 $m>90\%$，将这两个时间子过程进行融合，最后得到 K 个最佳子时间过程。

电网时间过程划分流程框图见图 4-38。

4.3.3.2 计及源荷互动的 $N-1$ 静态安全连续性校核算法

复杂互动场景下，电网在整个互动时间过程中运行状态的缓慢变化会导致预想事故集发生变化，所以在对整个互动时间过程的电网进行安全分析时，要重新生成预想事故集。以对整个互动过程进行划分后形成的子时间过程为基础，进行预想事故集生成，需要对特征时间断面进行分析。相邻时段断面仅有互动点注入功率变化，采用灵敏度潮流法进行相同预想事故发生时的时间过程校验具有一定的准确性。

1. 时间过程的预想事故分类

一个时间过程，即为一个时间区间。在整个时间区间上电网状态的变化，引起电网预想事故集的变化。所以整个时间过程中预想事故可分为以下三类：

（1）确定性预想事故。即在整个时间过程中每一个时刻预想事故发生时均会引起安全越限；

（2）不确定性预想事故。即在整个时间过程中并不是每一时刻预想事故发生时都会引起安全越限，只会在该时间过程中某些时刻发生时引起电网的不安全状态；

（3）安全性预想事故。即在整个时间过程中任意时刻发生该预想事故都不会引起电网的不安全状况，这一性质的事故不用进行安全校验。

对于每一个时间子过程，三个预想事故集均可以涵盖整个时间子过程的电

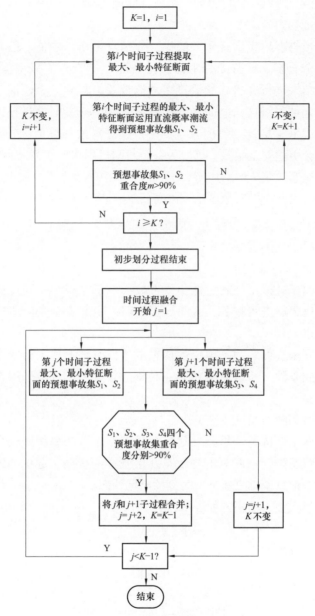

图 4-38 电网时间过程划分流程框图

网安全状况。

2. 时间过程预想事故集生成

经过时间过程电网状态划分后得到的各个子时间过程中，各时刻断面电网的安全状况相似，所以该子过程的三个特征断面（最大、中值、最小特征断面）可以对整个子过程的静态安全情况进行评估。

时间过程预想事故生成具体方法为：分别对最小、中值、最大特征断面进行完整静态安全分析。即首先分别对各特征断面进行直流概率预想事故排序，然后依据排序结果进行完整的交流概率潮流校验，得到三个断面越限预想事故集合 A、B、C。通过对这三个事故集的汇总，得到该时间过程的三类预想事故。

确定性预想事故集 $D=A\cap B\cap C$，D 中的预想事故在整个该时间过程中任何时刻发生时都会引起安全越限，可以为整个时间过程中校正策略提供参考。

不确定预想事故集 $E=（A\cup B\cup C）-D$，E 中的预想事故发生在该时间过程中的某个时刻会引起电网安全越限，故需要进一步的逐一各时刻校验。

安全预想事故集为 $F=\overline{D+E}$，F 中预想事故发生在该时间过程中任意时刻均不引起安全越限，故不需要校验。

3. 时间过程预想事故集校验

在整个时间子过程中的确定性预想事故，由于在整个时间过程中均会引起安全越限，所以无需进行校验，区间校正策略以引起安全越限概率最大的断面为基准进行制定。

在整个时间子过程中的不确定性预想事故，由于不确定会发生在过程中的某一时刻会引起越限，所以需要对每一时刻进行校验，校验采用灵敏度修正法进行连续性校验。

（1）相邻时刻断面间灵敏修正法。

同一拓扑网络结构下，相邻时刻断面的节点注入功率相差较少，可以认为下一时刻电网状态是上一时刻电网状态发生微小的扰动引起的，因此可以以上一时刻电网状态信息基础更新下一时刻的电网状态。

电力系统节点注入功率方程表示为

$$W=f（X）\tag{4-85}$$

支路功率方程表示为

$$Z=G（X）\tag{4-86}$$

第 i 时刻：

$$W_0=f（X_0）\tag{4-87}$$

$$Z_0=G（X_0）\tag{4-88}$$

第 $i+1$ 时刻：

$$W_0+\Delta W=f（X_0+\Delta X）\tag{4-89}$$

$$Z_0+\Delta Z=G（X_0+\Delta X）\tag{4-90}$$

ΔW——节点功率注入变化量；

ΔX——由节点功率注入量 ΔW 引起的节点状态变化量；

ΔZ——由节点功率注入量 ΔW 引起的支路潮流变化量。

在节点注入功率不大的情况下对第 j 时刻潮流方程按泰勒级数展开并忽略高次项：$\Delta W = J_0 \Delta X \Rightarrow \Delta X = J_0^{-1} \Delta W = S_0 \Delta W$

$\Delta Z = H_0 \Delta X \Rightarrow \Delta Z = H_0 J_0^{-1} \Delta W \Rightarrow \Delta Z = T_0 \Delta W$

根据随机变量的半不变量有关性质可以求得

$$\Delta X^{(m)} = T_0 \Delta W^{(m)}; \quad \Delta Z^{(m)} = T_0 \Delta W^{(m)} \tag{4-91}$$

$$X^m = X_0^m + \Delta X^m \tag{4-92}$$

$$Z^m = Z_0^m + \Delta Z^m \tag{4-93}$$

即利用 X_0、Z_0 求解的 X、Z 的随机分布。

（2）不确定性预想事故校验方法。

由于在整个时间过程中不确定性预想事故集中每一预想事故都需要检验，所以在整个时间区间内同一预想事故发生时电网拓扑结构不变，每一时刻该预想事故校验时可以选择离该断面最近的特征断面作为基础状态，通过灵敏度修正方法计算该时刻预想事故发生时是否发生越限。

时间过程中 i 时刻预想事故校验具体流程为：①步骤 1。分别计算 3 个特征断面该事故发生时完全交流概率潮流，并求解其越限概率。②步骤 2。分别 i 时刻电网状态信息向量与 3 个特征断面信息向量的欧几里德距离 d_1、d_2、d_3。③步骤 3。选择 $\min$（d_1，d_2，d_3）对应的特征断面作为基础断面 C，求解该时刻越限概率。

电网时间过程划分结束后，对每一个时间子过程进行静态安全分析的流程为：①步骤 1。提取最大、最小、中值特征时间断面。②步骤 2。分别对 3 个特征断面数据进行完整的概率静态安全分析。③步骤 3。汇总时间过程的确定越限预想事故集以及不确定预想事故集。④步骤 4。对不确定预想事故集进行该时间过程中每时刻安全校验。

以算例电网为例，选取一个较短的互动时间过程包含 6 个时间断面，提取特征时间断面，并进行静态安全分析，得到结果如表 4-20 所示。

表 4-20　　　　　　　　　算例电网特征断面静态安全分析结果

最小特征断面预想事故	$N-1$ 直流概率潮流排序	完全交流概率验证	中值特征断面预想事故	$N-1$ 直流潮流排序	完全交流概率验证	最大特征断面预想事故	$N-1$ 断线直流概率潮流排序	完全交流概率验证
192	1.9972	1.9972	192	1.9972	1.9972	178	3.7017	4.0506

最小特征断面预想事故	N-1直流概率潮流排序	完全交流概率验证	中值特征断面预想事故	N-1直流概率潮流排序	完全交流概率验证	最大特征断面预想事故	N-1断线直流概率潮流排序	完全交流概率验证
193	1.9972	1.9972	193	1.9972	1.9972	179	3.7017	4.0440
195	1.9972	1.9972	195	1.9972	1.9972	192	1.9971	1.9972
196	1.9972	1.9972	196	1.9972	1.9972	193	1.9971	1.9972
—	—	—	—	—	—	195	1.9971	1.9972
—	—	—	—	—	—	196	1.9971	1.9972
—	—	—	—	—	—	62	0.9369	0.9370
—	—	—	—	—	—	63	0.9369	0.9332
—	—	—	—	—	—	12	0.1841	0.2090
—	—	—	—	—	—	10	0.1401	0.1611
—	—	—	—	—	—	11	0.0080	0.0097

分别整理 3 个断面的预想事故集，得到在该时间过程内均会引起越限的预想事故 $D=ABC=$ [192 193 195 196]；其越限概率为 3 个断面中越限的最大概率。

不确定某一时刻会引起越限的预想事故 $E=(A+B+C)-D=$ [178 179 62 63 12 10 11]，需用连续性潮流算法进行校验。

算例电网静态安全连续性结果如表 4-21 所示。

表 4-21　　　　　　　　算例电网静态安全连续性结果

预想事故集合类型	预想事故	5min	10min	15min	20min	25min	30min
确定性预想事故集合	192	1.9972	1.9972	1.9972	1.9972	1.9972	1.9972
	193	1.9972	1.9972	1.9972	1.9972	1.9972	1.9972
	195	1.9972	1.9972	1.9972	1.9972	1.9972	1.9972
	196	1.9972	1.9972	1.9972	1.9972	1.9972	1.9972
不确定性预想事故集合	178	0	0	0	0.0167	1.0228	4.2393
	179	0	0	0	0.0167	1.0228	4.2393
	62	0	0	0	0.0314	0.4761	0.9406
	63	0	0	0	0.0314	0.4761	0.9406
	12	0	0	0	0	0.0054	0.2005
	10	0	0	0	0	0.1611	0.0032
	11	0	0	0	0	0	0.0097

4. 计及源荷互动的静态安全连续性算例分析

复杂互动场景下，互动时间过程中互动时刻断面较多，可以通过时间过程划分得到一定数目的子时间过程，然后再对各个子时间过程分别进行静态安全分析，最终得到整个互动过程的安全分析结果。静态安全分析连续性算法流程框图见图4-39。

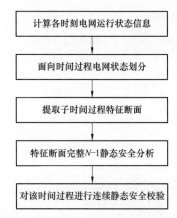

图 4-39　静态安全分析连续性算法流程框图

以算例电网互动机制连续30断面为例，采用面向时间过程电网状态划分方法进行划分，得到两个子时间过程，各个子时间过程互动过程预想事故集结果见表4-22。

表 4-22　　　　　　　　　算例电网互动过程预想事故集结果

时间过程	包含断面	确定性预想事故集				不确定性预想事故集
子时间过程 1	1～7	192	193	195	196	61
子时间过程 2	8～30	192	193	195	196	无

子时间过程 1 电网互动过程不确定预想事故发生概率见表4-23。

表 4-23　　　　　　　算例电网互动过程不确定性预想事故发生概率

断面	1	2	3	4	5	6	7
连续性结果	0.0148	0.0007	0.0002	0	0	0	0
单断面结果	0.0148	0.0078	0.0024	0	0	0	0

上述结果均与传统单断面预想事故分析结果相同。

4.3.3.3　计及源荷互动的静态安全连续性并行算法改进

计及源荷互动随机性的静态安全分析：在已知系统负荷和发电机的概率分

布情况下，对系统支路做 N–1 开断预想事故排序，然后基于概率潮流对所得预想事故依次校验，最终获得该系统的静态安全分析结果。整个静态安全分析过程需要重复进行开断概率潮流计算，对于大系统而言是个非常耗时的工程。因此可以采用并行技术进行算法改进，进一步加快计算速度。计及源荷互动随机性的静态安全并行分析软件的总体框图如图 4–40 所示。

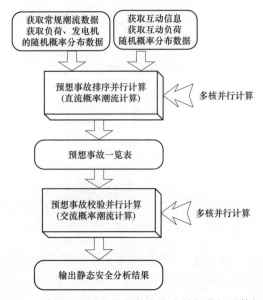

图 4–40　计及电网随机性的静态安全并行分析总体框图

1. 预想事故排序并行计算

应用半不变量法直流概率潮流进行预想事故排序，利用并行技术对其进行改进，计算流程如图 4–41 所示。

计算的基本步骤如下：

（1）输入原始数据，包括支路参数、发电机、负荷参数等一般潮流计算所需的数据，还要求给出发电机、负荷的随机概率分布信息。

（2）用普通直流潮流计算方法算出正常运行情况下的潮流分布，得到基准运行点上的节点阻抗矩阵 X，支路功率与节点电压相角的关系矩阵 T，关联矩阵 A，支路功率与节点注入功率的关系矩阵 H。

（3）根据已知的发电机组和负荷的概率描述特征，计算各个节点的注入有功功率的中心矩，从而求出其各阶半不变量，进而求出节点注入有功功率的各阶半不变量。

（4）下发并行计算指令，进行 N–1 支路开断预想故障的直流概率潮流计算。

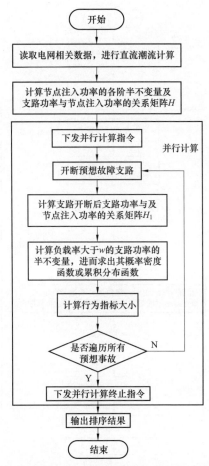

图 4-41　基于直流概率潮流的预想事故排序算法流程

（5）利用基于补偿法的支路开断模拟方法获取支路断开后，其他支路有功功率与节点注入有功功率的关系矩阵 $\boldsymbol{H}_1$。

（6）根据式求出支路功率 P_l 的各阶半不变量。

（7）用 Gram-Charlier 级数展开求得支路功率 P_l 的概率密度函数或累积分布函数，计算不同支路开断后的支路负载率大于权重系数 w 的越限概率，并求出系统行为指标。

（8）$N-1$ 支路开断预想故障扫描结束，下发并行终止指令。

（9）对所有预想事故的系统行为指标进行排序，排列出预想事故集。

2. 预想事故校验并行计算

基于并行技术的预想事故校验流程框图见图 4-42。

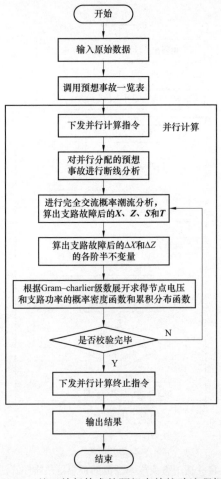

图 4-42 基于并行技术的预想事故校验流程框图

采用 64 位 4 核处理器，对某大规模实际电网的某断面计及随机性的静态安全分析计算时间比较如表 4-24 所示，排序模块并行计算优势并不明显，因为 matlab 在并行计算是需要对系统内存进行分配占用一些时间，校验模块计算优势更为明显，总计算速度提升了 2.7 倍左右。

表 4-24   计 算 时 间 比 较

方式	排序时间（s）	校验时间（s）	总时间（s）
并行计算	113.02	880.10	997.54
不并行计算	133.12	2542.08	2680.58

采用并行计算后，所得预想事故排序结果和校验结果与不采用并行计算结果一样，验证了并行模块的准确性。

3. 静态安全连续性并行算法改进

将上述两小节的计及随机性的静态安全分析并行算法嵌入到静态安全连续性算法中，进一步提高算法的计算速度，以64位4核处理器的计算机对某大规模实际电网的某断面互动30min过程算例进行静态安全连续性并行算法测试，并与不并行计算的连续性算法相比，所得结果相同，但时间相对减少。计算时间比较见表4-25。

表 4-25　　　　　　　　　计 算 时 间 比 较

方式	总时间（s）
并行计算	249.35
不并行计算	383.37

采用并行计算并不影响这个时间过程的静态安全分析结果；互动30min内每个时刻电网预想事故集均相同，不存在不确定性预想事故。整个时间过程的预想事故集以及预想事故校验指标计算结果见表4-26。

表 4-26　　　　　　　　互动过程预想事故计算结果

预想事故排序	校验计算指标
56	1.1346
57	1.0881
172	1.3393
173	1.1794
940	1.1903
941	1.1903
952	1.0404
953	1.0404
995	1.5091
1032	0.5104
1033	0.5104
1309	1.5078
1310	1.1794

4.4　本章小结

为了应对未来互动环境下的新要求，本章重点研究了"源–网–荷"互动环境下计及源荷双侧不确定性的电网运行分析方法，以提升应对互动运行的电网分析和控制能力。首先，分析了互动环境对电网稳态分析方法提出的新要求。其次，针对复杂互动环境下的潮流分析问题，提出一种计及源荷双侧响应的概率潮流算法和一种考虑电力系统功频、电压静特性的动态概率潮流算法，不仅能提供传统随机潮流计算中并未计及的系统频率的累积概率分布和概率密度分布，并且提供更符合实际运行情况的潮流结果，而不会增加过多的计算时间；建立了新能源和柔性负荷动态响应的时序概率模型，提出了计及互动过程的电力系统连续性潮流分析方法，证明了电力系统源荷的随机波动对电网的影响均存在正向和反向两种趋势，需全面把握电网潮流的发展趋势以确保电网安全稳定运行。最后，提出了计及电源和负荷响应随机性的静态安全连续性计算方法，基于概率理论建立了静态安全指标及排序算法，并面向时间过程对电网状态进行划分从而减少连续互动过程中的计算断面，同时利用并行计算技术对算法进行改进，大大提升了计算速度。

第 5 章

"源–网–荷"
协同优化调度技术

　　"源–网–荷"协同优化调度技术旨在将发用电侧资源纳入电网的调度运行体系,丰富日前和日内调度资源,提高电网的电力电量平衡能力。在日内滚动调度层面,针对可再生能源波动问题,基于不确定性的机会约束规划方法提出了计及随机响应的价格敏感型柔性负荷经济安全优化调度策略;在实时调度层面,针对负荷的无序响应可能会劣化系统运行而导致潮流越限这一问题,提出了计及安全约束的价格敏感型柔性负荷实时优化调度策略;在整体调控运行层面,以引导海量分散分布的负荷侧资源参与电网调控运行为目的,建立了基于多代理的柔性负荷互动响应调度技术框架,提出了多时间尺度协调的柔性负荷调度模型与策略。

5.1　"源–网–荷"协同优化调度总体技术框架

　　由于新能源预测精度具有随时间尺度逼近实时逐级提高的特性,预测时间越短,预测误差带也越窄,对系统带来的不确定性扰动越小。同样,不同时间尺度的电力负荷响应特性和响应潜力不同,参与需求响应时的提前通知时间、响应速度、响应持续时间等也不相同。因此,为了充分发挥负荷资源的调节能力,以最小的调度成本达到最大的调度效益,必须在多个时间尺度对柔性负荷响应调度策略进行协调,通过多时间尺度逐级协调、细化的方式实现不同时间尺度上的协调调度以提升新能源接纳能力是一种行之有效的方法。通常,在日前,新能源预测误差较大,但可以调节的负荷资源也比较多,随着时间尺度的减小,预测精度不断提高,可参与调节的负荷资源也逐步减少。柔性负荷资源将在多个时间尺度上逐步进行调度,通过滚动协调,不断进行优化,减少偏差。本节综合考虑了时间和对象这两个维度,给出了柔性负荷互动响应调度的整体技术框架,在时间维度主要考虑多时间协调;在对象维度建立了调度控制层、代理协调层和响应本地层的分层调度框架。

5.1.1 多时间尺度协调的"源-网-荷"优化调度框架

尽管在空间和时间尺度上，不同地域和不同季节的风电、光伏均呈现出不同的波动特性，但通常情况下均可按输出功率是否恒定、波动是否剧烈为原则分为三层。某地区风力出力不确定性特征如图 5-1 所示，通常在风电输出功率曲线的底部会形成一块持续稳定的风功率区域，这部分是优质的发电资源，称为风功率的第 1 层；中间部分是波动性较小、能够持续较长供电时间的区域，称为风功率的第 2 层；在最上方是剧烈波动、持续供电时间较短的区域，称为风功率的第 3 层。风电在长时间尺度上的预测准确性还难以保证，从随机概率的角度来看，第 3 层的风电出力较第 2 层更为不确定，预测误差通常也更大。

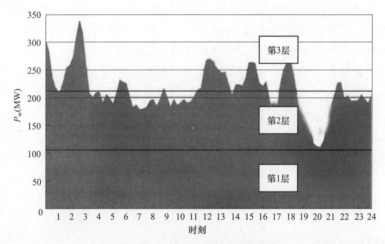

图 5-1 风力出力不确定性特征

针对图 5-1 所示的不同时间尺度不同风电功率品质，可以从柔性负荷参与调度运行的时间维度出发，与发电调度相对应，在中长期柔性负荷调度、日前经济调度、日内经济调度（这里包括实时经济调度）到实时控制等不同时间尺度上采用与之适应的柔性负荷响应实施模式。

（1）柔性负荷参与中长期运行规划。对于中长期系统运行规划，主要考虑对日间可转移负荷进行调度管理，通过实施分时电价和尖峰电价项目，激励用户改变用电行为，实现对负荷侧资源的调度，达到调整中长期负荷曲线、移峰填谷的效果，优化资源配置；此外，针对风电出力的季节性波动特征以及系统中负荷的季节性用电特征，制订季节性分时电价，以提高风电的接纳效果。

（2）柔性负荷参与日前调度计划。日前调度可用的柔性负荷手段有多种，例如尖峰电价、日前实时电价、需求侧竞价、可中断负荷等，用户可以根据自身用电情况进行最具经济性的选择，参与日前调度。在制订日前调度计划时，调度中心可以将各类柔性负荷资源整合，视为虚拟发电机组与传统机组进行统一调度。日前发电计划模型的求解结果包括各传统发电机组和虚拟机组在未来一天 96 点的出力，由于虚拟机组通常通过经济手段进行调控，因此需要对调度结果进行还原，将功率指令转化为实际总负荷及响应的激励和电价等参数。

（3）柔性负荷参与日内、实时调度。在电力系统实际运行中，日前负荷预测、风电预测往往存在一定误差，需要根据超短期预测数据进行实时调度："三公"调度模式以完成年度电量为主要目标，只需调整各机组的实际发电计划，并计量各机组发电电量；节能发电调度模式下按发电能耗最小为目标安排各机组实际发电计划；市场模式下根据机组报价，以最小化购电成本为目标安排实际发电计划。以上三种调度模式下的日内、实时调度模型均可参考日前调度模型，根据风电和负荷的实际波动情况对实体机组的出力和柔性负荷功率进行调整。

（4）柔性负荷参与 AGC 二次调频。自动需求响应的实施使得具有弹性的可控负荷响应能力能够充分被挖掘，例如居民负荷中的电热水器、空调、冰箱等，可以在短时间内增加或减少用电功率，并且具有一定的储能作用。通过加州自动需求响应示范工程的测试结果可以看到，照明、暖通空调等负荷的调节速度非常快，可在分钟级甚至秒级实现功率调节，并且在相关自动化技术的应用下，完全不需要人工介入就可以完成对负荷的精确控制，这些可快速调整用电功率的负荷资源被称为瞬时响应负荷，瞬时响应负荷可参与系统二次调频，为电网接纳风电等新能源提供新的调节资源。

传统发电调度主要采用调度计划加自动发电控制（AGC）相结合的模式，调度计划分为月度、日前、日内和实时等多个时间尺度。计及柔性负荷互动响应的调度框架与此类似。由于风电预测精度具有随时间尺度逐级提高的特性，预测时间越短，预测误差相对越小，对系统带来的不确定性扰动越小。单个风电场日前风电预测的误差一般为 25%～40%，日内 4h 风电预测误差为 10%～20%，1h 风电预测误差则在 10% 以内。同样，不同的时间尺度电力负荷响应特性不同，参与电网调节的提前通知时间、响应速度、响应持续时间等也不相同。因此，风电功率预测的不确定性和不同特性负荷参与电网调节两个方面在时间尺度上都需要进行协调。

本章将柔性负荷调度的整个过程分为 4 个时间尺度，分别是日前 24h 负荷调控、日内 1h 负荷调控、日内 15min 负荷调控和实时负荷调控。多时间尺度协调的柔性负荷响应调度技术框架如图 5-2 所示。图 5-2 中给出了柔性负荷响应互动调度在多个时间尺度上的协调关系。在日前，风电预测误差较大，但可以调节的负荷资源也比较多，随着时间尺度的减小，预测精度不断提高，可参与调节的负荷资源也逐步减少。电价型和激励型两种负荷的可调度资源将在四个时间尺度上逐步进行调度。通过滚动协调，不断进行优化，减少偏差。

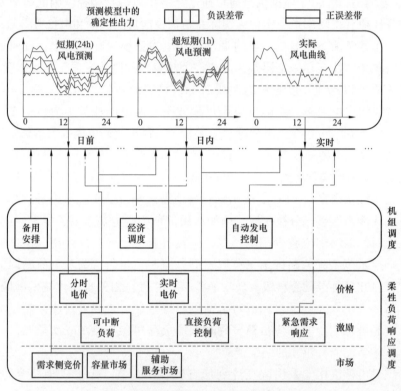

图 5-2　多时间尺度柔性负荷响应调度技术框架

5.1.2　基于多代理技术的互动响应调度框架

系统中存在这大量的柔性负荷分布分散、个体容量较小，调度中心不便于对其进行直接控制。而多智能体代理（Multi-agent System，MAS）具有独立学习、分散决策的功能，适用于多类型、海量柔性负荷响应资源的协调接入。负荷代理（也有文献称之为负荷聚集商）作为协调大量中小规模柔性负荷资源和电网控制中心的中间机构，在柔性负荷响应实践中已经发挥了重要作用。负荷代理对外只表现出负荷群的综合外特性，例如该负荷群整体的可调度容量、容量成本、持续时间等；而对内则协调系统侧调度信息和负荷群内部响应资源，做出针对某一优化目标的最优决策，并向用户发送调度或控制指令。通过将柔性负荷资源按地理分布或负荷类型形成与之相应的多个代理，当调度中心将调度目标分解并下发给各个代理后，各负荷代理通过主动学习、探索相关的历史数据、外部环境，建立各自独立的知识库，并针对自身的优化目标分散决策。基于负荷代理的柔性负荷调度模式框图如图5-3所示。基于负荷代理的柔性负荷调度一般分为调度控制层、代理协调层和本地响应层三层，三者间的输入输出接口如下：

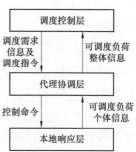

图5-3 基于负荷代理的柔性负荷分层调度模式框图

（1）调度控制层下发给响应协调层的输出量为调度需求信息及调度指令，其中调度需求信息包括负荷调度系统各时段的功率缺额、备用容量缺额和系统电价，调度指令包括各时间段负荷调节量、负荷调节开始时间和负荷调节持续时间。

（2）代理协调层上传给调度控制层的输入量为该负荷代理管理的可调度负荷资源信息。可调度负荷资源信息包括可调节容量、调节开始时间、调节持续时间、调节成本、备用服务成本和调节速率。

（3）代理协调层下发给本地响应层的输出量为控制命令；本地响应层上传给代理协调层的标准输入量为负荷自身的可调度信息。可调度信息包括可调节量、调节开始时间、调节持续时间、调节成本、备用服务成本和调节滞后时间。

综合上述，基于MAS的柔性负荷多时间尺度协调调度示意图如图5-4所示。

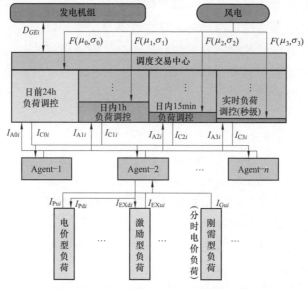

图5-4 基于MAS的柔性负荷多时间尺度协调调度示意图

在图 5-4 中，Agent-1~Agent-n 为负荷代理。$F(\mu, \sigma)$ 表示不同时间尺度下风电功率的概率分布函数；D_{GEi} 为系统内发电机组第 i 时段的出力；I_{CNi} 和 I_{ANi} 分别表示负荷代理 N 第 i 时段从调度控制中心获取的系统信息和向调度中心上送的代理竞价信息；I_{Pui}、I_{EXui} 和 I_{Gui} 分别为电价型负荷、激励型负荷和刚需型负荷的用电信息；I_{Pdi} 和 I_{EXdi} 分别为代理对电价型负荷和激励型负荷的控制信息。

5.2 计及随机响应的价格敏感型负荷经济安全优化调度策略

电网有功调度（短期）分为日前调度、日内滚动调度、实时调度与实时控制四个组成部分。日内滚动在有功调度体系中是连接日前调度与实时控制的关键环节。一方面，系统实际运行条件与日前调度所假设的运行条件存在偏差，主要包括负荷预测和新能源预测偏差、机组未有效跟踪计划、运行点接近安全域边沿等不确定因素，在日内滚动调度阶段需要对日前调度结果进行修正；另一方面，由于实时调度和在线控制的执行时间尺度较短，其决策难以计及系统全部运行条件，尤其是在系统负荷长时间向上或向下的爬坡过程中，调节速度较快的机组逐渐达到其调节上限或下限，从而使系统向上或向下的快速调节能力大大削弱或失去。可见，日内滚动调度起着承上启下重要协调作用，通常与超短期负荷预测相结合，对上一时间尺度的发电计划进行进一步校核和修正。

在柔性负荷参与日内滚动调度运行时，由于用户行为的自主性使得其在响应调度指令时在响应程度和响应时间上都存在着不确定性。此外，大规模间歇能源的出力预测以及系统负荷预测都存在着不确定性，基于确定性理论的传统调度运行方法将难以满足电网发展的新需求，使得不确定性分析成为互动运行条件下的电力系统重要分析手段之一。然而，对于这些含有不确定性的决策问题，经典的优化理论通常无能为力，需要引入随机优化理论以求解最优的调度决策方案。

5.2.1 机会约束规划方法

机会约束规划（Chance Constrained Programming，CCP）是随机规划的一个重要分支[137~140]，由 Chames 和 Cooper 首先提出，用于求解约束条件中含有随机变量的决策问题，且该问题需要在观测到随机变量的实现之前做出决策。考虑到在不利情况发生时，所做决策可能不满足约束条件，可采取以下原则：即允许所做决策在一定范围内不满足约束条件，但该约束条件成立的概率应大于某一置信水平。在考虑了新能源接入和柔性负荷参与电网调度运行的条件下，电网的调度决策模型通常可以建立为机会约束规划模型，通常表达形式为

$$\begin{cases} \max & f(x, \xi) \\ s.t. & g_j(x, \xi) \quad j=1, 2, \cdots, p \end{cases} \tag{5-1}$$

式中　x——n 维决策向量；

　　　ξ——随机向量；

$f(x, \xi)$——目标函数；

$g_j(x, \xi)$——随机约束函数，$j=1, 2, \cdots, p$。

此时该数学规划没有意义，原因在于随机变量 ξ 使得约束条件和目标函数的意义不明确。因此，应采用的机会约束规划模型为

$$\begin{cases} \max & \bar{f} \\ s.t. & P_r\{f(x, \xi) \geqslant \bar{f}\} \geqslant \beta \\ & P_r\{g_j(x, \xi), j=1, 2, \cdots, p\} \geqslant \alpha \end{cases} \tag{5-2}$$

式中　$\bar{f}$——目标函数 $f(x, \xi)$，置信水平为 β，即满足约束条件的概率保证在 β 以上；

$P_r\{\cdot\}$——$\{\cdot\}$ 中的事件成立的概率；

　　α、β——分别表示约束条件和目标函数的置信水平。

一个点 x 是可行的，当且仅当事件 $\{\xi \mid g_j(x, \xi) \leqslant 0, j=1, 2, \cdots, p\}$ 的概率测度大于或等于 α，即不满足约束条件的概率小于 $1-\alpha$。

无论何种随机参数 ξ 和何种函数形式 f，对每一个给定的决策 x，$f(x, \xi)$ 是随机变量，其概率密度函数用 $\phi_{f(x,\xi)}(f)$ 表示，这样可能有多个 $\bar{f}$ 使得 $P_r\{f(x, \xi) \geqslant \bar{f}\} \geqslant \beta$ 成立。从极大化目标值 $\bar{f}$ 应该是目标函数 $f(x, \xi)$ 在保证置信水平至少是 β 时所取得最大值，即

$$\bar{f} = \max\{f \mid P_r[f(x, \xi) \geqslant f] \geqslant \beta\} \tag{5-3}$$

在机会约束规划中，概率约束为联合机会约束。此外，可以用几个独立的机会约束表示联合机会约束，如

$$P_r\{g_j(x, \xi)\} \geqslant \alpha_j, j=1, 2, \cdots, p \tag{5-4}$$

式中　α_j——是给定的置信水平，$j=1, 2, \cdots, p$。

更一般的情况是，也可以采用混合机会约束为

$$\begin{cases} P_r\{g_j(x, \xi) \leqslant 0, j=1, 2, \cdots, k_1\} \geqslant \alpha_1 \\ P_r\{g_j(x, \xi) \leqslant 0, j=k_1+1, 2, \cdots, k_2\} \geqslant \alpha_2 \\ \cdots \\ P_r\{g_j(x, \xi) \leqslant 0, j=k_{t-1}+1, 2, \cdots, p\} \geqslant \alpha_t \end{cases} \tag{5-5}$$

其中 $1 \leqslant k_1 < k_2 < \cdots < k_{t-1} < p$。

类似地，对极小化问题，有：

$$\begin{cases} \min & \bar{f} \\ s.t. & P_r\{f(x,\ \xi) \geqslant \bar{f}\} \geqslant \beta \\ & P_r\{g_j(x,\ \xi),\ j = 1,\ 2,\ \cdots,\ p\} \geqslant \alpha \end{cases} \tag{5-6}$$

式中 $\bar{f}$——目标函数 $f(x,\ \xi)$ 在置信水平位 β 时所取得最小值。

此外，还有一种特殊的机会约束规划，目标函数为期望值的形式：

$$\begin{cases} \min & E\{f(x,\ \xi)\} \\ s.t. & P_r\{g_j(x,\ \xi),\ j = 1,\ 2,\ \cdots,\ p\} \geqslant \alpha \end{cases} \tag{5-7}$$

式中 E——是关于 ξ 的期望值算子。

通常用于求解机会约束规划模型的方法包括遗传算法、蒙特卡罗方法以及由此衍生出的基于蒙特卡罗模拟的遗传算法以及基于半不变量仿真的遗传算法等。

5.2.2 价格敏感型柔性负荷随机主动响应模型

5.2.2.1 多主体随机响应优化模型

1. 目标函数

考虑价格敏感型负荷（Price-elasticity Load，PEL）主动响应的随机性，以各个价格敏感型负荷的负荷响应满意度期望值最大化为目标，表示为

$$\begin{cases} \max & E(f_{\mathrm{RL}1} = \lambda_{\mathrm{RL}1,\ 1}f_{\mathrm{RL}1,\ 1} + \lambda_{\mathrm{RL}1,\ 2}f_{\mathrm{RL}1,\ 2}) \\ & \vdots \\ \max & E(f_{\mathrm{RL}i} = \lambda_{\mathrm{RL}i,\ 1}f_{\mathrm{RL}i,\ 1} + \lambda_{\mathrm{RL}i,\ 2}f_{\mathrm{RL}i,\ 2}) \quad i = 1,\ \cdots,\ N_{\mathrm{RL}} \\ & \vdots \\ \max & E(f_{\mathrm{RL}n} = \lambda_{\mathrm{RL}n,\ 1}f_{\mathrm{RL}n,\ 1} + \lambda_{\mathrm{RL}n,\ 2}f_{\mathrm{RL}n,\ 2}) \end{cases} \tag{5-8}$$

式中 $E(\cdot)$——数学期望算子；

$\quad\quad f_{\mathrm{RL}i}$——第 i 个电价型负荷的负荷响应满意度。$f_{\mathrm{RL}i}$ 具体表达式详见本书第 2 章式（2-74）~式（2-78）；

$\quad\quad f_{\mathrm{RL}i,1}$——电价型负荷 i 负荷响应后电费收益满意度；

$\quad\quad f_{\mathrm{RL}i,2}$——电价型负荷 i 负荷响应后用电方式满意度；

$\quad\quad \lambda_{\mathrm{RL}i,1}$——电价型负荷 i 负荷响应后电费收益满意度的权值；

$\quad\quad \lambda_{\mathrm{RL}i,2}$——电价型负荷 i 负荷响应后用电方式满意度的权值。

将负荷响应满意度表达式代入式（5-8），可得

$$E(f_{RLi})=E\left\{\lambda_{i,1}\left(1-\frac{\Delta P_{l,i}}{P_{l,i0}}\right)+\lambda_{i,2}\times\left[1-\frac{\Delta P_{l,i}^2+(2P_{l,i0}-P_{bi})\Delta P_{l,i}+P_{l,i0}^2-P_{bi}P_{l,i0}}{\alpha_i P_{l,i0}c_{i,0}}\right]\right\}$$

$$=\lambda_{i,1}\left[1-\frac{E(\Delta P_{l,i})}{P_{l,i0}}\right]+\lambda_{i,2}$$

$$\times\left[1-\frac{E(\Delta P_{l,i}^2)+(2P_{l,i0}-P_{bi})\times E(\Delta P_{l,i})+P_{l,i0}^2-P_{bi}P_{l,i0}}{\alpha_i P_{l,i0}c_{i,0}}\right]$$

$$(5-9)$$

目标函数含有 $E(\Delta P_{l,i}^2)$ 和 $E(\Delta P_{l,i})$，其表达式为

$$E(\Delta P_{l,i}^2)=\int_{-\infty}^{+\infty}\left[\Delta P_{l,i}^2 f(\Delta P_{l,i})\right]\mathrm{d}\Delta P_{l,i} \qquad (5-10)$$

$$E(\Delta P_{l,i})=\int_{-\infty}^{+\infty}\left[\Delta P_{l,i} f(\Delta P_{l,i})\right]\mathrm{d}\Delta P_{l,i} \qquad (5-11)$$

式中 d( )——微分算子；

$f(\Delta P_{l,i})$——概率密度函数。

根据概率论定理，假设，$[a,b]$ 为 $\Delta P_{l,i}$的取值范围，$F(\Delta P_{l,i})$ 为概率密度函数 $f(\Delta P_{l,i})$ 的原函数。服从正态分布 $N(\mu_{\Delta P_{l,i}},\delta_{\Delta P_{l,i}}^2)$ 的随机负荷互动量满足"3δ"原则，也就是说 $\Delta P_{l,i}$距离平均值 3 个标准差之内的数值分布落在 $[a,b]$范围内，即 $[\mu-3\delta,\mu+3\delta]\in[a,b]$，则其置信度为 99.7%，近似取值为 1。则式（5-10）和式（5-11）可分别转化为

$$E(\Delta P_{l,i}^2)=\mu_{\Delta P_{l,i}}^2+\delta_{\Delta P_{l,i}}^2 \qquad (5-12)$$

$$E(\Delta P_{l,i})=\mu_{\Delta P_{l,i}} \qquad (5-13)$$

式中 d( )——微分算子；

$\mu_{\Delta P_{l,i}}$——期望值；

$\delta_{\Delta P}^2$——方差。

2. 等式约束条件

价格敏感型负荷的主动响应量应满足以下两个条件：

（1）功率约束。当风电波动引起系统功率不平衡时，根据负荷的价格敏感程度制定电价，同时完全通过价格敏感型负荷主动响应消纳风功率波动。

$$\Delta P_{\Sigma L}=\sum_{i=1}^{N_{RL}}E(\Delta P_{l,i}) \qquad (5-14)$$

式中 $\Delta P_{\Sigma L}$——风电波动引起的功率不平衡量，MW；

N_{RL}——负荷节点数。

（2）随机约束。价格敏感型负荷 i 的主动响应量标准差与均值之间满足

$$\delta_{\Delta P_{l, i}} = k_i \mu_{\Delta P_{l, i}} \qquad (5-15)$$

3. 不等式约束条件

（1）当负荷增加时，负荷互动量约束为

$$\begin{cases} \mu_{\Delta P_{l, i}} - 3\delta_{\Delta P_{l, i}} \geq 0 \\ \mu_{\Delta P_{l, i}} + 3\delta_{\Delta P_{l, i}} \leq P_{l, imax} - P_{l, i0} \end{cases} \qquad (5-16)$$

（2）当负荷减少时，负荷互动量约束为

$$\begin{cases} \mu_{\Delta P_{l, i}} - 3\delta_{\Delta P_{l, i}} \leq 0 \\ \mu_{\Delta P_{l, i}} + 3\delta_{\Delta P_{l, i}} \geq P_{l, imin} - P_{l, i0} \end{cases} \qquad (5-17)$$

（3）负荷调节速度约束表示为

$$-R_{Li} \leq \frac{\Delta P_{l, i}}{\Delta t} \leq R_{li}$$

式中　$P_{l, imax}$——最大负荷量，MW；

　　　$P_{l, imin}$——最小负荷量，MW；

　　　　R_i——负荷 i 的最大调节速度，MW/h；

　　　$\Delta P_{L, i}$——负荷 i 的功率变化量，MW；

　　　Δt——所用时间，h。

该问题为非线性优化问题，可通过粒子群法进行求解。

5.2.2.2　算例分析

5.2.2.2.1　数据及假设条件

以下采用某省 220kV 和 330kV 主网为例作为仿真对象。该系统含有 151 个母线节点（其中 43 个发电节点），252 条支路。发电总装机容量为 24GW，其中风电装机容量 4GW。图 5-5 给出了日前风电预测出力曲线和日前 PEL 总负荷量预测曲线，此外，假定了提前一小时预测到的风电波动量。

由图 5-5 可知，小时级风电预测值相较于日前风电预测值有所偏差。当实际风电出力位于日前风电预测值时，系统处于功率平衡状态。当实际风电出力出现波动时，系统则出现发电、用电不平衡的现象，该系统功率不平衡量可根据风电的波动值计算得到。若系统发电过剩，则需要用户增加负荷用电量；若系统发电不足，则需要用户减少负荷用电量。

设定其中 8 个负荷节点作为价格敏感型负荷节点，且具备足够的响应能力平衡风电的波动，其价格响应曲线的参数和满意度参数设置如表 5-1 所示。

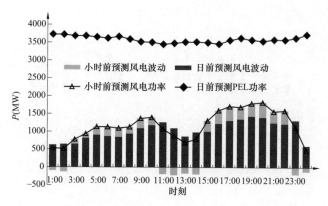

图 5-5　风电预测出力曲线和日前 PEL 总负荷量预测曲线

表 5-1　　　　　　　　　价格敏感型负荷参数表

PEL	α_i	P_{bi}	λ_{i1}	λ_{i2}
1	−0.556	9.3403	0.7	0.3
2	−0.506	8.3973	0.7	0.3
3	−0.509	5.3461	0.6	0.4
4	−0.559	4.1522	0.6	0.4
5	−0.107	3.2877	0.5	0.5
6	−0.117	3.2574	0.5	0.5
7	−0.306	2.9123	0.4	0.6
8	−0.336	2.9642	0.4	0.6

　　各 PEL 的价格弹性系数 α_i、P_{bi} 如表 5-1 所示，可以通过上述两个参数设置相应的负荷随机主动响应分布系数 k_i。

　　从价格响应系数结果可知，$|\alpha_4|>|\alpha_1|>|\alpha_3|>|\alpha_2|>|\alpha_8|>|\alpha_7|>|\alpha_6|>|\alpha_5|$，说明 PEL5 对价格灵敏度最小，PEL4 对价格灵敏度最大。通常情况下，价格弹性系数 $|\alpha|$ 越小，其对响应行为表现出较强的主导作用，用户实际响应偏离预期的程度较小，k_i 较小；反之，价格弹性系数 $|\alpha|$ 越大，受用电方式改变较大等因素的影响，响应行为表现更大的不确定性，k_i 较大；从而可得 $k_4>k_1>k_3>k_2>k_8>k_7>k_6>k_5$，因此设置 $k_4=0.25$，$k_1=0.2$，$k_3=0.18$，$k_2=0.15$，$k_8=0.12$，$k_7=0.1$，$k_6=0.08$，$k_5=0.05$。

　　各 PEL 的日前电价如图 5-6 所示。

5.2.2.2.2　风电不确定性对主动响应的影响

　　当风电出力波动造成的系统功率缺额，全部由价格敏感型负荷响应平衡。根

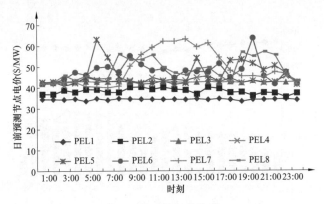

图 5-6 PEL 日前电价

据图 5-5、图 5-6 和表 5-1 的参数信息，通过仿真，可得负荷节点的随机主动响应量如图 5-7 所示，小时级实时电价计算结果如图 5-8 所示，主动响应满意度计算结果如图 5-9（用电方式满意度 ECS）和图 5-10 所示（互动效益满意度 IBS）。

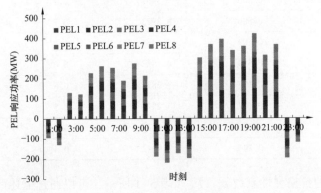

图 5-7 PEL 主动响应量

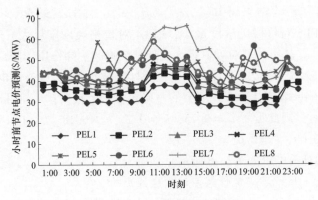

图 5-8 PEL 小时前实时电价

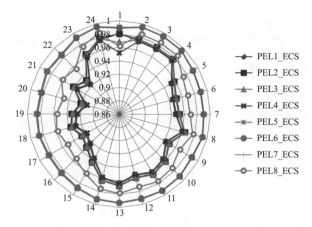

图 5-9　PEL 的用电方式满意度（ECS）

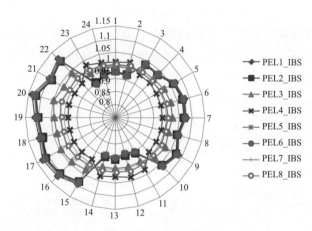

图 5-10　PEL 的互动效益满意度（IBS）

图 5-7 描述了 PEL 应对风电波动的全响应情况。将计算得到的图 5-8 所示 PEL 小时前电价与图 5-6 所示的 PEL 日前预测电价相比，11：00～15：00 时段的各节点电价均高于日前节点电价，且各 PEL 削减了用电负荷量，这是因为风电向下波动造成了发电功率缺额。

5.2.2.2.3　价格弹性系数对主动响应结果的影响分析

在如图 5-1 所示的风电波动情况下，设定 PEL2 的价格弹性系数改变为（−0.409,8.3236），其他 PEL 的价格弹性系数保持不变（如表 5-1 所示）。不同价格弹性系数对主动响应结果的影响分析如下。该场景下，PLE2 的主动响应量如图 5-11 所示。

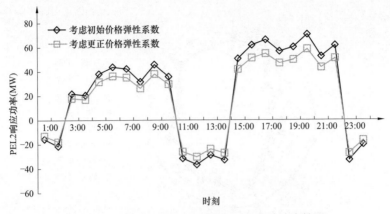

图 5-11　随弹性系数 α 变化的 PEL2 主动响应情况

由图 5-11 可知，PEL 的负荷主动响应量随着价格弹性系数的减小而减小。由图 5-12 和图 5-13 可知，用电方式满意度随着价格弹性系数的减小而增大，互动效益满意度随着价格弹性系数的减小而减小。这是因为负荷主动响应量减小，即负荷用电方式改变量减少，从而用电方式满意度有所增大，与之相对应的互动效益满意度减小。

PEL 的主动响应满意度如图 5-12 和图 5-13 所示。

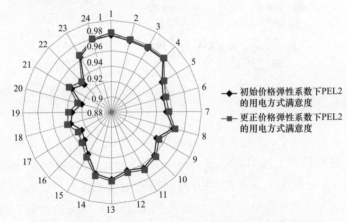

图 5-12　随弹性系数 α 变化的 PEL2 用电方式满意度情况

5.2.2.2.4　不确定性对 PEL 主动响应的影响分析

假设风电波动如图 5-5 所示，将 PEL2 的随机负荷响应量分布系数 k 从原始的 0.15 改为 0.3，研究其对负荷响应的影响，其他参数不变，如表 5-1 所示。

此场景下，PEL2 的主动响应量计算结果如图 5-14 所示，主动响应满意度计算结果如图 5-15 和图 5-16 所示。

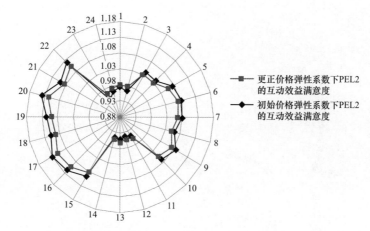

图 5-13　随弹性系数 α 变化的 PEL2 互动效益满意度情况

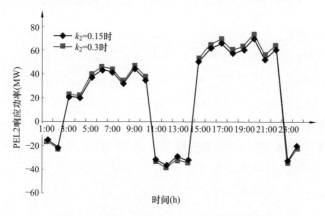

图 5-14　随 k 变化的 PEL2 主动响应情况

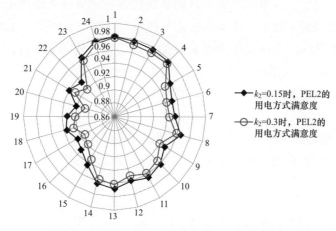

图 5-15　随 k 变化的 PEL2 用电方式满意度情况

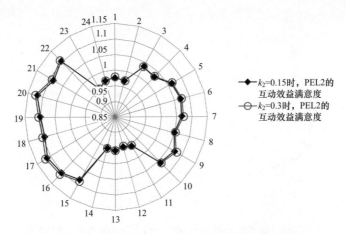

图 5-16 随 k 变化的 PEL2 互动效益满意度情况

由图 5-14 可知，PEL2 的负荷主动响应量，随着响应不确定因素的增加而减小。

由图 5-15 和图 5-16 分别可知，用电方式满意度随着响应不确定因素的增加而增大，互动效益满意度随着响应不确定因素的增加而减小。其次，这是因为随机负荷响应分布系数 k 越大，对应的价格灵敏程度越大，即价格弹性系数 $|\alpha|$ 越大，所以随着系数 k 的增加或随着系数 $|\alpha|$ 的增加，其负荷响应量的趋势具有一致性。在供电紧张的局面下，可适当选择价格弹性系数灵敏度较小（即响应随机性越小）的负荷参与电网互动响应，以提高方案的可靠度。

5.2.2.2.5 计算性能

为求解该模型，这里将不确定性约束条件转换成了确定性约束条件，并采用粒子群算法求解了该多主体多目标优化模型。所有仿真程序在 MATLAB 环境下进行编译及测试。当粒子群优化 PSO 的迭代次数设置为 300 时，在一台操作系统为 2.4GHz、内存为 8GB 的笔记本上对该 151 节点系统进行仿真，约需要 2.5min，考虑到硬件条件变化，该计算速度基本能够满足小时级日内滚动调度的实时计算性能需求。

5.2.3 基于机会约束的柔性负荷日内滚动调度模型

基于机会约束规划方法建立安全约束随机经济调度模型，优化目标为总调度成本最低：

$$\text{Min} \quad E\left\{\sum_{i=1}^{N_l} V_i(\Delta P_{1,\,i}^t) + \sum_{j=1}^{N_w} V_{\text{curt}\_j}(\Delta C_{w,\,j}^t) + \sum_{u=1}^{N_g} V_u(\Delta P_{g,\,u}^t)\right\} \qquad (5\text{-}18)$$

式中 $\Delta P_{1,i}^t$，$\Delta C_{w,j}^t$，$\Delta P_{g,u}^t$——该优化问题的输出变量，其中 $\Delta P_{1,i}^t$ 为随机变量；

$E(\cdot)$——代表该公式的期望值；

$V_i(\Delta P_{1,i}^t)$——PEL 调节成本；

$V_{curt\_j}(\Delta C_{w,j}^t)$——弃风成本，如式（5-19）所示；

$V_u(\Delta P_{g,u}^t)$——发电机调节成本，如式（5-20）所示。

$$V_{\text{curt}\_j}(\Delta C_{w,j}^t) = v_{w,j}\Delta C_{w,j}^t \tag{5-19}$$

$$V_u(\Delta P_{g,u}^t) = a_u{\Delta P_{g,u}^t}^2 + b_u\Delta P_{g,u}^t + c_u \tag{5-20}$$

式中 $v_{w,j}$——单位弃风电量价格；

$\Delta C_{w,j}^t$——弃风电量，MWh；

a_u、b_u、c_u——发电机调节变动成本系数；

$\Delta P_{g,u}^t$——发电机调节量，MW。

系统电力能量平衡约束条件为

$$\sum_{i=1}^{N_1}\Delta P_{1,i}^t + \sum_{j=1}^{N_w}\Delta C_{w,j}^t - \sum_{u=1}^{N_g}\Delta P_{g,u}^t = \sum_{j=1}^{N_w}\Delta P_{w,j}^t \tag{5-21}$$

式中 $\Delta P_{w,j}^t$——风电波动量，MW；

N_1——负荷节点数；

N_w——风机节点数；

N_g——常规发电机节点数。

发电机出力和速度约束条件为

$$\begin{cases} \Delta P_{g,umin} \leqslant \Delta P_{g,u}^t \leqslant \Delta P_{g,umax} \\ -R_{gi} \leqslant \dfrac{\Delta P_{g,umin}}{\Delta t} \leqslant R_{gi} \end{cases} \tag{5-22}$$

式中 $\Delta P_{g,umin}$、$\Delta P_{g,umax}$——发电机出力调节量上、下限，MW；

R_{gi}——发电机调速速率限制，MW/h。

各 PEL 响应量和响应速度的约束条件为

$$\begin{cases} \Delta P_{1,imin} \leqslant \Delta P_{1,i}^t \leqslant \Delta P_{1,imax} \\ -R_{li} \leqslant \dfrac{\Delta P_{1,umin}}{\Delta t} \leqslant R_{li} \end{cases} \tag{5-23}$$

式中 $\Delta P_{1,imin}$、$\Delta P_{1,imax}$——PEL 响应量上、下限，MW；

R_{li}——负荷响应速率限制，MW/h。

支路潮流约束条件为

$$P_{ij\min} \leqslant P_{ij}^t \leqslant P_{ij\max} \tag{5-24}$$

式中　$P_{ij\min}$、$P_{ij\max}$——支路 ij 的潮流上、下限值，MW。

关键断面潮流的机会约束条件为

$$P_r\{|P_{dk}^t| \leqslant P_{ij\max}\} \geqslant P_{dk} \tag{5-25}$$

式中　P_r——概率函数；

　　P_{dk}——概率等级，由系统的安全系数要求决定。

该条件用以保证关键断面的潮流安全。

备用约束条件为

$$\sum_{u=1}^{N_g} (P_{g,\,u\max} - P_{g,\,u}^t) \geqslant \lambda_R \max\Big(\sum_{i=1}^{N_1} P_{1,\,i}^t + \sum_{s=1}^{N_{cl}} P_{cl,\,s}^t\Big) \tag{5-26}$$

式中　$P_{cl,s}^t$——常规负荷节点的用电功率，MW；

　　λ_R——备用率；

　　$P_{g,u}$——发电机出力，MW；

　　$P_{g,u\max}$——发电机最大出力，MW；

　　$P_{1,i}$——负荷用电功率，MW。

根据《电力系统技术导则》，备用容量设为最大负荷的 10%，即 $\lambda_R = 0.1$。

PEL 的用电方式满意度约束条件为

$$\phi_i(t) = 1 - \frac{|\Delta P_{1,\,i}(t)|}{P_{1,\,i0}(t)} \geqslant \phi_{i,\,\min} \tag{5-27}$$

式中　$\phi_{i,\min}$——用电方式最小满意度。

PEL 的互动效益满意度约束条件为

$$\gamma_i(t) = 1 - \frac{P_{1,\,i}(t)c_i(t) - P_{1,\,i0}(t)c_{i,\,0}(t)}{P_{1,\,i0}(t)c_{i,\,0}(t)} \geqslant \gamma_{i,\,\min} \tag{5-28}$$

式中　$\gamma_{i,\min}$——互动效益最小满意度。

5.2.3.1　随机优化模型求解策略

求解机会约束优化模型的方法有很多，其中蒙特卡罗方法精确度最高，但耗时最长；点估计法精确度次于蒙特卡罗法，但计算耗时缩短很多；解析法计算速度最快，但精确度最差。本节将不确定性约束条件转化成确定性约束条件，再进行求解。

1. 线性化支路潮流安全约束条件

通过潮流灵敏度分析方法，可将线路功率约束转化为

$$P_{ij, \min} \leqslant \left\{ \begin{aligned} &P_{ij0} + \sum_{i=1}^{N_{rl}} (T_{ij\_1, i} \Delta P_{1, i}^t) + \sum_{u=1}^{N_g} (T_{ij\_g, u} \Delta P_{g, u}^t) \\ &+ \sum_{j=1}^{N_w} [T_{ij\_w, j} (\Delta P_{w, j}^t + \Delta C_{w, j}^t)] \end{aligned} \right\} \leqslant P_{ij\max} \quad (5-29)$$

式中 $T_{ij\_1, i}$——负荷响应节点功率调整量对线路功率的影响;

$T_{ij\_g, u}$——发电机节点功率调整量对线路功率的影响;

$T_{ij\_w, j}$——风电节点功率调整量对线路功率的影响。

可通过灵敏度矩阵计算得到

$$\left\{ \begin{aligned} T_{ij\_1, i} &= \frac{\partial P_{ij}}{\partial P_{1, i}} \\ T_{ij\_w, j} &= \frac{\partial P_{ij}}{\partial P_{w, j}} \\ T_{ij\_g, u} &= \frac{\partial P_{ij}}{\partial P_{g, u}} \end{aligned} \right. \quad (5-30)$$

2. 线性化关键断面潮流机会约束条件

同理,通过潮流灵敏度分析方法,互动后的断面功率约束可转化为

$$P_r \left\{ \left| \begin{aligned} &P_{dk0} + \sum_{i=1}^{N_{rl}} (T_{dk\_1, i} \Delta P_{1, i}^t) + \sum_{u=1}^{N_g} (T_{dk\_g, u} \Delta P_{g, u}^t) \\ &+ \sum_{j=1}^{N_w} [T_{dk\_w, j} (\Delta P_{w, j}^t + \Delta C_{w, j}^t)] \end{aligned} \right| \leqslant P_{dk\max} \right\} \geqslant P_{dk}$$

$$(5-31)$$

假设 PEL 的响应偏差服从期望为 0,标准差是 $\sigma(\Delta P_{l, i})$ 的正态分布为

$$\sum_{i=1}^{N_{rl}} (T_{dk\_1, i} \Delta P_{1, i}^t) \sim \left\{ \begin{aligned} &E\left[\sum_{i=1}^{N_{rl}} (T_{dk\_1, i} \Delta P_{1, i}^t) \right] \\ &+ N\left[0, \sum_{i=1}^{N_{rl}} (T_{dk\_1, i}^2 \sigma^2 \Delta P_{1, i}^t) \right] \end{aligned} \right\} \quad (5-32)$$

假设风电日内波动的偏差服从期望为 0,标准差是 σ_W 的正态分布为

$$\sum_{j=1}^{N_w} (T_{dk\_w, j} \Delta P_{w, j}^t) \sim \left\{ \begin{aligned} &E\left[\sum_{j=1}^{N_w} (T_{dk\_w, j} \Delta P_{w, j}^t) \right] \\ &+ N\left[0, \sum_{i=1}^{N_{rl}} (T_{dk\_1, i}^2 \sigma^2 \Delta P_{1, i}^t) \right] \end{aligned} \right\} \quad (5-33)$$

则,机会约束条件可转化为

$$\left\{ \left| \begin{array}{l} P_{dk0} + E\Big[\displaystyle\sum_{i=1}^{N_{rl}} \big(T_{dk\_1,\,i}\,\Delta P_{1,\,i}^{t} \big) \Big] + \displaystyle\sum_{u=1}^{N_{g}} \big(T_{dk\_g,\,u}\,\Delta P_{g,\,u}^{t} \big) \\[2mm] + E\Big[\displaystyle\sum_{j=1}^{N_{w}} \big(T_{dk\_w,\,j}\,\Delta P_{w,\,j}^{t} \big) \Big] + \displaystyle\sum_{j=1}^{N_{w}} \big(T_{dk\_w,\,j}\,\Delta C_{w,\,j}^{t} \big) \end{array} \right| - P_{dk\max} \right\} \quad (5-34)$$

$$\leqslant \Phi^{-1}(1 - P_{dk}) \cdot \sqrt{ \sum_{i=1}^{N_{rl}} \big(T_{dk\_1,\,i}^{2}\,\sigma^{2}\Delta P_{1,\,i}^{t} \big) + \sum_{j=1}^{N_{w}} \big(T_{dk\_w,\,j}^{2}\,\sigma^{2}\Delta P_{w,\,j}^{t} \big) }$$

式中 Φ^{-1}——概率密度反函数。

且节点功率波动对断面功率的影响，可通过灵敏度矩阵计算得到

$$\begin{cases} T_{dk\_i} = \displaystyle\sum_{ij=1}^{N_{dk}} \frac{\partial P_{ij}}{\partial P_{1,\,i}} \\[4mm] T_{dk\_j} = \displaystyle\sum_{ij=1}^{N_{dk}} \frac{\partial P_{ij}}{\partial P_{w,\,j}} \\[4mm] T_{dk\_u} = \displaystyle\sum_{ij=1}^{N_{dk}} \frac{\partial P_{ij}}{\partial P_{g,\,u}} \end{cases} \quad (5-35)$$

通过上述转化，即可将不确定性约束条件转化成确定性约束条件，然后再通过内点法进行求解。

5.2.3.2 算例分析

5.2.3.2.1 仿真数据

以下采用 5.1.2.2 所述电网作为仿真对象，包含 8 个 PEL 负荷节点，14 个关键断面。假设各风电节点和 PEL 节点相互独立。日前预测值满足系统电力能量平衡，并设为原始状态；当小时前的风电预测与日前风电预测发生了偏差，风电预测功率如表 5-2 所示。接下来，更新小时级滚动调度计划，计算结果如下。

表 5-2   风电预测功率

时刻	6：00	6：15	6：30	6：45	7：00
日前风电预测（MW）	1405.61	1405.61	1405.61	1405.61	1405.61
小时前风电预测（MW）	2038.13	1124.49	1799.18	702.80	843.37

各 PEL 负荷节点信息如表 5-3 所示，正常售电价格为 50 \$/MWh。

表 5-3   PEL 负荷参数信息

PEL	用户类型	α_i	P_{bi}
1	钢铁行业	-0.7933	16.9240

PEL	用户类型	α_i	P_{bi}
2	钢铁行业	-0.7436	15.8640
3	造纸业	-0.3783	8.5756
4	化工业	-0.2872	6.5104
5	化工业	-0.2828	5.8436
6	纺织业	-0.2515	5.1972
7	建筑材料行业	-0.2022	4.4481
8	电子行业	-0.1510	3.3221

5.2.3.2.2 关键断面潮流机会约束作用分析

下文将分析柔性负荷响应优化调度模型中加入关键断面潮流机会约束的必要性。如表5-2所示,提前1h的6:00时刻风电预测值相比较于日前风电预测值风电增长了632MW(由于风电波动原因),因此,需要在日前计划的基础上更新未来1h的发用电计划。

首先通过以下两种优化方案进行对比分析确定性关键断面潮流约束的必要性:

(1)方案1。在常规柔性负荷安全经济优化调度模型的基础上,引入确定性的关键断面潮流约束,即加入式(5-29)的确定性形式$|P_{dk}^t| \leqslant P_{ij\max}$。

(2)方案2。采用常规柔性负荷经济安全经济优化调度模型。

方案1、方案2的PEL互动响应量调度结果如图5-17所示。关键断面潮流情况如图5-18所示。

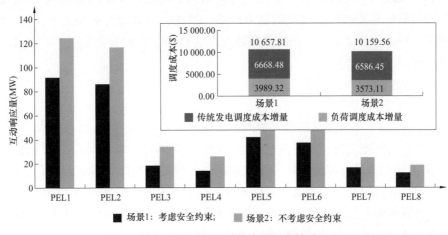

图5-17　PEL互动响应量调度结果

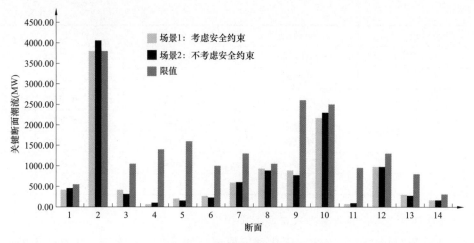

图 5-18 关键断面潮流情况

由图 5-17 所示可知，在具有关键断面潮流约束的方案 2 中，PEL 的互动响应调用量小于方案 1。方案 1 的新增 PEL 调度成本为 3989.32 \$，新增发电机调度成本为 6668.48 \$；而方案 2 的新增 PEL 调度成本为 3573.11 \$，新增发电机调度成本为 6586.45 \$。由此可以看出，在关键断面潮流约束的作用下，电网侧为了保证电网的安全运行，必须牺牲经济性换取安全性，调用成本略高、对加重关键断面潮流作用略小的发电资源和柔性负荷响应资源。

图 5-18 描述了 14 个关键断面在方案 1 和方案 2 经济调度运行下的潮流情况，可以看出，在方案 2 作用下断面 2 的潮流值高出了该断面的潮流限制，加入关键断面约束后，方案 1 能够将断面 2 的潮流控制在限值以内，但可以看到，已然达到了极限值。此时，如果考虑风电波动的不确定性和 PEL 响应不确定性，其断面的概率潮流仍存在 50% 的越限风险。因此，有必要在此基础上，将关键断面潮流约束改为机会约束条件，即通过式（5-25）中的安全置信水平 P_{dk} 控制关键断面潮流的越限概率。

下面我们将分析不同安全等级（即不同安全置信水平要求）对调度结果的影响。

5.2.3.2.3 不同安全置信水平的调度结果分析

根据中心极限定理，可将风电波动、PEL 互动响应量视为服从正态分布。假设提前 1h 预测的风电波动值服从 ±时预测的正态分布，PEL 互动响应量服从 ±动响的正态分布。共设置了 7 个安全置信水平，分别是 0.5/0.75/0.8/0.85/0.9/0.95/0.98，计算不同安全等级下的断面 2 潮流变化情况如图 5-19 所示、PEL 互动响应结果如图 5-20 所示、新增的调度成本结果如图 5-21 和表 5-4 所示。

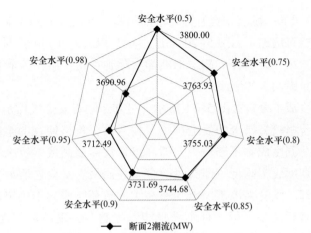

图 5-19　关键断面 2 的潮流变化趋势

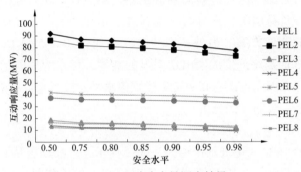

图 5-20　PEL 互动响应量调度结果

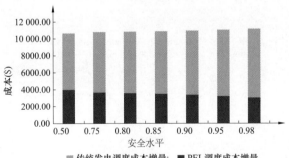

图 5-21　增加的调度成本分析

表 5-4　　　　　　　　　　　　调度总成本变化

安全置信水平	0.75	0.80	0.85	0.90	0.95	0.98
调度总成本增量（\$）	10807.71	10847.79	10895.98	10958.86	11056.63	11173.22

由图 5-19 可知，随着安全置信水平的提高，断面 2 的潮流期望值与安全限值之间的距离略有增加。由图 5-20 可知，各个 PEL 的互动响应量随着安全置信水平的提高而减小，说明各个 PEL 对断面 2 起到正向作用，各个 PEL 互动响应量的增加会加重断面 2 的潮流。

增加的调度成本分析如图 5-21 所示，可知，随着安全置信水平 $p_{P_{ij}}$ 的增大，需要调用部分价格较为昂贵的发电机资源代替部分价格便宜的柔性负荷响应互动资源。新增总调度成本不断增大，即高可靠性需要高成本投入；安全置信水平越小，新增调度成本越低，即高风险带来高回报。安全置信水平反映了决策者对风险的把握，风险来源于风电功率和柔性负荷响应的不确定性，使得系统不能满足安全运行约束，但这种不满足能够控制在一定的可信性置信水平下。由此可见，当系统中存在不确定性因素时，在常规柔性负荷安全经济调度模型的基础上，有必要考虑关键断面潮流机会约束条件。在实际决策时，可根据风电功率和柔性负荷用电数据分析，选择既能承受的风险，又能实现最大经济回报的柔性负荷调度方案。另外，调度总成本变化如表 5-4 所示，可见，$p_{P_{ij}}$ 从 0.9 升至 0.95 时新增调度成本出现明显的陡增，可认为风险的降低需要调度成本的显著增加，因此可认为 0.9 是最优置信水平。接下来，将基于 0.9 这一置信水平，完成进一步的算例分析。

5.2.3.2.4 日内提前 1h 应对风电波动的调度计划安排

日内提前 1h 的风电波动预测如表 5-2 所示，且波动服从 $\pm10\%$ 的正态分布，PEL 互动响应服从 $\pm5\%$ 的正态分布。小时前 PEL 电价如图 5-22 所示，当安全等级要求为 0.9 时，为应对下一小时风电波动的调度结果如图 5-23 所示。

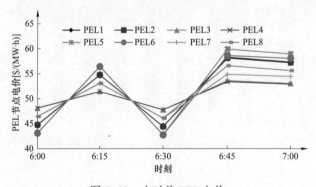

图 5-22 小时前 PEL 电价

图 5-22 描绘了为应对小时级风电波动，调度中心所需提前 1h 发布的各 PEL 节点电价信息。PEL 将依照该电价信息调整其负荷用电量。图 5-23 是 PEL

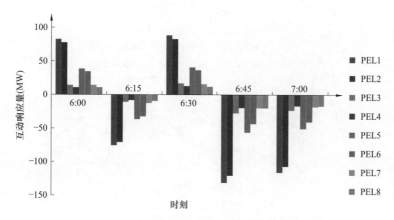

图 5-23 小时前 PEL 的互动响应量调度结果

互动响应量结果，可以看出，当小时级风电预测值大于日前风电预测值时，需要 PEL 增加负荷用电量；反之，则需 PEL 减小负荷用电量。

图 5-24 展示了不同时刻新增发电机调度成本、PEL 调度成本和新增总调度成本。可以看出，应对不同风电波动，柔性负荷响应资源和发电机资源在调度决策中所占比例不同，总体上是优先调用经济成本较低的 PEL 资源。图 5-25 描述了不同时刻 14 个关键断面的潮流情况，可以看到，6∶00 和 6∶30 时刻的风电波动为正向时，断面 2 潮流约束起到限制作用；6∶15、6∶45、7∶00 时刻的风电波动为反向时，主要由断面 8 潮流约束起到限制作用。也就是说，PEL 负荷用电量的增加会加重断面 2 潮流，对其具有正向作用，而 PEL 负荷用电量的减少加重断面 8 潮流，对其具有反向作用。因此，在应对风电波动的安全经济调度模型中，只加入某一个关键断面安全约束并不够，需要全面考虑所有关键断面的安全性，联合优化各调度资源以实现风电功率的全消纳。

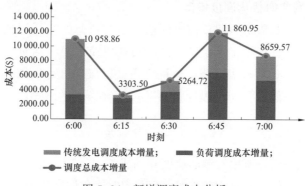

图 5-24 新增调度成本分析

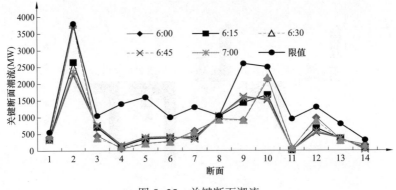

图 5-25　关键断面潮流

5.3　计及安全约束的柔性负荷实时优化调度策略

柔性负荷资源种类日渐丰富，其分布广泛、潜力巨大，是未来电力系统重要的调控资源，可以直接参与系统调度计划。柔性负荷的随机响应特性客观上使其响应行为在时间和空间上都具有广泛的分布性和一定的无序性。在实时阶段，如果任由柔性负荷无序响应的话，将会给系统运行带来不利影响，例如：大量电动汽车的无序充电、价格敏感型柔性负荷对电价的敏感性等都有可能导致电网局部潮流加重，甚至发生方向性的改变。另外，风功率波动也会造成电网潮流的分布特性发生显著变化，带来电网安全断面潮流越限、节点电压失稳等风险。因此在利用柔性负荷平衡风电实时波动的过程中，系统的安全约束成为关键问题。亟需将网络安全约束纳入优化调度模型中来，更具实效性地支撑实时调度决策。

5.3.1　柔性负荷实时优化调度模型

根据风电的短期和超短期负荷预测信息以及负荷的实际用电信息制定电价或补偿机制，柔性负荷如工业负荷、商业负荷以及居民生活负荷中的空调、冰箱等作为需求侧资源参与实时响应电网需求，以保持电力供需平衡。电网侧给出价格信号或激励信号，使得柔性负荷通过调度指令做出响应，从而参与电网互动。

5.3.1.1　优化模型

电网侧以最小化可调用资源的调度互动成本为目标，并以安全、功率平衡、互动满意度等作为约束条件，建立柔性负荷实时优化调度模型：

$$\min \quad \sum_{i=1}^{N_1} C_i(\Delta P_{1,i}^t) + \sum_{j=1}^{N_{IL}} C_j(\Delta P_{1,j}^t) + \sum_{u=1}^{N_g} C_u(\Delta P_{g,u}^t) \tag{5-36}$$

$$\text{s. t.} \quad \sum_{i=1}^{N_1} \Delta P_{1,i}^t + \sum_{j=1}^{N_{IL}} \Delta P_{1,j}^t + \sum_{u=1}^{N_g} \Delta P_{g,u}^t + \sum_{w=1}^{N_w} \Delta P_{g,w}^t = 0 \tag{5-37}$$

$$P_{ij\min} \leqslant P_{ij} \leqslant P_{ij\max} \tag{5-38}$$

$$U_{i\min} \leqslant U_i \leqslant U_{i\max} \tag{5-39}$$

$$P_{g,u}^{\min} \leqslant P_{g,u} \leqslant P_{g,u}^{\max} u \in N_g \tag{5-40}$$

$$\lambda_{m,t} P_{m,t}^g - \lambda_{m,t-1} P_{m,t-1}^g \leqslant U_{g,m} \tag{5-41}$$

$$\lambda_{m,t-1} P_{m,t-1}^g - \lambda_{m,t} P_{m,t}^g \leqslant D_{g,m} \tag{5-42}$$

$$\Delta P_{1,i}^{\min} \leqslant \Delta P_{1,i} \leqslant \Delta P_{1,i}^{\max} \tag{5-43}$$

$$-R_{1,i} \leqslant \frac{\Delta P_{1,i}}{\Delta t} \leqslant R_{1,i} \tag{5-44}$$

$$\eta_r = 1 - \frac{|\Delta P_r|}{P_{r,0}} \geqslant \eta_{r,\min} \tag{5-45}$$

$$\varepsilon_r = 1 - \frac{P_r \times c_r - P_{r,0} \times c_{r,0}}{P_{r,0} \times c_{r,0}} \geqslant \varepsilon_{r,\min} \tag{5-46}$$

式中　　i——价格敏感型负荷节点编号；

N_1——激励型负荷的总个数；

j——价格敏感型负荷节点编号；

N_{IL}——激励型负荷的总个数；

u——发电机节点编号；

N_g——发电机的总个数；

$\Delta P_{1,i}^t$——价格敏感型负荷响应量，MW；

$\Delta P_{1,j}^t$——激励型负荷响应量，MW；

$\Delta P_{g,u}^t$——发电机调整量，MW；

$C_i(\Delta P_{1,i}^t)$——价格敏感型负荷响应量调节成本；

$C_j(\Delta P_{1,j}^t)$——激励型负荷响应量调节成本；

$C_u(\Delta P_{g,u}^t)$——发电机调整量的调节成本。

其中 $C_i(\Delta P_{1,i}^t)$，$C_j(\Delta P_{1,j}^t)$，$C_u(\Delta P_{g,u}^t)$ 的计算公式如下：

$$C_i(\Delta P_{1,i}^t) = -\frac{1}{\alpha_i} \times (\Delta P_{1,i}^t)^2 + \frac{\beta_i - 2P_{1,i_0}}{\alpha_i} \times \Delta P_{1,i}^t \tag{5-47}$$

$$C_j(\Delta P_{1,j}^t) = c_{j0} \times \Delta P_{1,j}^t + c_{\text{II}j} \times \Delta P_{1,j}^t \tag{5-48}$$

$$C_u(\Delta P_{g,u}^t) = a_u \times (\Delta P_{g,u}^t)^2 + b_u \times \Delta P_{g,u}^t + c_u \tag{5-49}$$

式（5-49）是系统的总功率平衡约束，当源侧实际出力发生功率波动时，原本功率平衡的系统将产生功率不平衡量，柔性负荷做出响应后，将平衡这一功率不平衡量。式（5-47）、式（5-48）分别为网络安全约束中的线路功率安全约束和节点电压安全约束。

式中　　P_{ij}——支路 i-j 的有功功率，MW；

$P_{ij\max}$、$P_{ij\min}$——支路功率的上、下限值，MW；

　　　　U_i——节点 i 电压，kV；

$U_{i\min}$、$U_{i\max}$——节点 i 电压的上、下限值，kV。

式（5-40）、式（5-41）和式（5-42）分别为机组出力上下限约束和机组爬坡约束。

式中　$P_{g,u}^{\min}$、$P_{g,u}^{\max}$——发电机 m 的出力下限和上限，MW；

　　$U_{g,m}$、$D_{g,m}$——发电机 m 的上爬坡和下爬坡约束值，kV。

式（5-43）、式（5-44）分别为柔性负荷响应量约束和柔性负荷调节速率约束。

式中　$\Delta P_{1,i}^{\max}$——节点 i 的负荷响应最大功率值，MW；

　　$\Delta P_{1,i}^{\max}$——节点 i 的负荷响应最小功率值，MW；

　　$R_{1,i}$——负荷 i 的最大调节速度，MW/h；

　　$\Delta P_{1,i}$——负荷 i 的功率变化量，MW；

　　Δt——所用时间，h。

式（5-45）、式（5-46）是柔性负荷用户满意度约束，分别为负荷用电方式满意度约束和负荷互动效益满意度约束。

5.3.1.2　模型处理

线路功率约束和节点电压约束均为非线性约束，本节采用直流模型，即通过灵敏度的方法，分别将线路功率约束［式（5-38）］和节点电压约束［式（5-39）］转化为式（5-50）和式（5-51）：

$$P_{ij\min} \leqslant \left\{ P_{ij0} + \sum_{i=1}^{N_{\text{rl}}} (T_{ij\_1,i} \times \Delta P_{1,i}^t) + \sum_{u=1}^{N_{\text{g}}} (T_{ij\_g,u} \times \Delta P_{g,u}^t) \right\} \leqslant P_{ij\max}$$

$$\tag{5-50}$$

$$U_{i\min} \leqslant U_{i0} + \sum_{r=1}^{N_{\text{rl}}} S_i^{1,i} \times \Delta P_{1,i}^t + \sum_{u=1}^{N_{\text{g}}} S_i^{\text{g},u} \times \Delta P_{g,u}^t \leqslant U_{i\max} \tag{5-51}$$

式中 P_{ij0}——互动前的线路功率，MW；

$T_{ij\_l,i}$——价格敏感型负荷节点（l，i）产生互动量对支路 i-j 的潮流影响；

$T_{ij\_g,u}$——发电机节点（g，u）功率波动量对支路 i-j 的潮流影响；

$S_i^{l,i}$——价格敏感型负荷节点（l，i）所产生互动量对节点 i 的潮流影响；

$S_i^{g,u}$——发电机节点（g，u）功率波动量对节点 i 的潮流影响。

通过推导，可知目标函数含有二次项，且约束条件均转化为线性约束，则该问题为非线性二次规划，可采用内点法进行求解。

5.3.2 基于内点法的优化模型求解

5.3.2.1 内点法

一般情况下，非线性优化模型可以表征成如下形式

$$\begin{cases} \text{obj.} & \min f(x) \\ \text{s.t.} & h(x) = 0 \\ & \underline{g} \leqslant g(x) \leqslant \overline{g} \end{cases} \tag{5-52}$$

式中 $f(x)$ ——目标函数，是一个非线性的函数；

$h(x) = [h_1(x), \cdots, h_m(x)]^{\mathrm{T}}$——非线性等式的约束条件；

$g(x) = [g_1(x), \cdots, g_r(x)]^{\mathrm{T}}$——非线性不等式约束，其上限为 $\overline{g} = [\overline{g}_1, \cdots, \overline{g}_r]^{\mathrm{T}}$，下限为 $\underline{g} = [\underline{g}_1, \cdots, \underline{g}_r]^{\mathrm{T}}$。

以上模型中共有 n 个变量，m 个等式约束，r 个不等式约束。

针对非线性优化问题，内点法是最为常用的求解方法，其基本思路如下：

首先，将不等式约束转化成等式约束

$$\begin{cases} g(x) + u = \overline{g} \\ g(x) - l = \underline{g} \end{cases} \tag{5-53}$$

其中松弛变量 $l = [l_1, \cdots, l_r]^{\mathrm{T}}$ $u = [u_1, \cdots, u_r]^{\mathrm{T}}$，应满足 $u>0$，$l>0$。

这样，原优化问题变成优化问题 A

$$\begin{cases} \text{obj.} & \min f(x) \\ \text{s.t.} & h(x) = 0 \\ & g(x) + u = \overline{g} \\ & g(x) - l = \underline{g} \\ & u > 0, \ l > 0 \end{cases} \tag{5-54}$$

然后，将目标函数改造为"障碍函数"，该函数在边界时变得很大，而在可行域内可以近似于目标函数 $f(x)$。因此，原优化问题可得到优化问题 B

$$\begin{cases} \text{obj.} & \min f(x) - \mu \sum_{j=1}^{r} \log(l_r) - \mu \sum_{j=1}^{r} \log(u_r) \\ \text{s. t.} & h(x) = 0 \\ & g(x) + u = \bar{g} \\ & g(x) - l = \underline{g} \end{cases} \qquad (5\text{-}55)$$

其中扰动因子 $\mu > 0$。当 l_i 或者 u_i 靠近边界时，障碍函数趋于无穷大，因此，不可能在边界上找到满足以上障碍目标函数的极小解。这样，通过目标函数的变换，原含有不等式限制的优化问题 A 转化为只含等式约束的优化问题 B，从而可以直接用拉格朗日乘子法来求解。

优化问题 B 的拉格朗日函数为

$$L = f(x) - y^{\mathrm{T}} h(x) - z^{\mathrm{T}} \left[g(x) - l - \underline{g} \right]$$

$$- w^{\mathrm{T}} \left[g(x) + u - \bar{g} \right] - \mu \sum_{j=1}^{r} \log(l_r) - \mu \sum_{j=1}^{r} \log(u_r) \qquad (5\text{-}56)$$

该问题极小值存在的必要条件是拉格朗日函数对所有变量及乘子的偏导数为 0

$$\begin{cases} L_x = \dfrac{\partial L}{\partial x} = \nabla_x f(x) - \nabla_x h(x) y - \nabla_x g(x)(z + w) = 0 \\[2mm] L_y = \dfrac{\partial L}{\partial y} = h(x) = 0 \\[2mm] L_z = \dfrac{\partial L}{\partial z} = g(x) - l - \underline{g} = 0 \\[2mm] L_w = \dfrac{\partial L}{\partial w} = g(x) + u - \bar{g} = 0 \\[2mm] L_l = \dfrac{\partial L}{\partial l} = z - \mu L^{-1} e => L_l^{\mu} = LZe - \mu e = 0 \\[2mm] L_u = \dfrac{\partial L}{\partial u} = - w - \mu U^{-1} e => L_u^{\mu} = UWe + \mu e = 0 \end{cases} \qquad (5\text{-}57)$$

由式（5-57）可得

$$\mu = \frac{l^{\mathrm{T}} z - u^{\mathrm{T}} w}{2r} \qquad (5\text{-}58)$$

定义

$$GAP = l^{\mathrm{T}} z - u^{\mathrm{T}} w \qquad (5\text{-}59)$$

可得

$$\mu = \frac{GAP}{2r} \tag{5-60}$$

式中　GAP——对偶间隙。

当 $GAP>0$，$u>0$ 时，此时得到原问题的最优解。

若想序列收敛到最优解，此时令 $\mu = \delta \dfrac{GAP}{2r}$，其中 δ 称为中心参数，一般取为 0.1，在大多数情况下可获得较好的收敛结果。

极值的必要条件是非线性方程组，可用牛顿法进行求解，将拉格朗日条件进行线性化可得到修正方程组

$$
\begin{cases}
- \left[\nabla_x^2 f(x) - \nabla_x^2 h(x)y - \nabla_x^2 g(x)(z+w) \right] \Delta x + \nabla_x h(x)\Delta y + \nabla_x g(x)(\Delta z + \Delta w) = L_x \\
\nabla_x h(x)^{\mathrm{T}} \Delta x = - L_y \\
\nabla_x g(x)^{\mathrm{T}} \Delta x - \Delta l = - L_z \\
\nabla_x g(x)^{\mathrm{T}} \Delta x + \Delta u = - L_w \\
Z\Delta l + L\Delta z = - L_l^u \\
W\Delta u + U\Delta w = - L_u^u
\end{cases}
$$

$$\tag{5-61}$$

将式（5-61）写成矩阵的形式

$$
\begin{bmatrix}
H & \nabla_x h(x) & \nabla_x g(x) & \nabla_x g(x) & 0 & 0 \\
\nabla_x^{\mathrm{T}} h(x) & 0 & 0 & 0 & 0 & 0 \\
\nabla_x^{\mathrm{T}} g(x) & 0 & 0 & 0 & -I & 0 \\
\nabla_x^{\mathrm{T}} g(x) & 0 & 0 & 0 & 0 & I \\
0 & 0 & L & 0 & Z & 0 \\
0 & 0 & 0 & U & 0 & W
\end{bmatrix}
\begin{bmatrix}
\Delta x \\ \Delta y \\ \Delta z \\ \Delta w \\ \Delta l \\ \Delta u
\end{bmatrix}
=
\begin{bmatrix}
L_x \\ -L_y \\ -L_z \\ -L_w \\ -L_l^u \\ -L_u^u
\end{bmatrix}
\tag{5-62}
$$

其中

$$H = -\left[\nabla_x^2 f(x) - \nabla_x^2 h(x)y - \nabla_x^2 g(x)(z+w) \right]$$

由于求解式（5-62）的计算量十分庞大，为简化计算，首先对方程组矩阵进行行列交换得到式（5-63）。

$$
\begin{bmatrix}
I & L^{-1}Z & 0 & 0 & 0 & 0 \\
0 & I & 0 & 0 & -\nabla_x^T g(x) & 0 \\
0 & 0 & I & U^{-1}W & 0 & 0 \\
0 & 0 & 0 & I & \nabla_x^T g(x) & 0 \\
0 & 0 & 0 & 0 & H' & \nabla_x h(x) \\
0 & 0 & 0 & 0 & \nabla_x^T h(x) & 0
\end{bmatrix}
\begin{bmatrix}
\Delta z \\
\Delta l \\
\Delta w \\
\Delta u \\
\Delta x \\
\Delta y
\end{bmatrix}
=
\begin{bmatrix}
-L^{-1}L_l^\mu \\
-L_z \\
-U^{-1}L_u^\mu \\
-L_w \\
L_x' \\
-L_y
\end{bmatrix}
\tag{5-63}
$$

其中：

$$L_x' = L_x + \nabla_x g(x)\left[L^{-1}(L_l^\mu + ZL_z) + U^{-1}(L_u^\mu - WL_w)\right]$$

$$H' = H - \nabla_x g(x)\left[L^{-1}Z - U^{-1}W\right]\nabla_x^T g(x)$$

现在，我们只需对一个相对较小的对称矩阵进行处理，减化了计算，减少了计算量。

解式（5-63）得到第 k 次迭代的修正量，于是最优解的一个新的近似为

$$
\begin{cases}
x^{(k+1)} = x^{(k)} + \alpha_p \Delta x \\
l^{(k+1)} = l^{(k)} + \alpha_p \Delta l \\
u^{(k+1)} = u^{(k)} + \alpha_p \Delta u \\
y^{(k+1)} = y^{(k)} + \alpha_d \Delta y \\
z^{(k+1)} = z^{(k)} + \alpha_d \Delta z \\
w^{(k+1)} = w^{(k)} + \alpha_d \Delta w
\end{cases}
\tag{5-64}
$$

式中 α_p，α_d——步长。

$$
\begin{cases}
\alpha_p = 0.995\min\left[\min\left(\dfrac{-l_i}{\Delta l_i},\ \Delta l_i < 0;\ \dfrac{-u_i}{\Delta u_i},\ \Delta u_i < 0\right),\ 1\right] \\[3mm]
\alpha_d = 0.995\min\left[\min\left(\dfrac{-z_i}{\Delta z_i},\ \Delta z_i < 0;\ \dfrac{-w_i}{\Delta w_i},\ \Delta w_i > 0\right),\ 1\right]
\end{cases}
\tag{5-65}
$$

式（5-65）的取值保证迭代点严格满足 $l>0$，$u>0$。

5.3.2.2　计算流程

最优潮流内点算法的流程图如图 5-26 所示。其中初始化部分包括：

（1）设置松弛变量 l、u，保证 $[l,\ u]^T > 0$。

（2）设置拉格朗日乘子 z、w、y，满足 $[z>0,\ w<0,\ y\neq 0]^T$。

（3）设优化问题各变量的初值。

（4）取中心参数 $\sigma \in (0,\ 1)$，给定计算精度 $\varepsilon = 10^{-6}$，迭代次数初值为 0，最大迭代次数 $k_{max} = 50$。

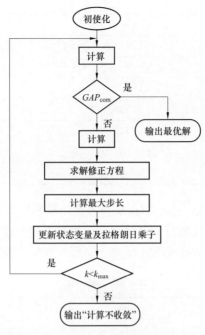

图 5-26 内点法算法流程

5.3.3 算例分析

数据和假设条件：

本节将某省级电网作为仿真对象，该省级电网关键断面信息如表 5-5 所示。假设各个风机的均值出力波动范围 [0.7~1.3（标幺值）]，当风电出力的均值发生波动时，此时系统将产生一个功率不平衡量，通过柔性负荷响应平抑这部分功率不平衡量。

表 5-5　　　　　　　　　　　某省级电网关键断面信息

关键断面序号	断面组成	功率限制（MW）
1	（5；6；7）	550
2	（1；2；60；74；84；122；171）	3800
3	（178；204；207；214；217）	1050
4	（19；46；47；93；145；146）	1400
5	（13；42；58；80；81；190；191）	1600
6	（58；80；81）	1000
7	（57；79；117）	1300

关键断面序号	断面组成	功率限制（MW）
8	（127；128；129）	1000
9	（131；184；187）	2600
10	（111；118；131）	1700
11	（130；131）	950
12	（121；126）	1300
13	（65；66；168；169）	800
14	（76；77；78）	310

设定母线 58、82、83、126 所接负荷为价格敏感型负荷参与电网互动，母线 100、101、132、128 所接负荷为激励型负荷参与电网互动。

构建三种不同场景，对风电波动进行平衡，场景设置如表 5-6 所示。

表 5-6　　　　　　　　　　　　场 景 设 置

场景序列	场景设置
场景一	调节发电出力并对负荷侧实施电价调度平衡风电波动
场景二	调节发电出力并对负荷侧实施激励调度平衡风电波动
场景三	调节发电出力，并对负荷侧同时实施电价和激励调度平衡风电波动（发用电一体化综合调度）

场景一：

风电出力波动造成的系统功率缺额，由价格型负荷平抑。通过仿真计算可得价格型节点的有功互动量表征如表 5-7 所示。

表 5-7　　　　　　　　　价格型节点的有功互动量表征

出力波动（标幺值）	负荷 58	负荷 82	负荷 83	负荷 126
	互动响应量（MW）	互动响应量（MW）	互动响应量（MW）	互动响应量（MW）
1.18	89.6846	3.2093	74.9552	75.9330
1.1	42.0309	17.4407	37.8424	38.1205
1.05	16.9293	16.9293	16.9293	16.9293
0.95	−25.1219	−25.1278	−8.7314	−8.7361
0.9	−90.8702	−27.0721	−8.3749	−9.1172
0.85	−159.7487	−25.8872	−7.9822	−9.5335

由于模型中加入了断面和支路潮流约束条件，在该场景设置下，通过计算系统只能承受-15%~+18%的风电出力波动，当波动超出这一范围，控制策略无解，这跟柔性负荷节点的设置是相关的。设每小时为一个响应时间段，价格型负荷互动响应的实时电价如表5-8所示，从表5-8可知，不同的负荷节点的互动响应成本函数不同，同时对断面和支路潮流的灵敏度不同，因此在优化调度过程中，预测分配的互动响应量不同。

表5-8　　　　　　　　价格型负荷互动响应的实时电价

出力均值波动（标幺值）	实时电价（元）				总互动成本（元）
	负荷58	负荷82	负荷83	负荷126	
1.18	0.3670	0.49	0.29	0.2105	25251.22
1.1	0.4377	0.47	0.3961	0.3546	12544.52
1.05	0.4749	0.47	0.4535	0.4354	5919.70
0.95	0.5373	0.5404	0.5240	0.5333	5888.33
0.9	0.6348	0.5436	0.5230	0.5348	12679.87
0.85	0.7370	0.5416	0.5219	0.5364	20874.55

从表5-9可以看出，风电波动越大，电网侧所需支出的互动成本越大。源荷互动后系统关键断面的功率情况如表5-9所示。

表5-9　　　　　　　　互动后系统的关键断面功率

关键断面	功率限制	风电均值波动（标幺值）					
		1.18	1.1	1.05	0.95	0.9	0.85
断面1（MW）	550	444.06	441.01	433.67	396.57	392.69	390.78
断面2（MW）	3800	2235.61	2018.94	1883.66	1613.74	1478.81	1343.86
断面3（MW）	1050	571.52	576.58	589.11	655.01	669.04	679.97
断面4（MW）	1400	231.66	231.06	230.82	230.87	230.35	229.78
断面5（MW）	1600	1324.81	1400.34	1442.79	1494.49	1494.49	1494.49
断面6（MW）	1000	484.32	527.22	552.21	588.32	593.00	597.53
断面7（MW）	1300	303.20	292.25	285.23	272.61	272.94	273.61
断面8（MW）	1000	790.62	835.04	861.01	899.27	905.21	911.00
断面9（MW）	2600	1879.39	1980.04	2041.40	2162.87	2242.74	2323.85
断面10（MW）	1700	1402.06	1309.90	1254.29	1148.82	1083.49	1017.11
断面11（MW）	950	179.52	189.02	195.46	212.09	223.78	235.51
断面12（MW）	1300	873.86	834.49	809.89	760.67	736.07	711.46

关键断面	功率限制	风电均值波动（标幺值）					
		1.18	1.1	1.05	0.95	0.9	0.85
断面13（MW）	800	403.08	415.12	421.42	429.59	438.85	448.63
断面14（MW）	310	122.08	107.69	98.70	80.71	71.71	62.72

因为节点注入功率的变化，使得潮流发生转移，从而有的关键断面功率减轻，有的关键断面功率加重。因此，在应对风电消纳的柔性负荷优化调度中有必要考虑电网网络安全约束，保证实时调度的可靠性。

场景二：

风电出力波动造成的系统功率缺额，由可中断负荷响应平抑。通过仿真计算可得负荷节点的互动响应量如表5-10所示。

表5-10 可中断负荷节点的互动响应量

出力波动（标幺值）	负荷101 互动响应量（MW）	负荷110 互动响应量（MW）	负荷132 互动响应量（MW）	负荷128 互动响应量（MW）	总互动成本（元）
0.95	−16.9443	−16.9443	−16.9243	−16.9043	5677.69
0.9	−46.8381	−23.7009	−45.4836	−19.4119	9812.22
0.83	−140.4699	0	−60.2614	−29.5072	16199.83

在该场景设置下，通过计算系统只能承受−17%~0的风电出力波动，当波动超出这一范围，控制策略无解。从表5-10可知，当风电波动引起系统功率缺额时，补偿价格低的可中断负荷优先调用，这是因为电网以经济最优为目标调用可中断负荷量。

互动后系统关键断面的功率情况如表5-11所示。

表5-11 互动后系统的关键断面功率

关键断面	功率限制	风电均值波动（标幺值）		
		0.95	0.9	0.83
断面1（MW）	550	416.52	421.81	424.00
断面2（MW）	3800	1613.65	1478.87	1290.24
断面3（MW）	1050	646.86	687.38	719.07

关键断面	功率限制	风电均值波动（标幺值）		
		0.95	0.9	0.83
断面 4（MW）	1400	230.86	230.95	230.38
断面 5（MW）	1600	1476.98	1476.99	1476.86
断面 6（MW）	1000	567.72	569.88	583.34
断面 7（MW）	1300	271.15	267.38	269.11
断面 8（MW）	1000	912.30	924.90	926.53
断面 9（MW）	2600	2155.07	2219.14	2332.50
断面 10（MW）	1700	1149.14	1094.81	1004.21
断面 11（MW）	950	205.48	214.35	232.48
断面 12（MW）	1300	760.67	736.07	701.62
断面 13（MW）	800	429.48	433.16	444.92
断面 14（MW）	310	80.71	71.71	59.12

场景三：

风电出力波动造成的系统功率缺额，由价格型负荷和激励型负荷综合响应平抑。通过仿真计算可得负荷节点的互动响应量如表 5-12 和表 5-13 所示。价格型柔性负荷响应电价措施见表 5-14。

表 5-12 价格型节点的互动响应量

出力波动（标幺值）	负荷 58	负荷 82	负荷 83	负荷 126
	互动响应量（MW）	互动响应量（MW）	互动响应量（MW）	互动响应量（MW）
1.18	89.6846	3.2093	74.9552	75.9330
1.1	42.0309	17.4407	37.8424	38.1205
1.05	16.9293	16.9293	16.9293	16.9293
0.95	0	−5.2036	0	−4.1907
0.9	−10.5841	−105.5625	0	−5.5973
0.85	−10.6143	−105.5625	0	−5.6127

表 5-13 可中断负荷节点互动响应

出力波动（标幺值）	负荷 101	负荷 132	负荷 128	负荷 110
	互动响应量（MW）	互动响应量（MW）	互动响应量（MW）	互动响应量（MW）
1.18	0	0	0	0
1.1	0	0	0	0

出力波动 （标幺值）	负荷 101	负荷 132	负荷 128	负荷 110
	互动响应量（MW）	互动响应量（MW）	互动响应量（MW）	互动响应量（MW）
1.05	0	0	0	0
0.95	−88.9983	0	0	0
0.9	−9.3821	−9.4349	0	0
0.85	−77.7510	−11.3008	0	0

表 5-14　　　　　　　　　价格型柔性负荷响应电价措施

出力均值波动 （标幺值）	实时电价				总互动成本 （元）
	负荷 58	负荷 82	负荷 83	负荷 126	
1.18	0.3670	0.49	0.29	0.2105	25251.22
1.1	0.4377	0.47	0.3961	0.3546	12544.52
1.05	0.4749	0.47	0.4535	0.4354	5919.70
0.95	0.5	0.50838	0.5	0.50839	5534.58
0.9	0.510727	0.67	0.5	0.511205	10668.71
0.85	0.510758	0.67	0.5	0.511236	13962.82

从表 5-12~表 5-14 计算结果可以看出，价格型负荷的调度成本低于可中断负荷的调度成本，因此电网优先调用价格型负荷参与电网互动。

互动后系统关键断面的功率情况如表 5-15 所示。

表 5-15　　　　　　　　　互动后系统的关键断面功率

关键断面	功率限制	风电均值波动（标幺值）					
		1.18	1.1	1.05	0.95	0.9	0.85
断面 1（MW）	550	444.06	441.01	433.67	374.35	387.92	386.03
断面 2（MW）	3800	2235.61	2018.94	1883.66	2945.23	2860.22	2720.65
断面 3（MW）	1050	571.52	576.58	589.11	442.75	561.80	577.26
断面 4（MW）	1400	231.66	231.06	230.82	200.49	292.68	292.83
断面 5（MW）	1600	1324.81	1400.34	1442.79	1490.63	1502.69	1502.68
断面 6（MW）	1000	484.32	527.22	552.21	468.97	478.80	484.05
断面 7（MW）	1300	303.20	292.25	285.23	158.57	151.14	152.09
断面 8（MW）	1000	790.62	835.04	861.01	910.68	920.73	926.51
断面 9（MW）	2600	1879.39	1980.04	2041.40	1219.44	1234.14	1318.19

关键断面	功率限制	风电均值波动（标幺值）					
		1.18	1.1	1.05	0.95	0.9	0.85
断面 10（MW）	1700	1402.06	1309.90	1254.29	1810.32	1796.93	1728.47
断面 11（MW）	950	179.52	189.02	195.46	-16.17	-12.90	-0.40
断面 12（MW）	1300	873.86	834.49	809.89	742.63	728.15	704.01
断面 13（MW）	800	403.08	415.12	421.42	289.52	332.77	343.60
断面 14（MW）	310	122.08	107.69	98.70	110.07	103.96	93.77

不同场景下负荷互动成本对比如表 5-16 所示。

表 5-16　　　　　　　　不同场景下负荷互动成本对比

场景	电价型负荷互动成本（元）	激励型负荷互动成本（元）	柔性负荷互动成本（元）
场景一	5888.33	0	5888.33
场景二	0	5977.69	5977.69
场景三	187.75	5346.83	5534.58

从表 5-16 中可以发现，场景三中，当采用电价和激励综合响应调度时，柔性负荷互动成本是最小的，主要是因为在电价和激励的综合作用下可以有效降低对激励型负荷的补偿成本，同时由于电价的上调，带来了电网公司电费收益的小幅度增加。

另外，从数据中可以发现，相同的调度调节效果下，通过电价型柔性负荷的互动成本要小于激励型柔性负荷，但电价型负荷的响应会带来一定的响应不确定性。

此外，该优化模型计算本算例的时间仅需 1.5s 左右，完全能够满足实时调度的计算性能需求。

5.4　多时间尺度协调的"源-网-荷"协同优化调度模型与策略

本节基于多代理分层调度架构，以协调消纳新能源为目标，提出了计及负荷代理的多时间尺度"源-网-荷"协同调度方法。在建立负荷代理报价及决策模型、调度中心决策模型的基础上，提出了日前、日内 1h 和日内 15min 等多时间尺度协调的柔性负荷调度策略并进行了算例验证。

5.4.1 负荷代理竞价及决策模型

5.4.1.1 代理内部负荷调用原则

1. 电价型负荷边际成本

电价变化量 Δl_{iP} 可表示为

$$\Delta l_{iP} = l_{iP} - l_{i0} \tag{5-66}$$

与电价变化相对应的负荷变化量 ΔP_{iP} 可由下式计算

$$\Delta P_{iP} = P_{i0P} \frac{\Delta l_{iP}}{l_{i0}} \varepsilon_{ii} \tag{5-67}$$

式中 ε_{ii}——价格敏感型负荷自弹性系数;

P_{i0P}——负荷初始功率,MW;

l_{i0}——初始电价。

由上述两式可得,负荷-电价关系曲线

$$l_{iP} = l_{i0} + \frac{(P_{iP} - P_{i0P})}{P_{i0P}\varepsilon_{ii}}l_{i0} = l_{i0}\left(1 - \frac{1}{\varepsilon_{ii}}\right) + \frac{l_{i0}}{P_{i0P}\varepsilon_{ii}}P_{iP} = f(P_{iP}) \tag{5-68}$$

调用电价型负荷的边际成本可以表示为

$$\text{cost}_{iP} = \frac{\mathrm{d}P_{iP}(l_{i0} - l_{iP})}{\mathrm{d}\Delta P_{iP}} = -\frac{l_{i0}(1 + 2\Delta P_{iP})}{P_{i0P}\varepsilon_{ii}} \tag{5-69}$$

通过调整电价型负荷代理得到的收益可以表示为

$$SY_{iP} = |\Delta P_{iP}|L_i - P_{iP}(l_{i0} - l_{iP}) \tag{5-70}$$

式中 L_i——代理调整单位负荷时,调度中心向代理支付的补偿电价。

当代理内有多个电价型负荷时,假设代理内有 m 个电价型负荷,第 i 时段、第 k 个负荷的初始容量、初始电价和自弹性系数分别记为:P_{i0kP}、l_{i0}、ε_{ikP}。假设各负荷的初始电价相同,为调度中心指定的全网统一电价。

经代理汇聚等效后 m 个电价型负荷的等效初始容量为:

$$P_{i0ZP} = \sum_{k=1}^{m} P_{i0kP} \tag{5-71}$$

式中 P_{i0kP}——第 i 时段、第 k 个负荷的初始容量,MW;

l_{i0}——第 i 时段、第 k 个负荷的初始电价,元/kWh;

ε_{ikP}——第 i 时段、第 k 个负荷的自弹性系数。

考虑各个负荷的到户电价相同,则代理内各负荷变化量应按照下式(5-72)分配。

$$\begin{cases} \dfrac{\Delta P_{i1\mathrm{P}} l_{i0}}{P_{i01\mathrm{P}} \varepsilon_{i1\mathrm{P}}} = \dfrac{\Delta P_{i2\mathrm{P}} l_{i0}}{P_{i02\mathrm{P}} \varepsilon_{i2\mathrm{P}}} = \cdots = \dfrac{\Delta P_{im\mathrm{P}} l_{i0}}{P_{i0m\mathrm{P}} \varepsilon_{im\mathrm{P}}} = \Delta l_i \\ \Delta P_{i1\mathrm{P}} + \Delta P_{i2\mathrm{P}} + \cdots \Delta P_{im\mathrm{P}} = \Delta P_{iZ\mathrm{P}} \end{cases} \quad (5\text{-}72)$$

式中　$\Delta P_{iZ\mathrm{P}}$——i 时段电价型负荷总负荷变化量，MW；

Δl_i——电价变化量，元/kWh，由下式（5-73）表示。

$$\Delta l_i = \frac{\Delta P_{iZ\mathrm{P}} l_{i0}}{\displaystyle\sum_{k=1}^{m} P_{i0k\mathrm{P}} \varepsilon_{im\mathrm{P}}} \quad (5\text{-}73)$$

通过式（5-81）可以求解出当到户电价变化时，代理内部各电价型负荷的功率调整分配，进而求得代理的相应条件下的负荷调用成本

$$\begin{aligned} \mathrm{cost}_{iZ\mathrm{P}}(\Delta P_{iZ\mathrm{P}}) &= (l_{i0} + \Delta l_{i0})(P_{i0Z\mathrm{P}} + \Delta P_{iZ\mathrm{P}}) - l_{i0} P_{i0Z\mathrm{P}} \\ &= \left(l_{i0} + \frac{\Delta P_{iZ\mathrm{P}} l_{i0}}{\displaystyle\sum_{k=1}^{m} P_{i0k\mathrm{P}} \varepsilon_{im\mathrm{P}}} \right)(P_{i0Z\mathrm{P}} + \Delta P_{i0Z\mathrm{P}}) - l_{i0} P_{i0Z\mathrm{P}} \\ &= \frac{l_{i0}}{\displaystyle\sum_{k=1}^{m} P_{i0k\mathrm{P}} \varepsilon_{im\mathrm{P}}}(\Delta P_{iZ\mathrm{P}})^2 + \left(l_{i0} + \frac{l_{i0}}{\displaystyle\sum_{k=1}^{m} P_{i0k\mathrm{P}} \varepsilon_{im\mathrm{P}}} \right)\Delta P_{iZ\mathrm{P}} \quad (5\text{-}74) \end{aligned}$$

此时，调用电价型负荷的边际成本可以表示为

$$\mathrm{cos}'t_{lZ\mathrm{P}} = \mathrm{cost}_{iZ\mathrm{P}}(\Delta P_{iZ\mathrm{P}})/\Delta P_{iZ\mathrm{P}} = \frac{2l_{i0}}{\displaystyle\sum_{k=1}^{m} P_{i0k\mathrm{P}} \varepsilon_{im\mathrm{P}}}(\Delta P_{iZ\mathrm{P}}) + \left(l_{i0} + \frac{l_{i0}}{\displaystyle\sum_{k=1}^{m} P_{i0k\mathrm{P}} \varepsilon_{im\mathrm{P}}} \right)$$

$$(5\text{-}75)$$

2. 激励型负荷边际成本

以可中断负荷作为激励型负荷的代表，记激励型负荷的功率变化量

$$\Delta P_{iEX} = P_{iEX} - P_{i0EX} \quad (5\text{-}76)$$

式中　ΔP_{iEX}——记激励型负荷的功率变化量，MW。

当削减负荷时，调用激励型负荷的边际成本可表示为

$$\mathrm{cost}_{iEX} = \alpha l_{i0} \quad (5\text{-}77)$$

当增加负荷时，调用激励型负荷的边际成本可表示为

$$\mathrm{cost}_{iEX} = (1 - \beta) l_{i0} \quad (5\text{-}78)$$

通过调整激励型负荷代理得到的收益 SY_{iEX} 可以表示为

$$SY_{iEX} = |\Delta P_{iEX}| L_i - |\Delta P_{iEX}| \mathrm{cost}_{iEX} \quad (5\text{-}79)$$

式中　α——补偿率；

β——折扣率；

P_{i0EX}——负荷初始功率，MW；

P_{iEX}——激励型负荷最终交易功率，MW；

l_{i0}——初始电价。

负荷代理按照成本最低原则，对其内部的柔性负荷资源进行调度。对应于某一功率调整数量，负荷代理根据式（5-75）和式（5-78）对电价型负荷和激励型负荷的调度成本进行比较，确定各种负荷调度数量，进而可以获得与功率调整量相对应的总调度成本。

i 时段代理负荷调整量可由下式计算：

$$P_{iZ} = \Delta P_{iZ} + P_{i0P} + P_{i0EX} + P_{i0G} \tag{5-80}$$

式中　P_{iZ}——i 时段代理最终交易负荷量（待求未知量），MW；

ΔP_{iZ}——i 时段代理负荷调整量，MW；

ΔP_{i0G}——刚需型负荷初始功率，MW。

削减负荷时，当 $\text{cost}_{iP} < \text{cost}_{iEX}$ 时，且 $P_{iP\min} < P_{iZ} - P_{i0EX} - P_{i0G} < P_{iP\max}$ 时，代理的负荷变化通过调用电价型负荷实现，激励型负荷和刚需型负荷按照负荷初始功率工作，此时代理内部负荷工作情况为

$$\Delta P_{iEX} = 0 \tag{5-81}$$

$$\Delta P_{iP} = P_{iZ} - P_{i0G} - P_{i0EX} - P_{i0P} \tag{5-82}$$

$$l_i = l_{i0} + \frac{(P_{iZ} - P_{i0G} - P_{i0EX} - P_{i0P})}{P_{i0P}\varepsilon_{ii}}l_{i0} \tag{5-83}$$

削减负荷时，当 $\text{cost}_{iP} < \text{cost}_{iEX}$ 时，且 $P_{iZ} - P_{i0EX} - P_{i0G} > P_{iP\min}$ 时，代理的负荷变化通过调用电价型负荷和激励型负荷来实现，电价型负荷按照 $P_{iP\min}$ 工作，负荷削减不足部分通过削减激励型负荷完成，刚需型负荷按照负荷初始量工作，此时代理内部各负荷工作情况为

$$\Delta P_{iP} = P_{iP\min} - P_{i0P} \tag{5-84}$$

$$\Delta P_{iEX} = P_{iZ} - P_{iG} - P_{iP\min} - P_{i0EX} \tag{5-85}$$

$$l_i = l_{i0} + \frac{(P_{iP\min} - P_{i0P})}{P_{i0P}\varepsilon_{ii}}l_{i0} \tag{5-86}$$

削减负荷时，由于通常条件下，$\varepsilon_{ii} < 0$ 且 $0 < \alpha < 1$，可以认为 $\text{cost}_P \geq \text{cost}_{EX}(P_i > P_{i0EX} + P_{i0G} + \alpha P_{i0P}\varepsilon_{ii})$ 的条件不会出现。

增加负荷时，当 $\text{cost}_P \leq \text{cost}_{EX}$ 时，且 $P_{iZ}-P_{i0EX}-P_{i0G}<P_{iP\max}$ 时，代理的负荷变化通过调用电价型负荷实现，激励型负荷和刚需型负荷按照负荷初始功率工作，此时代理内部负荷工作情况为

$$\Delta P_{iEX} = 0 \tag{5-87}$$

$$\Delta P_{iP} = P_{iZ} - P_{i0G} - P_{i0EX} - P_{i0P} \tag{5-88}$$

$$l_i = l_{i0} + \frac{P_{iZ} - P_{i0G} - P_{i0EX} - P_{i0P}}{P_{i0P}\varepsilon_{ii}}l_{i0} \tag{5-89}$$

增加负荷时，当 $\text{cost}_P \leq \text{cost}_{EX}$ 时，且 $P_{iZ}-P_{i0EX}-P_{i0G}>P_{iP\max}$ 时，代理的负荷变化通过调用电价型负荷和激励型负荷实现，其中电价型负荷按照功率上限工作，不足的部分通过调用激励型负荷实现。刚需型负荷按照负荷初始功率工作，此时代理内部负荷工作情况为

$$\Delta P_{iP} = P_{iP\max} - P_{i0P} \tag{5-90}$$

$$\Delta P_{iEX} = P_{iZ} - P_{iP\max} - P_{i0G} - P_{i0EX} \tag{5-91}$$

$$l_i = l_{i0} + \frac{P_{iP\max} - P_{i0P}}{P_{i0P}\varepsilon_{ii}}l_{i0} \tag{5-92}$$

增加负荷时，当 $\text{cost}_P > \text{cost}_{EX}$ 时有两种情况：

a) $\text{cost}_P > \text{cost}_{EX}$ 对于定义域内 $[\Delta P_{i\min}, \Delta P_{i\max}]$ 的 ΔP_{iZ} 恒成立；

b) $\text{cost}_P > \text{cost}_{EX}$ 对于部分 ΔP_{iZ} 成立。

对于情况 a)，当 $P_{iZ}-P_{i0P}-P_{i0G}<P_{iEX\max}$ 时，代理的负荷变化全部通过调用激励型负荷完成，此时代理内部的各负荷工作情况为

$$\Delta P_{iP} = 0 \tag{5-93}$$

$$\Delta P_{iEX} = P_{iZ} - P_{i0P} - P_{i0G} - P_{i0EX} \tag{5-94}$$

$$l_i = l_{i0} \tag{5-95}$$

对于增负荷时情况 a)，当 $P_{iZ}-P_{i0P}-P_{i0G}\geqslant P_{iEX\max}$ 时，代理的负荷变化通过调用激励型负荷和电价型负荷共同完成，此时代理内部各负荷的工作情况为

$$\Delta P_{iEX} = P_{iEX\max} - P_{i0EX} \tag{5-96}$$

$$\Delta P_{DiP} = P_{iZ} - P_{i0G} - P_{iEX\max} - P_{i0P} \tag{5-97}$$

$$l_i = l_{i0} + \frac{P_{iZ} - P_{i0G} - P_{iEX\max} - P_{i0P}}{P_{i0P}\varepsilon_{ii}}l_{i0} \tag{5-98}$$

对于增负荷时情况 b)，当 $P_{iZ}-P_{i0P}-P_{i0G}<P_{iEX\max}$ 时，代理的负荷变化通过调用激励型负荷和电价型负荷完成，此时代理内部各负荷的工作情况为

$$\Delta P_{iP} = -\beta \varepsilon_{ii} P_{i0P} - P_{i0P} \tag{5-99}$$

$$\Delta P_{iEX} = P_{iZ} - P_{i0G} + \beta \varepsilon_{ii} P_{i0P} - P_{i0EX} \tag{5-100}$$

$$l_i = l_{i0} + \frac{(-\beta \varepsilon_{ii} P_{i0P} - P_{i0P})}{P_{i0P} \varepsilon_{ii}} l_{i0} \tag{5-101}$$

对于增负荷时情况 b)，当 $P_{iZ} - P_{i0P} - P_{i0G} > P_{iEXmax}$ 时，代理的负荷变化通过调用激励型负荷和电价型负荷完成，此时代理内部各负荷的工作情况为

$$\Delta P_{iEX} = P_{iEXmax} - P_{i0EX} \tag{5-102}$$

$$\Delta P_{iP} = P_{iZ} - P_{i0G} - P_{iEXmax} - P_{i0P} \tag{5-103}$$

$$l_i = l_{i0} + \frac{P_{iZ} - P_{iG} - P_{iEXmax} - P_{i0P}}{P_{i0P} \varepsilon_{ii}} l_{i0} \tag{5-104}$$

负荷代理对应于不同的功率调整量，按照上述负荷调用原则，可以确定代理内部每种负荷功率调整数量，进而确定负荷调度成本，作为负荷代理报价及分配功率的依据。

5.4.1.2 负荷代理收益模型

通过调整激励型负荷代理得到的收益可以表示为：

$$SY_{iEX} = |\Delta P_{iEX}| L_i - |\Delta P_{iEX}| cost_{iEX} \tag{5-105}$$

式中 SY_{iEX}——通过调整激励型负荷代理得到的收益。

负荷代理以自身收益最大为目标，以代理内负荷出力限制和功率平衡为约束，建立负荷代理的报价模型

$$\max\{SY_{TN}\} = \max\{|\Delta P_{iZ}| L_i - |\Delta P_{iEX}| cost_{iEX} - |\Delta P_{iP}| cost_{iP}\} \tag{5-106}$$

$$\text{s. t.} \quad L_{imin} \leqslant L_i \leqslant L_{imax} \tag{5-107}$$

$$\Delta P_V = \Delta P_{iZ} + \Delta P_{other} \tag{5-108}$$

$$\Delta P_{iEXmin} \leqslant \Delta P_{iEX} \leqslant \Delta P_{iEXmax} \tag{5-109}$$

$$\Delta P_{iPmin} \leqslant \Delta P_{iP} \leqslant \Delta P_{iPmax} \tag{5-110}$$

$$\Delta P_{othermin} \leqslant \Delta P_{other} \leqslant \Delta P_{othermax} \tag{5-111}$$

式中 ΔP_{other}——其他负荷代理和发电机组的功率调整量，MW。

代理通过对历史数据的学习，猜测其他代理和发电机组的报价策略进而得到 ΔP_{other} 的数值。约束条件式（5-107）为报价限制约束，式（5-108）为功率平衡约束，式（5-109）、式（5-110）为本代理负荷功率调整约束，式（5-111）为其他代理负荷功率调整约束。

由于代理的报价策略为补偿电价关于调整功率的一次函数，因此，需要将报价模型中的决策变量 L_i 和 $\Delta P_{iZ\_\tau 0}$ 用报价参数 A_{ik} 和 B_{ik} 表示，对模型做如下变换。

假设系统中 n 个代理的报价策略分别为

$$\begin{cases} L_{i1} = A_{i1}\Delta P_{i1} + B_{i1} \\ L_{i2} = A_{i2}\Delta P_{i2} + B_{i2} \\ \cdots \\ L_{in} = A_{in}\Delta P_{in} + B_{in} \end{cases} \quad (5-112)$$

式中 A_{ik}、B_{ik}——报价参数。

记 i 时段电网总的负荷调整需求为 ΔP_Z，则有

$$\Delta P_Z = \sum_{k=1}^{n} \Delta P_{ik} \quad (5-113)$$

调度中心的清算按照统一的补偿价格结算 L_i，则

$$L_{i1} = L_{i2} = \cdots = L_{in} = L_i \quad (5-114)$$

式中 L_i——补偿价格。

求解上述三式，得

$$L_i = \frac{\Delta P_Z + \sum_{k=1}^{n} \dfrac{B_{ik}}{A_{ik}}}{\sum_{k=1}^{n} \dfrac{1}{A_{ik}}} = \frac{\Delta P_Z + \dfrac{B_{im}}{A_{im}} + \sum_{k\neq m}^{n} \dfrac{B_{ik}}{A_{ik}}}{\dfrac{1}{A_{im}} + \sum_{k\neq m}^{n} \dfrac{1}{A_{ik}}} = h(A_{im}, B_{im}) \quad (5-115)$$

$$\Delta P_{ik0} = \frac{L_i - B_{im}}{A_{im}} = g(A_{im}, B_{im}) \quad (5-116)$$

将式（5-114）、式（5-115）带入代理报价的目标函数：

$$\max\{SY[h(A_{im}, B_{im}), g(A_{im}, B_{im})]\} \quad (5-117)$$

式中 A_{ik}，$B_{ik}(k=m)$ ——代理 m 自身报价策略参数；

A_{ik}，$B_{ik}(k\neq m)$ ——其他代理在该次竞价过程中的报价策略。

相应的各个约束条件也转化为关于报价参数 A_{ik} 和 B_{ik} 的约束。

5.4.1.3 代理报价学习策略

在上述多代理交易机制中，每个代理在报价过程中并不知道其他代理的报价信息，因此上述优化模型无法直接求解。假定代理的历史报价数据全部公开（澳大利亚国家电力市场运营规则），这种情况下每个代理可以从不断变化的市场运行环境中获取知识进行学习，并对其他代理的报价策略做出合理的猜测，在此基础上求解上述优化模型，可以得到使自己预期收益最大的报价策略。

在电力市场运行初期，运行经验不足，调度中心并不能为负荷代理提供足够的历史信息，因此，设计负荷代理简单学习规则如下：将上一个"同功率调整量竞价时段"中所有竞争对手所做出的报价行为作为当前时段的猜测，即

$$A'_{ik} = A_{t_nk}, \qquad B'_{ik} = B_{t_nk} \qquad (k \neq m) \tag{5-118}$$

式中　A_{t_nk}，B_{t_nk}——上一个同功率调整量竞价时段代理 k 对报价策略。

考虑系统中各个代理所采用的报价策略一致，即彼此之间是一种非合作博弈的关系。当各代理同时猜中其他代理的报价策略时，各个代理都将得到预期的最大收益，即整个竞价过程达到彼此接受的纳什均衡解，并将在后续的同功率调整量竞价时段保持以该策略进行报价。由定义可知，纳什均衡解并不一定是系统的全局最优解。为使得各个代理的竞价过程朝全局最优的方向进行，这里通过满意度矩阵（SD）和 $\varepsilon\text{-degree}$ 搜索对代理的报价策略进行修正。

1. 满意度矩阵

在竞价过程中，每个代理并不能获知其他代理的成本、收益等详细信息，因此无法搜寻全局最优的报价方向。为解决这一问题，引入负荷代理满意度相量 $\{y_{nk}\}$ 和调度中心的满意度向量 $\{y_{nc}\}$，y_{nk} 和 y_{nk} 分别表示负荷代理 k 和调度中心对第 n 次同功率调整竞价结果的满意度，其值为 1 表示对该次竞价结果满意；其值为 0 表示对该次竞价结果不满意，其表达式为

$$y_{nk} = \begin{cases} 1 & \forall i \neq n: SY_{nk} \geqslant SY_{ik} \\ 0 & \exists i \neq n: SY_{nk} < SY_{ik} \end{cases} \tag{5-119}$$

$$y_{nc} = \begin{cases} 1 & \forall i \neq n: \text{cost}_{nc} \geqslant \text{cost}_{ic} \\ 0 & \exists i \neq n: \text{cost}_{nc} < \text{cost}_{ic} \end{cases} \tag{5-120}$$

式中　SY_{nk}——代理 k 第 n 次竞价的收益；

　　　SY_{ik}——表示代理 k 第 i 次竞价的收益；

cost_{nc}、cost_{ic}——调度中心在第 n 次竞价和第 i 次竞价的调度成本。

除调度成本外，调度中心可根据不同的考核指标（如碳排放量、网损等）制定调度中心对某次竞价结果的满意度，从而通过满意度矩阵来引导负荷代理竞价朝着有利的方向进行。

在每次竞价结束后，各个负荷代理根据自身收益情况将其对历史竞价结果的满意度反馈至调度中心，调度中心根据各负荷代理反馈的满意度信息，更新满意度矩阵 SD，并在下一轮竞价开始时将 SD 作为历史信息向各个负荷代理公开。满意度矩阵 SD 表达式为

$$SD = \begin{bmatrix} y_{11} & y_{12} & \cdots & y_{1k} \\ y_{21} & y_{22} & \cdots & y_{2k} \\ \vdots & \vdots & \ddots & \vdots \\ y_{n1} & y_{n2} & \cdots & y_{nk} \end{bmatrix} \tag{5-121}$$

在计及满意度矩阵 SD 后，各负荷代理在每次报价时，从调度中心公布的满意度结果中搜索是否存在满意度均为 1 的行（交易过程），如果存在，则直接选择该次竞价过程中的报价策略作为本次的报价策略继续使用；若不存在，则按照上述原则猜测对手信息优化自身报价。

2. ε-degree 探索策略

为防止竞价过程收敛于局部最优，在代理报价的过程中使用 ε-degree 探索策略，即在各个代理进行报价时，以小概率 ε 尝试正常选择策略以外的、未被选择过的策略。将小概率 ε 定义为 $1/n_{jy}$，n_{jy} 为"同功率调整量竞价"发生次数，这样，在电力市场运行初期，ε 值较大，负荷代理会以较大的概率不断地尝试新的报价策略，以防止报价策略长期的收敛于局部最优解，并快速扩充历史数据库，积累报价经验；当经过长时间的运营，电力市场进入成熟稳定阶段，ε 值逐渐减小，代理尝试新的报价策略的概率越来越小，从而使代理可以以较大的概率选择最优的报价策略。

负荷代理报价策略流程如图 5-27 所示。在每一轮竞价开始时，负荷代理接收调度交易中心下发的功率调整需求信息，首先判断是否满足 ε-degree 搜索条件，若满足，则随机生成新的报价策略，进行报价；若不满足，则搜索 SD 矩阵，判断是否存在最优竞价过程，若存在，则根据 SD 矩阵选择最优报价策略进行报价，若不存在，则根据式（5-118）猜测对手报价，并带入期望收益模型，求解自身的报价策略，上报至调度交易中心，执行本次竞价。

5.4.1.4　负荷代理决策模型

在每一轮竞价结束后，调度中心会根据负荷代理的报价策略和该时段的功率需求计算该时段的功率调整补偿电价及功率分配情况，并将相关信息下发至各个负荷代理。负荷代理得到其分配的功率调整数量，以调度成本最小为目标，通过调整电价型负荷的到户电价和激励型负荷的激励措施，对其内部负荷的用电功率做出相应调整，由式（5-75）、式（5-78）可以得到代理的调度成本，以调度成本最小为目标建立负荷代理的决策模型为

$$\min \{ \mathrm{cost}(\Delta P_{iPk\_T0}) + \mathrm{cost}(\Delta P_{iEXk\_T0}) \} \tag{5-122}$$

$$\mathrm{s.t.} \quad \Delta P_{Vk\_T0} = \Delta P_{iPk\_T0} + \Delta P_{iEXk\_T0} \tag{5-123}$$

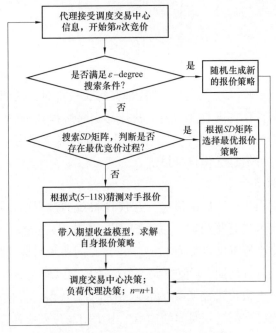

图 5-27　负荷代理报价策略流程图

$$P_{iEX\_T0min} \leqslant P_{iEX\_T0} \leqslant P_{iEX\_T0max} \tag{5-124}$$

$$P_{iP\_T0min} \leqslant P_{iP\_T0} \leqslant P_{iP\_T0max} \tag{5-125}$$

$$P_{other\_T0min} \leqslant P_{other\_T0} \leqslant P_{other\_T0max} \tag{5-126}$$

式中　ΔP_{Vk_T0}——代理 k 分配的功率调整总量，MW；

　　　ΔP_{iPk_T0}——代理内部电价型负荷的功率调整总量，MW；

　　　ΔP_{iEXk_T0}——代理内部激励型负荷的功率调整总量，MW。

解上述模型后，可以得到代理内部电价型负荷和激励型负荷的功率调整总量，以及代理内激励型负荷的激励大小和电价型负荷的电价变化量。

5.4.2　调度中心控制决策模型

在本节设计的"日前-日内-实时"多时间尺度协调的调控机制中，首要考虑的是最大限度接纳风电的问题，因此，提高风电利用率是各时间尺度协调调度共同追求的目标。对于每一时间尺度调度而言，其控制目标需要兼顾风电利用率和调控经济性。为提高经济性，需要充分考虑各时间尺度的风电预测功率的误差分布，避免或减少各时间尺度的反复调节。考虑风电预测误差具有随预测时间尺度的缩短而逐步减小的特性，对于较长时间尺度的调控过程，应适当放宽对系统功率平衡的要求，以避免功率过度调整；对于较短时间尺度的调控过程，应适当提高对系统功率平衡的要求，以减小更短时间尺度的功率调整量，提高整体调控的经济性。因此，调度的决策思路是在保证风电出力满足一定可信度的前提下，追求调度成本最低。

假设各电厂通过与调度交易中心签订双边合同的方式参与辅助服务市场。合同内容包括各时段功率调整量与补偿价格的对应关系、功率调整限值等。假设第 j 台发电机组功率调整与补偿价格的关系，即调度交易中心通过发电机组进行功率调整的边际成本为

$$L_{iG} = A_{Gj}\Delta P_{iGj} + B_{Gj} \tag{5-127}$$

式中　A_{Gj}、B_{Gj}——发电机成本参数。

则调度交易中心通过调用发电机组进行功率调整的成本可以表示为

$$\text{cost}_G(\Delta P_{iGj}) = A_{Gj}\Delta P_{iGj}^2 + B_{Gj}\Delta P_{iGj} \tag{5-128}$$

假设负荷代理的报价为补偿价格与调整功率的一次函数，则负荷代理调控成本可以表示为

$$\text{cost}_A(\Delta P_{iAk}) = \Delta P_{iAk}L_A = A_{ik}\Delta P_{ik}^2 + B_{ik}\Delta P_{ik} \tag{5-129}$$

式中　A_{ik}、B_{ik}——负荷代理的报价参数。

调度交易中心在获取发电机成本信息和各个负荷代理上报的竞价信息后，以调控成本最小为目标，以功率平衡和各发电机出力、负荷代理调整限制为约束条件，建立调度交易中心的决策模型为（不计人工费和损耗）

$$\min\{c_{\text{total}}\} = \sum_{j=1}^{m} \text{cost}_A(\Delta P_{iGj}) + \sum_{k=1}^{n} \text{cost}_G(\Delta P_{iAk}) \tag{5-130}$$

$$\text{s.t.}\quad \Delta P_{iV} = \sum_{k=1}^{n} \Delta P_{iAk} + \sum_{j=1}^{m} \Delta P_{iGj} \tag{5-131}$$

$$P_r\left\{\left|\sum_{j=1}^{m} P_{iGj} + P_w - P_{\text{load0}} - \Delta P_{iV}\right| \leqslant \Delta P\right\} \geqslant r\lambda_0 \tag{5-132}$$

$$L_{iAk} = L_{iGj} \tag{5-133}$$

$$\Delta P_{iGj\min} \leqslant \Delta P_{iGj} \leqslant \Delta P_{iGj\max} \tag{5-134}$$

$$\Delta P_{iAk\min} \leqslant \Delta P_{iAk} \leqslant \Delta P_{iAk\max} \tag{5-135}$$

式中　　ΔP_{iAk}——i 时段第 k 个负荷代理的功率调整量，MW；

$\text{cost}_A(\Delta P_{iAk})$——负荷代理 k 调整功率 ΔP_{iAk} 时的补偿费用；

ΔP_{iGj}——i 时段第 j 台发电机的功率调整量，MW；

$\text{cost}_G(\Delta P_{iGj})$——发电机组 j 调整功率 ΔP_{iGj} 的补偿费用；

ΔP_{iV}——i 时段的功率调整总量，MW；

P_{load0}——负荷预测值，MW；

L_{iAk}——调度交易中心支付给负荷代理 k 的补偿价格；

L_{iGj}——调度交易中心支付给发电机组 j 的补偿价格；

λ_0——系统功率不平衡量处于区间 $[-\Delta P, \Delta P]$ 内的置信水平；

r——松弛因子，计算方式为

$$r_{TN} = 1 - \frac{\sigma_{TN}}{2P_{wN}} \qquad (5-136)$$

式中 r_{TN}——TN 级调度中松弛因子的取值；

σ_{TN}——TN 级调度中风电预测功率均方差；

P_{wN}——系统风电的额定功率。

约束条件式（5-132）、式（5-133）为功率平衡约束，表示计及风电出力的不确定性后，系统功率不平衡量处于区间 $[-\Delta D, \Delta D]$ 内的置信度不小于 $r\lambda_0$；约束条件式（5-133）表示各个代理和发电机组按照统一的补偿价格交易；约束条件式（5-134）、式（5-135）表示各个负荷代理和发电机组的调整量在出力限值范围内。负荷和发电机的调节速度约束与第三章类似，参照式（5-22）和式（5-23）。

需要说明的是，放松对功率不平衡量的约束，可以减小本级调控的功率调整量，从而有利于提高本级调控的经济性。但是，对功率不平衡量的约束并非越松越好，过于宽松会导致下一级调控（更短时间尺度）的压力增大，增加下一级调控的成本。

5.4.3 柔性负荷互动响应调度策略

考虑到不同类型负荷参与电网调节的响应时间和响应周期不同，将调度策略分为如下四个层次：

（1）日前24h负荷调控：每24h执行一次，分为96时段对未来一天各负荷代理的功率调整做出计划，其控制对象为负荷代理中响应速度较慢、提前通知时间较长的负荷。

（2）日内提前1h负荷调控：每1h执行一次，在计及日前负荷调节量的基础上，对未来1h各负荷代理的功率调整做出计划，调控对象为各负荷代理中调节周期较短、响应速度较快的负荷。

（3）日内提前15min负荷调控：每15min执行一次，在计及日前和日内1h负荷调控效果的基础上，对代理中的快速响应负荷的用电功率做出调整，在该时间尺度上，风电功率预测的精度已经很高，因此，可以尽量提高对功率不平衡量的约束，以减少负荷实时调控的功率调整量或AGC动作。

（4）实时负荷调控：控制对象为代理内部参与实时响应的负荷，可与AGC

控制相配合。

本节主要分析日前 24h、日内 1h 和日内 15min 负荷调控协调配合下的负荷调控策略，多时间尺度协调的柔性负荷互动响应调度策略流程如图 5−28 所示。其主要步骤如下：

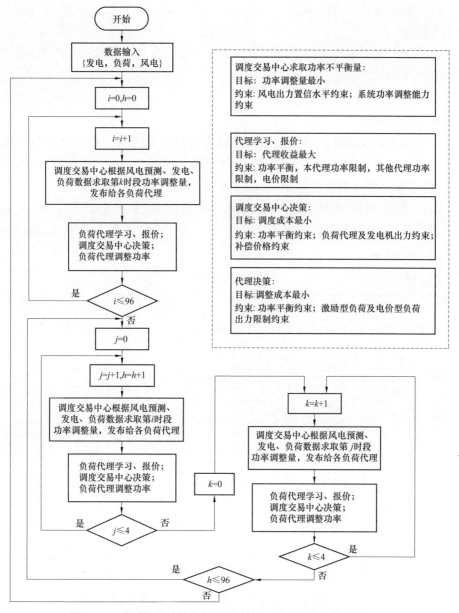

图 5−28　多时间尺度协调的柔性负荷互动响应调度策略流程图

（1）调度交易中心获取负荷代理、风电场、发电机组的供用电信息；

（2）调度交易中心发布竞价指令至各负荷代理；

（3）负荷代理学习历史数据，以自身收益最大为目标，计算报价策略上报调度交易中心；

（4）调度交易中心以调度成本最小为目标，确定功率调整量，将信息下发至各个代理；

（5）负荷代理得到本时段自身负荷调整总量，以自身收益最大为目标，以激励和电价为手段改变内部负荷功率；

（6）进行下一时段调度交易。

5.4.4 算例分析

本节采用某省级电网为仿真对象，将系统负荷分为两个综合型负荷代理，每个负荷代理内部均包含电价型、激励型和刚需型三类负荷。负荷代理参数如表 5-17 所示。系统负荷功率 96 时段（每时段 15min）曲线如图 5-29（b）所示，日前 24h、日内 1h 和 15min 系统风电出力预测曲线如图 5-29（a）所示，假设风电预测误差服从正态分布 $N[PP(t), \sigma^2]$，均方差 σ 分别为 300MW、100MW 和 50MW。

表 5-17 负荷代理参数

负荷代理		电价型负荷		激励型负荷			刚需负荷	不同响应时间柔性负荷所占比例（%）
		所占比例（%）	弹性系数	所占比例（%）	补偿率	折扣率	所占比例（%）	
日前 24h	Agent1	20	-1.2	20	1.1	0.8	60	60
	Agent2	15	-1.3	25	1.2	0.9	60	
日内 1h	Agent1	20	-0.7	20	1.5	0.6	60	30
	Agent2	15	-0.8	25	1.6	0.8	60	
实时 15min	Agent1	20	-0.3	20	1.8	0.5	60	10
	Agent2	15	-0.4	25	2	0.5	60	

5.4.4.1 仿真算例 1

本算例主要验证多时间尺度柔性负荷协调调度策略对于风电消纳的效果。调度策略采用上述日前 24h、日内 1h、日内 15min 协调调度策略，各级调度的功率调整目标分别为：日前调度——功率不平衡量处于 [-300MW，300MW] 区间内的置信水平不小于 60%；日内 1h 调度——功率不平衡量处于 [-100MW，100MW] 区间内的置信水平不低于 65%；日内 15min 调度——功率不平衡量处

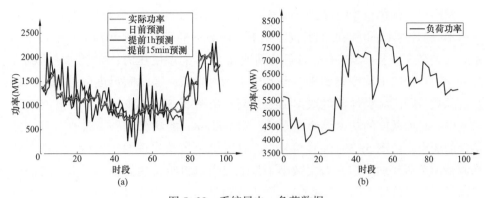

图 5-29　系统风电、负荷数据

（a）风电功率实际值和预测值；（b）系统负荷

于 ［-100MW，100MW］ 区间内的置信水平不低于 95%。相关仿真结果如图 5-30 所示。

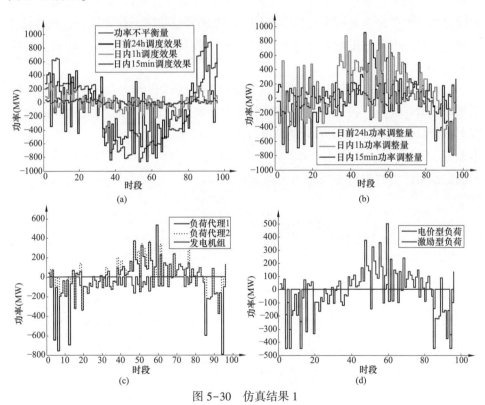

图 5-30　仿真结果 1

（a）不平衡功率消纳效果；（b）各级调度功率调整量；

（c）日前 24h 调度功率分配情况；（d）日前 24h 调度代理 1 内部功率分配

图中横坐标单位为时段，每时段15min。由图5-30（a）可见，在日前24h、日内1h和日内15min调度的共同作用下，功率不平衡量被限制到了一个很小的水平（蓝色实线），减小了实时负荷调度和AGC的调度压力；在上述三级调度过程中，日前的可调度资源多，调度成本相对最低，随时间尺度的缩短，可调度资源数量随之减少且调度成本随之升高，由图5-30（b）可见，在各级调度过程中，日前调度的功率调整量最大，日内15min的功率调整量最小，符合经济性的要求；由图5-30（c）可见，在计及综合负荷代理的作用后，大部分功率调整由负荷代理承担，大大减小了系统对发电机组备用容量的需求，有助于提高系统的经济性；图5-30（d）所示的为日前24h调度过程中，竞价结束后负荷代理1对内部电价型负荷和激励型负荷功率变化量的分配情况。

5.4.4.2 仿真算例2

本算例主要仿真计及风电功率不确定性对系统调度经济性的影响。设置两个仿真条件如下。条件一：不考虑风电功率不确定性，直接按照风电功率预测值计算功率调节量作为调度目标；条件二：考虑风电功率不确定性，按照算例1中所述的对功率不平衡量的要求计算功率调节数量作为调度目标。相关仿真结果如图5-31所示。

由图5-31仿真结果可见，两种调度策略下最终达到的功率不平衡量消纳效果基本相似。但是，在条件二所描述的调度策略下，日前调度的成本降低幅度较大，而日内1h和日内15min的调度成本略有增加，但幅度很小，系统调度成本如表5-18所示，系统总的调度成本显著降低。因此，在计及风电预测功率的不确定性后适当的放松对功率不平衡量的约束，可以有效地提高系统调度的经济性。

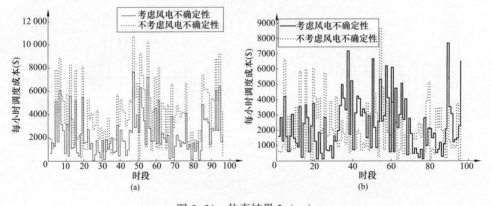

图5-31 仿真结果2（一）

（a）日前24h调度中心调度成本；（b）日内1h调度中心调度成本

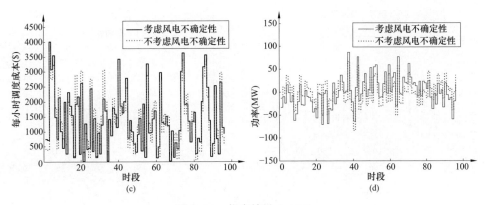

图 5-31　仿真结果 2（二）

（c）日内 15min 调度中心调度成本；（d）功率不平衡量消纳效果

表 5-18　　　　　　　　　　系 统 调 度 成 本

仿真条件	日前 24h 调度成本（$）	日内 1h 调度成本（$）	日内 15min 调度成本（$）	1 天总调度成本（$）
条件一	96481	107550	8255	212290
条件二	54540	112770	8280	175590

5.4.4.3　仿真算例 3

本算例主要分析负荷代理参与系统调度后对经济性的影响，仿真条件与算例 1 相同，分别在负荷代理和发电机组共同参与调度和只有发电机组参与调度的条件下，模拟 1 天的调度交易过程，该过程中调度中心成本和负荷代理收益情况如图 5-32 和图 5-33 所示。由图 5-33 可见，当负荷代理参与系统后，在各个负荷代理能够获取一定收益的基础上，系统的调度成本有效降低。此外，由仿真算例 1 可知，负荷代理参与调度后可以很大程度上的发电机组备用，进而降低系统备用成本，因此，基于负荷代理的系统调度方式较传统调度方式在经济性方面有显著优势。

5.4.4.4　仿真算例 4

本算例主要验证综合代理报价算法的效果。在负荷调整需求为 +1550MW时，进行下述两种条件的竞价仿真分析：条件一，负荷代理在报价限制内进行随机报价，模拟 30 次交易过程；条件二，负荷代理在本报告所提出的学习策略的基础上进行报价模拟 300 次报价过程。条件 1 下的仿真结果如图 5-34 所示。条件 2 下的仿真结果如图 5-35 所示。

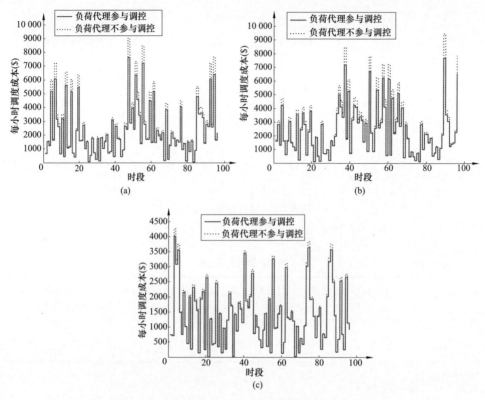

图 5-32　两条件下调度中心调度成本对比

（a）日前 24h 调度中心调度成本对比；（b）日内 1h 调度中心调度成本对比；

（c）日内 15min 调度中心调度成本对比

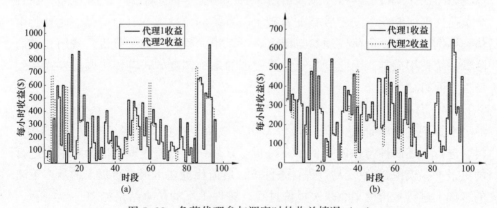

图 5-33　负荷代理参与调度时的收益情况（一）

（a）参与日前 24h 调度负荷代理收益；（b）参与日内 1h 调度负荷代理收益

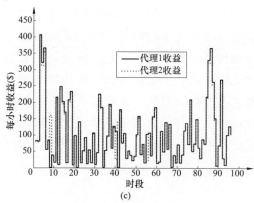

图 5-33 负荷代理参与调度时的收益情况（二）

（c）参与日内 15min 调度负荷代理收益

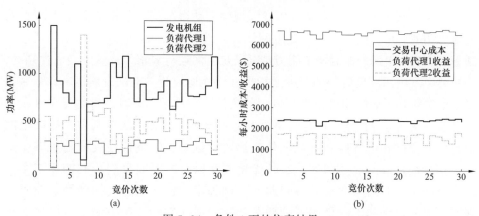

图 5-34 条件 1 下的仿真结果

（a）每次竞价的功率分配情况；（b）每次竞价的各方成本和收益情况

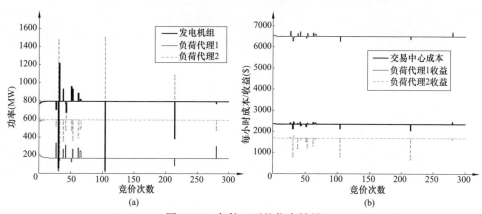

图 5-35 条件 2 下的仿真结果

（a）每次竞价的功率分配情况；（b）每次竞价的各方成本和收益情况

对比如图 5-34、图 5-35 所示的仿真结果可见，在随机报价策略下，功率分配、调度成本和代理收益也体现出随机的特性，系统的发电机组的备用需求相对较多；在本节提出的代理报价策略下，随竞价次数的增加，代理不断地通过学习并调整报价策略而使得调度中心成本和负荷代理的收益都稳定在于一个较优的水平。同时，随调度次数的增加，各代理以变化的概率 ε 尝试新的报价策略以继续寻求全局最优解。并且随着新策略尝试次数的增加，尝试新策略的概率也逐渐降低，以保证调度中心的成本和负荷代理的收益以较大的概率保持在较优的水平。

5.5 本章小结

由于高渗透率可再生能源发电和大规模电动汽车及分布式储能接入电网后，源侧可调度、可控性变差，加之电网峰谷差的日益扩大使得电网的调峰需求不断上升，常规电源的控制调节能力难以满足电网运行要求，且受到经济性制约，传统的"发电跟踪负荷"的调度运行模式不能适应智能电网发展需求。未来电网中电源侧和负荷侧均可作为可调度的资源。柔性负荷调度通过引导柔性负荷主动参与电网运行控制，可有效解决电力系统调节能力不足等问题，提高电网运行的安全性和经济性。本章正是在上述背景下，围绕柔性负荷随机响应这一关键特征从日内滚动调度、实时优化调度以及多时间尺度协调调度三个方面，分析了多时间尺度源荷协同调度关键技术，旨在充分发挥各种负荷资源在不同时间尺度和不同机制下的调节潜力，引导柔性负荷主动参与电网运行控制，对柔性可控负荷实施调度，实现从"源随荷调"向"源荷互动"的革命性转变。

第6章

"源–网–荷"互动控制技术

电力系统安全经济运行的核心问题是功率平衡和能量平衡。实时调度后，维持系统有功功率平衡的主要手段是发电机组的一次调频和二次调频，可调资源容量非常宝贵。此时，具有快速调节特性的柔性负荷资源重要性更加突出。继第5章从日前、日内和实时调度的角度介绍了"源–网–荷"协同优化调度技术后，本章从实时控制的角度出发，进一步研究"源–网–荷"互动控制技术。根据系统有功功率供需平衡状态，将电网的实际控制需求分为供需相对平衡的正常工况和供需平衡紧张或失调的紧急工况两大类场景。计及互动控制目标的不同，设计了不同场景下"源–网–荷"互动控制架构，并分别提出了正常工况和紧急工况下"源–网–荷"互动控制技术。

6.1　正常工况下"源–网–荷"互动控制技术

6.1.1　"分布自治、集中协调"的互动控制架构

在实时阶段，系统中能够灵活调节的资源容量非常稀缺，但可再生能源的不确定性/快速爬坡特性以及负荷中心用电高峰期用电量的快速攀升都使得短时间尺度上的系统平衡资源需求激增。此时，利用快速柔性负荷有助于提升电网快速调节能力、改善电网运行的安全性和经济性。正常工况下，"源–网–荷"互动以柔性负荷调控为主要形态，重点在于如何实现对海量、分散分布的柔性负荷的经济调控，该工况下"源–网–荷"互动控制架构如图6-1所示。考虑到互动参与主体多具有数量多、分布广、单体容量较小的特点，"源–网–荷"互动控制的核心思想在于"分布自治、集中协调"。空间尺度上，分为多区域协调层、区域内调度中心优化层、负荷代理协调层（大用户和负荷代理看作是对等的，处于同一层）和本地负荷响应层4个层次。时间尺度上，考虑到负荷代理参与电网调控运行需要一定的提前通知时间、负荷响应也具有一定的延迟性，将调

控时间定位在实时调度计划以内。

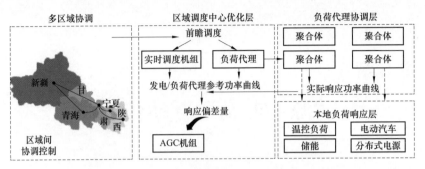

图6-1 "分布自治、集中协调"的互动控制架构

在多区域协调层，当前AGC控制策略的一个核心是联络线偏差控制，保证实际区域交换功率符合计划制定的联络线潮流，减小ACE的值。按照目前的AGC控制方式，在确定了联络线的交换功率之后，各控制区内部不平衡功率原则上由本控制区自行解决，其他区域因为ACE变化较小，并不会提供支援。在这种情况下，如果需要获取其他区域的支援，除了通过更高一级调度中心协调之外，还可以通过各区域之间的分布式协调控制来实现互联区域的相互支援。区域内部，在调度中心优化层，调度中心通过前瞻调度，及时发现系统即将出现的功率缺额，通过发用电集中优化决策将调度指令（例如发电机组或负荷代理参考功率曲线）分别发布给实时调度机组、大用户和负荷代理。在负荷代理协调层，负荷代理接到调度中心指令后，根据内部负荷的响应特性进行控制指令分配。最终，由负荷层通过本地响应实现功率调节的目标。需要说明的是，柔性负荷作为一类需求侧资源，其响应具有一定的不确定性，实际响应功率曲线和调度中心下发的参考功率曲线直接存在偏差，这部分偏差由发电侧具有实时跟踪能力的AGC机组承担。控制模式上，在负荷代理协调层及以下，负荷代理依据市场机制或控制中心指令，对其自身管理的诸多负荷实行自治调节，根据具体控制需求，采用的控制模式可以是集中式、分布式或分散式。在调控中心优化层及以上，以发用电资源集中协调为主，对全网资源进行统一优化配置。

6.1.2 区域内分布式协同控制技术

基于以上考虑，本节将计及柔性负荷的有功实时功率平衡过程分为5min实时调度时间段和AGC控制时间段，控制流程如图6-2所示。在5min实时调度时间段内，调度中心对参与实时计划的发电机组和负荷代理进行统一优化调度，并下发功率调节量给负荷代理，由负荷代理完成内部负荷的功率分配；在AGC

控制时间段内，系统的功率不平衡量由实时跟踪的 AGC 发电机组继续调节。

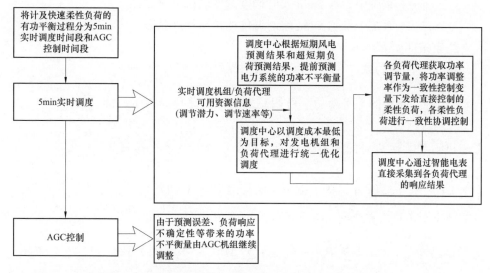

图 6-2　计及快速柔性负荷参与的有功实时平衡控制流程

6.1.2.1　调控中心优化调度策略

假设发电机组和负荷代理的功率调节补偿价格与其功率调节量之间均呈线性关系，即

$$L_{Gg}(\Delta P_{Gg}) = a_g \Delta P_{Gg} + b_g \tag{6-1}$$

$$L_{Al}(\Delta P_{Al}) = \alpha_l \Delta P_{Al} + \beta_l \tag{6-2}$$

式中　$L_{Gg}(\Delta P_{Gg})$——发电机组 g 的功率调节补偿价格，元；

　　　　ΔP_{Gg}——机组 g 的功率调节量，kW；

　　　　a_g、b_g——机组 g 的成本系数；

　　　　$L_{Al}(\Delta P_{Al})$——负荷代理 l 的功率调节补偿价格，元；

　　　　ΔP_{Al}——负荷代理 l 的功率调节量，kW；

　　　　α_l、β_l——负荷代理 l 的成本系数。

则第 k 时段机组 g 和负荷代理 l 参与系统功率调节的成本可分别表示为

$$C_{Gg}(\Delta P_{Gg}) = L_{Gg}(\Delta P_{Gg}) \cdot \Delta P_{Gg} = a_g (\Delta P_{Gg})^2 + b_g \Delta P_{Gg} \tag{6-3}$$

$$C_{Al}(\Delta P_{Al}) = L_{Al}(\Delta P_{Al}) \cdot \Delta P_{Al} = \alpha_l (\Delta P_{Al})^2 + \beta_l \Delta P_{Al} \tag{6-4}$$

在 5min 实时调度阶段，调控中心以调度成本最低为目标，通过调度发电机组和负荷代理实现电力系统的有功功率平衡。目标函数可表示为

$$\min\{C_{\text{total}}\} = \sum_{g=1}^{m_G} C_{Gg}(\Delta P_{Gg}) + \sum_{l=1}^{n_{LA}} C_{Al}(\Delta P_{Al}) \tag{6-5}$$

式中　C_{total}——计及柔性负荷的发用电总成本，元；

$\quad\quad m_{\text{G}}$——系统中参与 5min 实时调度的发电机组总数；

$\quad\quad n_{\text{LA}}$——系统中参与 5min 实时调度的负荷代理总数。

约束条件如下：

1. 功率平衡约束

k 时段，系统的不平衡功率可用总发电减去总负荷表示，即 $\sum\limits_{g=1}^{m_{\text{G}}} P_{\text{G}g} - P_{\text{D}}$，

考虑机组和柔性负荷的调节作用后，整个系统新的不平衡量为 $\sum\limits_{g=1}^{m_{\text{G}}} P_{\text{G}g} - P_{\text{D}} +$

$\left(\sum\limits_{g=1}^{m_{\text{G}}} \Delta P_{\text{G}g} - \sum\limits_{l=1}^{n_{\text{LA}}} \Delta P_{\text{A}l} \right)$。为了减少实时控制中 AGC 机组的调节压力，需保证系统的新不平衡量落在全网 AGC 可调容量范围内，即

$$P_{\text{AGC}}^{\text{dn}} \leqslant - \left[\sum\limits_{g=1}^{m_{\text{G}}} P_{\text{G}g} - P_{\text{D}} + \left(\sum\limits_{g=1}^{m_{\text{G}}} \Delta P_{\text{G}g} - \sum\limits_{l=1}^{n_{\text{LA}}} \Delta P_{\text{A}l} \right) \right] \leqslant P_{\text{AGC}}^{\text{up}} \tag{6-6}$$

式中　$P_{\text{G}g}$——机组 g 的实际功率，kW；

$\quad\quad P_{\text{D}}$——电力系统的负荷预测值，kW；

$P_{\text{AGC}}^{\text{up}}$、$P_{\text{AGC}}^{\text{dn}}$——AGC 机组可调容量的上、下限，kW。

2. 发电机调节特性约束

机组的调节特性受到调节裕度和爬坡率两方面因素的制约。

$$\Delta P_{\text{G}g}^{\text{max}} = \min(\Delta t R_{\text{G}g}^{\text{up}}, \ P_{\text{G}g}^{\text{max}} - P_{\text{G}g}) \tag{6-7}$$

$$\Delta P_{\text{G}g}^{\text{min}} = \max(\Delta t R_{\text{G}g}^{\text{dn}}, \ - P_{\text{G}g} + P_{\text{G}g}^{\text{min}}) \tag{6-8}$$

$$\Delta P_{\text{G}g}^{\text{min}} \leqslant \Delta P_{\text{G}g} \leqslant \Delta P_{\text{G}g}^{\text{max}} \tag{6-9}$$

式中　$\Delta P_{\text{G}g}^{\text{max}}$、$\Delta P_{\text{G}g}^{\text{min}}$——机组 g 的可调容量上下限，kW；

$\quad\quad P_{\text{G}g}^{\text{max}}$、$P_{\text{G}g}^{\text{min}}$——机组 g 的功率上下限，kW；

$\quad\quad R_{\text{G}g}^{\text{up}}$——机组 g 上升方向的调节速率，kW/t；

$\quad\quad R_{\text{G}g}^{\text{dn}}$——机组 g 下降方向的调节速率，kW/t。

3. 负荷代理调节特性约束

$$\Delta P_{\text{A}l}^{\text{min}} \leqslant \Delta P_{\text{A}l} \leqslant \Delta P_{\text{A}l}^{\text{max}} \tag{6-10}$$

式中　$\Delta P_{\text{A}l}^{\text{max}}$、$\Delta P_{\text{A}l}^{\text{min}}$——负荷代理 l 的功率调节量上下限，kW。

6.1.2.2　负荷代理内部分布式控制策略

柔性负荷数量众多，在分布上具有很强的分散性，且发/用电水平具有很强的不确定性，调度中心无法对它们进行准确感知和精确控制，导致调度中心现有的集中、准确的控制模式不再适用。一般而言，对于含有大量快速柔性负荷

系统的协调控制问题，其控制策略总是可以归纳为三类：集中控制、分散控制和分布式控制。集中控制方式速度最快且最准确，但需要和负荷之间建立通信连接和控制回路，当面对海量的负荷资源时，控制成本较高。分散控制不需要负荷之间进行通信，具有响应快、成本低等优点，适用于负荷主动响应外界信号（如参与调频）的场合，但分散控制策略不易确定负荷的整体响应量，容易出现"过调"或"欠调"现象。与集中控制和分散控制相比，分布式控制仅需控制少量的负荷个体，再通过个体与周围邻居进行合作完成特定的任务，能够在不同层级上实现"分布自治、集中协调"，尤其适合于海量快速柔性负荷通过代理方式参与电网调控运行的场景。

随着信息技术的应用，电网元件的智能化程度提高，可以不同智能元件集群组成的智能体（Agent）形式参与电网运行。在分布式控制策略下，柔性负荷智能体通过与周围智能体进行协作，在降低通信成本和计算量的同时，可以提高负荷控制的精度，同时能够减少对用户用电的负面影响。本节基于多智能体系统（Multi-Agent System，MAS）及一致性控制（Consensus Control）理论介绍负荷代理内部的分布式控制策略。

1. 数学基础

（1）图论基础。设 V 是非空集。V 上的一个二元关系 e 是 V 上的元素对，即 $e \in V \times V$。集合 V 和定义在 V 上的二元关系集 R 的有序二元组 (V, R) 称为数学结构。

图（Graph）是指一个数学结构 (V, E, ψ)，其中 V 是非空集，E 是定义在 V 上（可以重复）的二元关系集，而 ψ 是 E 到 $V \times V$ 的函数，$\psi(E)$ 可以是重集。若 $\psi(E)$ 中元素全是有序对，则 (V, E, ψ) 称为有向图（Digraph），记为 $D = (V(D), E(D), \psi_D)$。若 $\psi(E)$ 中元素全是无序对，则 (V, E, ψ) 称为无向图（Undirected Graph），记为 $G = (V(G), E(G), \psi_G)$。

图论中大多数定义和概念是根据图的图形表示提出来的。例如，当把 (V, E, ψ) 看成图时，V 称为该图的顶点集（Vertex Set），E 称为该图的边集（Edge Set），V 中元素称为顶点（Vertex）或点（Point），E 中元素称为边（Edge），ψ 称为点与边之间的关系函数（Incidence Function）。

设 G 是无向图，$x \in V(G)$ 的顶点度（Vertex Degree）定义为 G 中与 x 关联边的数目（一条环要计算两次），记为 $d_G(x)$。顶点度为 d 的顶点称为 d 度点（a Vertex of Degree d）。零度点称为孤立点（Isolated Vertex）。

设 D 是有向图，$y \in V(D)$ 的顶点出度（Vertex Out-Degree）定义为 D 中以 y 为起点的有向边的数目，记为 $d_D^+(y)$。$y \in V(D)$ 的顶点入度（Vertex

In-Degree）定义为 D 中以 y 为终点的有向边的数目，记为 $d_D^-(y)$。$y \in V(D)$ 的顶点度定义为 $d_D^+(y) + d_D^-(y)$，记为 $d_D(y)$。

设 (V, E, ψ) 是有向图 D 或者无向图 G，其中 $V = \{x_1, x_2, \cdots, x_v\}$，$E = \{a_1, a_2, \cdots, a_\varepsilon\}$。则 V 中元素与 E 中元素之间的关联关系 ψ 能够体现在该图的邻接矩阵与关联矩阵中。所谓邻接矩阵（Adjacency Matrix）是指 $v \times v$ 阶矩阵

$$\boldsymbol{A} = (a_{ij})$$

其中 $a_{ij} = \mu(x_i, x_j)$

这里 $\mu(x_i, x_j)$ 表示有向图 D 中以 x_i 为起点且以 x_j 为终点的有向边的数目或者无向图 G 中连接 x_i 和 x_j 的边的数目。有向图 D 和无向图 G 的邻接矩阵分别记为 $A(D)$ 和 $A(G)$，显然，$A(D)$ 一般来说不是对称矩阵，而 $A(G)$ 是对称矩阵。邻接矩阵是图的另一种表示形式，图常以这种形式贮于计算机中。

图的关联矩阵（Incidence Matrix）是指 $v \times \varepsilon$ 阶矩阵

$$\boldsymbol{M} = (m_x(a))$$

其中 $x \in V$，$a \in E$，并且对无环有向图 D 有

$$m_x(a) = \begin{cases} 1, & \text{当 } a \text{ 以 } x \text{ 为起点} \\ -1, & \text{当 } a \text{ 以 } x \text{ 为终点} \\ 0, & \text{其他} \end{cases} \tag{6-11}$$

而对无向图 G 有：

$$m_x(a) = \begin{cases} 1, & \text{当 } a \text{ 以 } x \text{ 为端点} \\ 0, & \text{其他} \end{cases} \tag{6-12}$$

有向图 D 和无向图 G 的关联矩阵分别记为 $M(D)$ 和 $M(G)$。

（2）多智能体系统。智能体的概念产生于早期的黑板结构、合同网和动作体的研究中，目标是要代替人类来处理复杂或危险事物的"代理体"。所谓的 Agent 是一种具有一定的感知环境能力、能够实现一个或多个功能目标，并能在特定环境下自主运行的计算实体或程序，可以理解为物理实体，如传感器网络系统、传感器/执行器网络、无人驾驶飞机、机器人、各种生物个体等，也可以理解为一类代码，例如协同检验某些数值优化的智能体。为了求解复杂的、大规模问题，一个应用系统中往往包括多个 Agent，这些 Agent 不仅具备自身的问题求解能力和行为目标，而且能够相互协作，协同实现整体目标，这样的系统就成为多智能体系统。多智能体系统又叫多主体系统、自主体系统或群体系统。目前还没有一个严格的、统一的定义，较具代表性的有中科院系统所洪弈光教授给出的定义：多智能体系统，它是由一群具备一定的传感、计算、执行和通信能力的智能体通过通信等方式相互作用关联成的一个复杂网络系统。多智能

体系统具有自主性、分布性、协调性，并具有自组织能力、学习能力和推理能力。

（3）多智能体系统与图的对应关系。MAS 可以通过通信网络实现交互单元的互联，现用一个无向图 $G = (V, E, \psi)$ 来描述 MAS 的通信网络结构，其中 $V = \{1, 2, \cdots, N\}$ 表示有限个节点的集合，也即 Agent 的集合；E 表示边的集合，也即 Agent 之间通信链路的集合。其中边 $e_{ij} = (i, j) \in \varepsilon$ 表示 Agent$_j$ 可以接收到 Agent i 发送的信息。图中的边满足 $e_{ij} \in \varepsilon \Leftrightarrow e_{ji} \in \varepsilon$。如果对于图中任何一对节点 $i, j \in V$，在节点 i 和节点 j 之间总有一条有向路径，则称该图是联通的。对于用图 G 表示的 MAS 而言，其邻接矩阵 $A \in R^{N \times N}$ 定义为 $a_{ij} \geqslant 0$，其中 $a_{ij} = 1 \Leftrightarrow e_{ji} = (j, i) \in \varepsilon$；且当 $e_{ji} \notin \varepsilon$ 时 $a_{ji} = 0$，进一步要求图中没有自环，也即 $a_{ii} = 0$。网络的拉普拉斯矩阵 L 定义为 $L = D - A$，其中 D 是对角矩阵且 $d_{ii} = \sum_{j \neq i} a_{ij}$。

（4）一致性控制。在 MAS 协调控制中，一个重要问题是 MAS 的一致性。一致性控制也是合作控制的研究基础，其余的合作控制诸如编队控制、包含控制、鲁棒协调，分布式计算和卫星编队运行等均可转化为一致性控制来处理。关于一致性控制，主要是通过设计分布式的通信协议，使得网络化的各个 Agent，能够基于邻居信息的感知交互实现其关注变量的一致。Agent 实时响应一致性协议的控制信号，即可完成网络化互联系统的一致性控制。

对于一个含有 N 个 Agent 的系统，其通信拓扑结构用无向图 G 表示，将每个 Agent 看作是无向图 G 的顶点，t 时刻第 i 个 Agent 到第 j 个 Agent 之间的通信连接则可看作是顶点 i 到顶点 j 的边 (v_i, v_j)。

每个 Agent 由状态变量 $x_i(t) \in R^n$ 和控制输入信号 $u_i(t) \in R^n$ 来刻画，其状态空间模型可以表示为

$$\dot{x}_i(t) = Ax_i(t) + Df[t, x_i(t)] + Bu_i(t), \ i = 1, 2, \cdots, N \quad (6\text{-}13)$$

式中　　　　$Ax_i(t)$ ——系统的线性部分；

　　　$f[t, x_i(t)]$ ——系统的非线性部分；

　　　　$x_i(t) \in R^n$ ——第 i 个个体的状态；

　　　　$u_i(t) \in R^m$ ——施加的控制量；

A、$D \in R^{n \times n}$、$B \in R^{n \times m}$ ——系数矩阵。

一致性控制意味着设计一个分布式的通信协议，使得每个 Agent 的状态可以在 $t \to \infty$ 时达到一致，即

$$\lim_{t \to \infty} \| x_i(t) - x_j(t) \| = 0, \ \forall i, j = 1, 2, \cdots, N \quad (6\text{-}14)$$

Agent 之间的连接用通信网络的邻接矩阵为 $A = (a_{ij})_{N \times N}$ 表示，则一致性的控

制目标可以通过如下的一致性协议实现

$$u_i(t) = -c \sum_{j=1}^{N} a_{ij} K[x_i(t) - x_j(t)], \quad i, j = 1, 2, \cdots, N \quad (6-15)$$

式中 c、K——待设计的网络耦合强度和协议反馈增益矩阵；

   a_{ij}——时变的拓扑加权系数。

控制律式（6-15）意味着每个 Agent 的状态不断趋同于其相邻 Agent 的状态。在针对第 i 个 Agent 设计分布式控制律时，仅利用其相邻的 Agent 与其自身的状态差，而无需非相邻 Agent 的任何信息，因此，这一规则也被称为"近邻规则"。

2. 分布式控制策略

将负荷之间的交互影响关系看作是双向连通的无向图，则代理内部连接信息矩阵 $A^{N \times N}$ 可表示为

$$A = \begin{bmatrix} a_{10}(t) & a_{11}(t) & a_{12}(t) & \cdots & a_{1N}(t) \\ a_{20}(t) & a_{21}(t) & a_{22}(t) & \cdots & a_{2N}(t) \\ \vdots & \vdots & \vdots & & \ddots \\ a_{N0}(t) & a_{N1}(t) & a_{N2}(t) & \cdots & a_{NN}(t) \end{bmatrix} \quad (6-16)$$

式中 $a_{i0}(t)$——负荷 i 与上层控制单元直接相连；

   $a_{ij}(t)$——负荷 i 与负荷 j 之间的连接。

假设负荷 i 在 t 时刻的邻居集为 $NR(i, t)$，对于 $\forall j \in NR(i, t)$，记为 $a_{ij}(t) = 1$，否则 $a_{ij}(t) = 0$。由于负荷 i 在任意时刻都能够获得自身的输出信息 $a_{ii}(t)$，故始终满足 $a_{ii}(t) = 1$，此外，由于负荷间是双向连通关系，如果 $j \in NR(i, t)$，则必有 $i \in NR(j, t)$，故 $a_{ij}(t) = a_{ji}(t)$。因此，A 是一个主对角元全部为 1 的高度稀疏的对称阵，且满足 $a_{ij}(t) = a_{ji}(t)$。

此外，如果 A 矩阵的第一列元素均满足 $a_{i0}(t) = 1$，则意味着所有负荷均与上层控制单元直接相连，这是一种集中控制模式。如果 A 矩阵中除主对角元 $a_{ii}(t) = 1$ 外，所有元素值均为 0，这表示负荷既没有与周围邻居交换信息，也没有与上层控制单元建立连通关系，这是一种分散控制模式。由此可知，集中控制和分散控制是本节所提控制模式的两个特例。

快速柔性负荷从满足自身用电舒适性的角度考虑希望代理减少对其用电行为的影响，而负荷代理则倾向于在保证负荷基本用电需求的同时，让潜力大的负荷多参与调节，潜力小的负荷少参与调节。因此，为了公平起见，选择功率调整率作为一致性状态变量。负荷 i 的功率调整率表示为

$$\eta_i(t) = \frac{\Delta d_i(t)}{d_{i\max} - d_i(t)}, \quad i = 1, 2, \cdots, N \tag{6-17}$$

式中　Δd_i——负荷 i 的功率调节量，kW；

　　　d_i——负荷 i 的用电功率实际值，kW；

　　　$d_{i\max}$——负荷 i 的用电功率最大值，kW。

代入式 (6-15)，可得负荷 i 的控制律为

$$u_i(t) = -\sum_{j=1}^{N} \omega_{ij} [\eta_i(t) - \eta_j(t)], \quad i, j = 1, 2, \cdots, N \tag{6-18}$$

式中　ω_{ij}——负荷 i 与负荷 j 之间的连接权重。

假设负荷 i 与它邻居集 $NR(i, t)$ 中的所有负荷地位对等，定义 ω_{ij} 为

$$\omega_{ij} = \frac{a_{ij}}{\sum\limits_{j=0}^{N} a_{ij}} \tag{6-19}$$

假设负荷 i 有 s 个邻居，于是 ω_{ij} 又表示为

$$\omega_{ij} = \begin{cases} \dfrac{1}{1+s} & j \in NR(i, t) \\ 0 & j \notin NR(i, t) \end{cases} \tag{6-20}$$

由于 $a_{ij}(t) = a_{ji}(t)$，且负荷 i 与所有邻居的连接权重之和为 1，即 $\sum\limits_{j=1}^{N} \omega_{ij} = 1$，故式 (6-18) 可简化为

$$u_i(t) = -\eta_i(t) + \sum_{j=1}^{N} \omega_{ij} \eta_j(t), \quad i, j = 1, 2, \cdots, N \tag{6-21}$$

式 (6-20) 和式 (6-21) 即为负荷 i 的一致性控制律。随着算法的迭代过程，局部一致将扩展到全局一致。

6.1.2.3　算例分析

1. IEEE3 机 9 节点算例

算例采用 IEEE 3 机 9 节点系统。在节点 B5 和 B7 下设置两个负荷代理 LA13 和 LA14，每个代理下辖两个用户组，每组 10 个用户。节点 B9 下的负荷 L15 是刚性负荷，其用电功率不可调。G11 和 G12 参与 5min 实时调度；G10 是 AGC 机组，容量可调范围是 [-25MW，25MW]。仿真系统拓扑如图 6-3 所示。

发电机和负荷代理的参数和初始功率如表 6-1 所示。

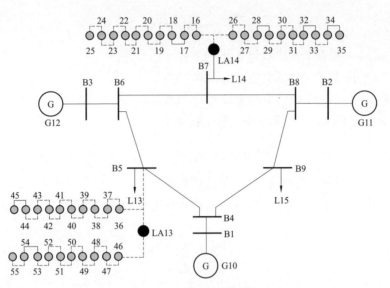

图 6-3 仿真系统结构图

表 6-1　　　　　　　　　　发电机和负荷代理参数

Gen.	a_g	b_g	$P_{Gi}(0)$	Load Agent	a_g	a_g	$P_{Aj}(0)$
G10	0.002	9.82	80	LA13	0.002	10.05	90
G11	0.002	10.10	120	LA14	0.003	10.08	100
G12	0.004	15.21	100				

　　假设由于负荷攀升或发电不足等原因，系统在 $t=0s$ 时刻出现 70MW 的功率缺额。通过 5min 实时调度，机组 G11、G12 和负荷代理 LA13、LA14 分摊了 45MW 的不平衡功率，剩下的 25MW 由 AGC 机组 G10 继续调节，功率分配如表 6-2所示。

表 6-2　　　　　　　　　发电机和负荷代理之间的功率分配

Gen.	控制模式	$P_{Gi}(0)$	ΔP_{Gi}	Load Agent	控制模式	$P_{Aj}(0)$	ΔP_{Aj}
G10	AGC	80	25	LA13	5min	90	−18.75
G11	5min	120	6.25	LA14	5min	100	−7.5
G12	5min	100	12.5				

　　如表 6-2 所示，与传统仅由发电侧资源参与调节的调度模式相比，负荷侧资源可通过改变自身的用电行为而减小系统的不平衡功率，如本算例中发电机组 G11 和 G12 仅承担了 18.75MW 的不平衡功率，而负荷代理 LA13 和 LA14 承

→ 240

担了 26.25MW 不平衡功率，快速柔性负荷参与有功控制能够起到降低发电成本的作用。

（1）策略有效性验证。负荷代理收到调控中心的功率调整值后，根据式（6-17）计算出功率调整率，并将其作为一致性变量下发给负荷代理直接控制的负荷。同时，AGC 机组实时调整系统的不平衡量。系统的动态响应过程如图 6-4 所示。

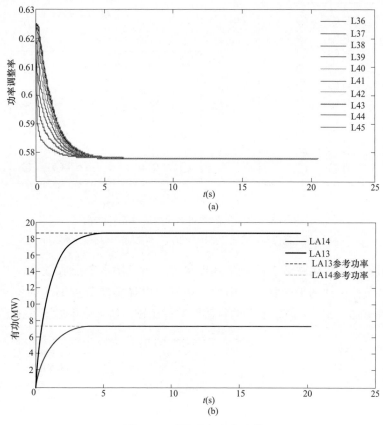

图 6-4　系统动态响应过程

（a）柔性负荷 L36~L45 的一致性变量（功率调整率）收敛过程；

（b）负荷代理 L36~L45 减少用电功率的响应过程

图 6-4（a）表明，通过一致性控制，每个负荷的功率调整率都能收敛到预期的轨道。图 6-4（b）表明代理内部所有用户的功率调整量之和等于调控中心分配给代理的功率调整量，负荷代理能够追踪到其参考轨道。这说明了经过用户之间的协调，通过分布式控制可以实现对负荷用电功率的间接控制，从而证

明了策略的有效性。

（2）通信拓扑结构的影响分析。快速柔性负荷之间的通信拓扑对一致性控制策略的收敛性能影响较大，为了验证本章所提策略在不同通信拓扑下的适用性，图 6-5 给出了两种拓扑结构。

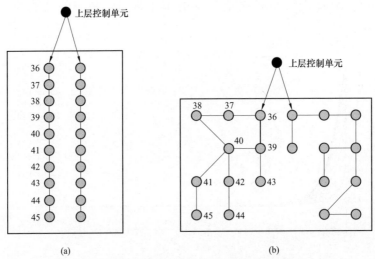

(a)　　　　　　　　　　　　　　(b)

图 6-5　柔性负荷之间不同的通信拓扑结构

（a）负荷之间是辐射状通信拓扑；（b）负荷之间的通信拓扑是随机

一般来讲，最尾端节点的收敛速度最慢，当最尾端节点收敛到一致性轨道后，整个负荷组达到平衡状态。因此，仿真中以最尾端节点 L45 为例对图 6-5（a）和图 6-5（b）两种场景下的收敛性进行比较，仿真结果如图 6-6 所示。

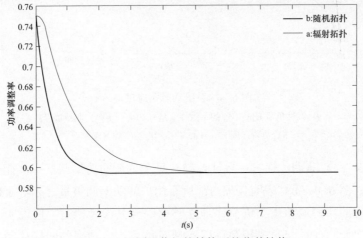

图 6-6　不同通信拓扑结构下的收敛性能

从图 6-6 中可以得出以下结论：①本章所提控制策略对不同的通信拓扑结构都有一定的鲁棒性。②代理内部负荷之间的通信联系越紧密或者负荷距离上层控制单元的路径越短，则整体收敛速度越快。③代理直接控制的负荷越多，收敛速度越快；在代理直接控制负荷数目相同的情况下，代理控制"度"较大的负荷节点，则收敛速度较快。

（3）通信连通性的影响分析。假设初始通信拓扑如图 6-5（b）所示，下面分成以下三种场景讨论智能体之间通信连通性对控制策略的影响。Case1：初始连通状态；Case2：L39 和 L40 之间通信局部中断（但 L39~L45 之间整个大网络仍然是连通的，未形成孤立负荷节点）；Case3：L39 和 L40 之间、L38 和 L40 之间通信均中断（此时 L39~L45 之间整个大网络不再保持连通，L40~L45 会形成通信孤岛）。仿真结果如图 6-7 所示。

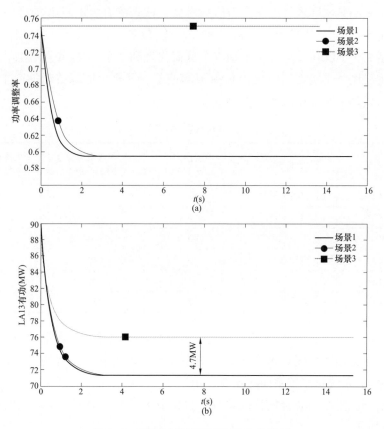

图 6-7　不同通信连通性下的收敛性能

（a）最尾端柔性负荷 L45 在不同场景下的一致性变量收敛过程；（b）负荷代理 LA13 的用电功率减少过程

从图6-7可以看出：

1）如果通信中断后，网络仍然连通，则对负荷的收敛性影响不大。

2）如果通信中断后，网络不再连通，则有可能造成代理实际响应量与调度中心的预期响应量不同，如图6-7（b）中所示，LA13的响应量与调控中心期望值相比少了4.7MW。图6-7（a）所示，通信中断后，造成有些孤立负荷将不能跟踪到邻居的信息，因此，一致性变量不能收敛到期望的轨道上。

在分布式控制中，代理无法知道内部负荷的实际响应情况，造成代理响应具有不确定性。这个时候，一方面，功率不平衡量由AGC机组承担；另一方面，调度中心也应将确定性决策变为随机优化。

此外，负荷拒绝响应的情况与通信中断后网络不连通的仿真结果类似。

2. 某省级实际电网算例

本节采用某实际省级电网作为仿真对象，该系统有火电机组71台，风电场等值机组54台，光伏发电等值机组83台。负荷侧设置了6个快速柔性负荷代理，包括2个DLC负荷，2个电动汽车负荷代理和2个TCLs负荷代理。快速柔性负荷主要用来平衡实时阶段由负荷预测偏差、可再生能源波动等产生的发用电偏差，代理的基本信息如表6-3所示。

表6-3　　　　　　　　　　负荷代理调用信息

代理名称	代理类型	响应潜力 （上限，MW）	响应潜力 （下限，MW）	最大调用次数 （次/天）
DLC1	直接负荷控制	30	0	12
DLC2	直接负荷控制	30	0	12
EV1	电动汽车	40	−40	12
EV2	电动汽车	40	−40	12
TCL1	温控负荷	25	−25	12
TCL2	温控负荷	25	−25	12

经预测，系统在未来1h内总负荷、常规机组发电计划、风电总发电和光伏总发电的出力曲线如图6-8所示，系统整体处于缺电状态，且功率偏差逐渐增大，未来1h系统功率偏差如图6-9所示。

经过调度中心的联合优化决策后，分配到6个负荷代理的功率调整曲线如图6-10所示。

从图6-10可以看出，在前20min，因为系统功率缺额较小，调度中心决策EV1和EV2中的部分电动汽车向系统放电，DCL1和DLC2中断自身部分用电量

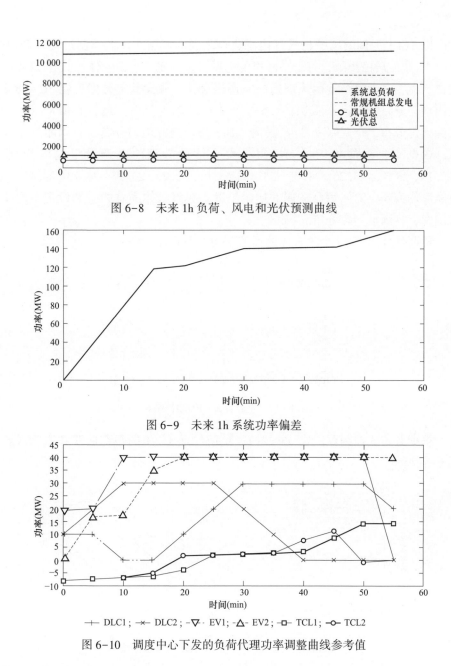

图 6-8　未来 1h 负荷、风电和光伏预测曲线

图 6-9　未来 1h 系统功率偏差

图 6-10　调度中心下发的负荷代理功率调整曲线参考值

以维持发用电平衡，温控负荷代理 TCL1 和 TCL2 仍可以增加用电量以满足用户舒适度的需求。但随着系统功率缺额不断增加，EV1 和 EV2 达到满功率（40MW）放电，为满足自身用电需求，DLC1 和 DLC2 中断一段时间后必须恢复用电，此时，TCL1 和 TCL2 需要减少用电。

以 TCL1 为例继续分析代理内部负荷之间的分布式协调控制过程。TCL1 中有 10 个智能居民小区，每个小区里的空调可以组成一个聚合体，共有 14 467 台空调负荷。对于整个负荷代理内的空调聚合体，假设其室外温度在 36~38℃ 范围内均匀分布，热阻 R 服从 $[4.5, 5.5]$ 内的均匀分布，热容 C 服从 $[8, 12]$ 内的均匀分布，空调制冷量 P_c 服从 $[16, 20]$ 内的均匀分布，空调能效比 η 服从 $[2.6, 3]$ 内的均匀分布。每个聚合体最满意的空调设定温度为 $\theta_{set} = [23.15, 23.75, 24.25, 24.75, 24.45, 23.15, 23.75, 24.25, 24.75, 24.45]$，死区宽度均为 $\delta = 1℃$，每台空调的初始温度均在聚合体满意的空调设定温度死区范围内，且满足均匀分布。

负荷代理内部 10 个聚合体的通信结构如图 6-11 所示。

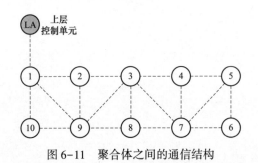

图 6-11　聚合体之间的通信结构

根据分布式控制算法式（6-21），负荷代理 TCL1 的跟踪曲线和跟踪误差如图 6-12所示。

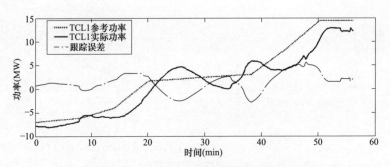

图 6-12　负荷代理 TCL1 的功率跟踪曲线

从图 6-12 可以看出，通过本章提出的分布式牵引算法，负荷代理内部的多个负荷聚合体可以成功跟踪参考功率轨迹。但由于实际中负荷响应存在延迟、用户不响应、通信丢包等各种不确定因素，造成负荷响应存在偏差，但整体趋势与参考功率轨迹一致，负荷侧的响应偏差将由 AGC 机组继续调节。

需要说明的是，每个聚合体内部温控设备的控制方式由聚合体自身决定，对于含楼宇能量管理系统或家庭能量管理系统的聚合体，一般仍以集中控制为主，不需要每个负荷终端和邻居建立通信关联。

6.1.3 区域间分布式协同控制技术

互联电网的控制区主要平衡本区域内的负荷与发电，并通过联络线与相邻控制区之间进行功率交换。在确定了联络线的交换功率之后，各控制区内部发生的功率缺额，原则上应由本控制区自行解决，各控制区均应保持与相邻控制区之间交换功率和频率稳定。

区域控制偏差（ACE）是电网频率控制关注的主要信息。通常，各个区域因发电机跳闸或风电波动等因素造成的功率缺额通过调控区域内的调节资源来平衡。然而，随着国内特高压的建设，区域电网需要面对功率巨大的特高压输电发送或接受的运行方式，一旦发生故障，对区域电网运行的冲击巨大。例如 2015 年华东电网发生 ±800kV 直流闭锁故障，失去了巨大的电力输入，由于发电与负荷功率不平衡造成华东电网频率的急剧跌落，电网频率降至 49.56Hz。按照目前的 AGC 控制方式，当系统中发生频率偏差时，首先由系统中的一次调频进行功率补偿（调整量有限），再由 AGC 机组通过二次调频进一步补偿。对于故障区域而言，ACE 的变化全面反映了故障引起的调节需求，会调控区域内的全部资源进行控制。但其他区域由于 ACE 变化相对较小（仅能反映出频率下降引起的 ACE 变化），因此不会调控本区域的可控资源对故障发生区域提供积极的支援。面对这样的故障，目前的主要应对方式是提高区域的调频备用，成本较高，或者通过网级调度中心进行协调，获取其他区域的支援，响应时间缓慢。在这样的情况下，可以通过在 AGC 控制策略中植入分布式控制来进行区域之间的协调，来实现互联区域在大扰动下的相互支援。

6.1.3.1 多区域分布式协同算法

互联多区域电力系统发电设置通信连接可由无向图 $G=(v, \varepsilon)$ 表示，其中节点集合 $v=\{1, 2, \cdots, n\}$ 中每个节点表示单个机组，边 e_{ij} 或 $e_{ji} \in \varepsilon$ 表示子机组 i 与 j 互联。令 $A=[a_{ij}]$ 为图 G 邻接矩阵，定义为 $a_{ii}=0$；当 $e_{ij} \in \varepsilon$ 时 $a_{ii}=1$；其他时候 $a_{ij}=0$。图 $G=(v, \varepsilon)$ 的度矩阵 D 定义为：$d_{ii}=\sum_{j \neq i} a_{ij}$，$d_{ij}=0$，$i \neq j$，则 Laplace 阵定义为 L=D-A。令 $N_i=\{i_1, \cdots, i_{m_i}\}$ 表示 i 的邻居节点集合，则 $N_i=\{j \mid e_{ij} \in \varepsilon\}$。

令电力系统多区域通过通信链路连接组成无向通讯拓扑图 $G=(v, \varepsilon)$，每个区域可看做拓扑节点，通信链接看做边。假设故障发生后，区域 i 功率缺额为 ΔP_{Li}，区域 i 当前总出力为 P_i^{base}，区域剩余发电容量上限为 P_i^{max}，则其最大剩余发电能力为 $\Delta P_i^{\text{max}} = P_i^{\text{max}} - P_i^{\text{base}}$，我们的控制目标为使得各区域发电调节量（$\Delta P_i$）总和为系统总功率缺额，同时满足发电调整占剩余容量比值相同，即为：

$$\frac{\Delta P_1}{\Delta P_1^{\text{max}}} = \frac{\Delta P_2}{\Delta P_2^{\text{max}}} = \cdots = \frac{\Delta P_n}{\Delta P_n^{\text{max}}} = \mu \qquad (6\text{-}22)$$

$$\sum_{i \in v} \Delta P_{Li} = \sum_{i \in v} \Delta P_i \qquad (6\text{-}23)$$

式中　ΔP_i——区域 i 的发电调节量，kW；

　　　ΔP_i^{max}——区域 i 的最大剩余发电调节量，kW。

为实现上述目标，传统做法为上层调度中心根据每个区域的发电剩余容量进行集中计算，再分配给每个区域。然后，每个区域将待调节功率分派给所辖 AGC 机组来完成。然而，由于通信往往存在时延，当通信拓扑改变时，调度中心无法实时更新系统数据，带来了一定的随机性。我们采用如下分布式算法来实现上述目标，算法设计为

$$\begin{cases} \Delta P_i(k+1) = \Delta P_i(k) + \xi \sum_{j=1}^{N} a_{ij}[\mu_j(k) - \mu_i(k)], \ \xi > 0 \\ \\ \mu_i(k) = \dfrac{\Delta P_i(k)}{\Delta P_i^{\text{max}}} \end{cases} \qquad (6\text{-}24)$$

式中　i, j——分别表示区域 i 和与它相邻的区域 j, i, $j = 1$, 2, $\cdots$, N；

　　　ΔP_i——区域 i 的发电调节量，kW；

　　　a_{ij}——时变的拓扑加权系数；

　　　ξ——网络耦合强度；

　　　u_i——施加的控制量。

在迭代初始时刻，区域 i 只需将其功率缺额 ΔP_{Li} 指派给 ΔP_i，进行分布式迭代，在迭代过程中能保证平衡约束时刻得到满足，最终 ΔP_i 收敛到最优值 ΔP_i^*。

6.1.3.2　算例分析

以图 6-13 所示的三区域互联电网为例，每个区域包含两个机组，表示区域内不同特性的发电资源。机组间的通信链接由红色箭头表示。AGC 仿真机组参数见表 6-4。

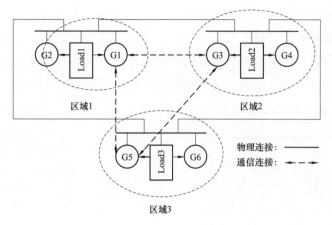

图 6-13　三区域互联电网连接示意图

表 6-4　　　　　　　　　　　AGC 仿真机组参数（MW）

机组	最小功率值 P_{min}	最大功率值 P_{max}	初始功率 P_0	实际功率 P_c
G1	200	1000	329.04	387.11
G2	300	800	800.00	800.00
G3	200	1000	344.46	408.11
G4	100	900	675.75	757.82
G5	250	700	550.75	646.96
G6	300	800	300.00	0.00

　　仿真中假定机组的参数为最大功率值（P_{max}），最小功率值（P_{min}），当前机组出力位置，来模拟各个区域电网的当前运行状态和调节能力。在仿真中，每个机组频率响应的状态方程和参数取通用的模型的数据，利用 SIMULINK 进行仿真。

　　假设区域 3 在 10s 时刻机组 6 突然跳机（发电小于用电）。在这种情况下，邻居区域由于处于非故障区，ACE 变化较小，功率支援能力十分有限，而区域 3 功率缺额若仅有机组 5 来补偿，则无法实现发用电功率平衡，如图 6-19 所示，稳定后系统频率偏离设定值，偏差大约为 -0.3Hz。实施分布式控制策略后，互联区域的所有区域能够对频率变化做出快速响应，由于邻居区域的支援效果，其他区域新增发电补偿系统故障机组造成的功率缺额，最终系统频率在分布式策略下快速恢复稳定。图 6-14~图 6-19 显示了三个区域的频率变化和 ACE 变化的过程。在响应初始时刻，邻居区域增加发电量，频率会出现短暂的上升，当该部分功率到达待支援区域后系统各区域频率逐渐恢复稳定；由于功率支援效果，三个区域最终联络线功率偏差均不为 0，区域一和二存在功率输出，因此联络线功率偏差为正，等于其输出功率，区域三联络线功率偏差为负，为其输入功率值。当然，区域之间联络线功率的偏差在系统恢复正常后，各区域可以恢复控制至联络线计划功率，系统再次按常规 AGC 控制方式运行。

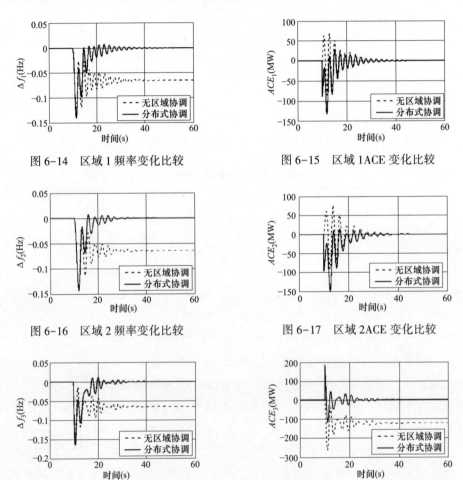

图 6-14　区域 1 频率变化比较　　　　　图 6-15　区域 1ACE 变化比较

图 6-16　区域 2 频率变化比较　　　　　图 6-17　区域 2ACE 变化比较

图 6-18　区域 3 频率变化比较　　　　　图 6-19　区域 3ACE 变化比较

6.2　紧急工况下"源-网-荷"互动控制技术

电力系统紧急状态是指系统遭受大的干扰或事故（例如短路故障、切除大容量机组等）或出现异常现象后的运行状态。这时，电力系统偏离正常运行方式，电力供需失去平衡，给电网的安全运行带来极大危害。近年来，尽管以"智能电网"为代表的新技术已经极大地提高了我国电网的运行水平，但大容量机组跳机、大规模新能源脱网、特高压直流闭锁等大功率缺失故障仍时有发生，大功率失去故障引起的频率安全问题已成为互联电网当前面临的重大风险之一。

6.2.1 紧急工况下互动控制架构

在现有的调度模式下，如果电力系统遭受大扰动等紧急工况，则需要通过发电侧增出力、省间紧急功率支援、区外购电等方法加大发电供应，必要时实施拉限电等紧急控制措施，以保证电网功率平衡。目前，调度运行层面的负荷控制手段主要是紧急拉路控制，这是一种负荷紧急控制的快速有效手段，但也会给用户生产及居民生活带来不利影响。

随着"源-网-荷"互动控制技术研究的深入，负荷侧快速控制手段逐渐增强，为解决紧急工况下的电网调控问题提供了新的技术思路。以电网大功率失去故障为例，紧急工况下"源-网-荷"互动主要为大电网提供调频等辅助服务，促进电网安全稳定运行，该工况下"源-网-荷"互动控制架构如图 6-20 所示。目前主要有两种控制思路：

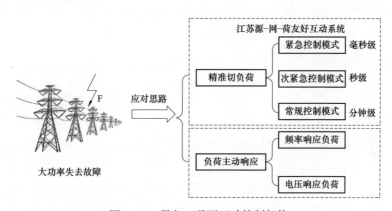

图 6-20　紧急工况下互动控制架构

一是江苏电网提出并已具体实践的"精准切负荷"方式。江苏已经建成国内首套"大规模源网荷友好互动系统"，能够实现快速（毫秒级）负荷控制和更加友好互动（秒级）的精准负荷控制。在故障初期毫秒级时间尺度，采用直流调制、抽蓄快速切泵、毫秒级精准切负荷等控制手段，有效避免电网频率的大幅跌落。在秒级时间尺度上，采用基于公平性与经济性协调的负荷优化控制技术，利用一次调频、秒级精准切负荷等控制手段消除特高压直流故障后重要断面和关键设备越限。通过多维度的协调优化控制，显著提高电网对扰动事件的抵御力。

　　二是利用频率响应负荷和电压响应负荷等负荷主动响应手段。频率响应负荷利用用电设备（如空调、电热水器、冰箱等）自身控制装置自动监测频率变化，在不影响用户用电体验的前提下，快速调整运行参数以改变用电量，在系统频率偏低时快速主动减少用电或退出用电，待频率恢复正常时再有序投入。电压响应负荷利用负荷的电压静特性，在保证电压质量的前提下，通过主动调节电压来改变负荷大小，以帮助电网快速实现功率平衡。用电设备实际消耗功率随供电电压大小的变化而改变，通常电压升高负荷增大，电压降低负荷减小，国外学者称这一技术为 CVR（Conservation Voltage Reduction）。

　　以华东地区负荷为实例的统计分析结果显示：负荷主动响应潜力巨大，且在特高压直流闭锁等系统大功率缺失故障下，负荷主动响应可以在不影响用户用电舒适度的前提下发挥快速调频作用。对于频率响应和电压响应这两类负荷，由于其可以直接监视电网的状态量（频率、电压、电价等）并进行分散就地响应，因此，这些负荷参与电网调控运行不需要通过负荷代理，但仍需要调度中心提前集中决策，并将响应阈值提前下发到负荷的控制器中，以避免出现"过调"或"欠调"现象。本节主要阐释第二种控制思路。

6.2.2　紧急工况下的负荷主动响应技术

6.2.2.1　主动响应负荷的调频特性

1. 频率响应负荷

　　电网中有些负荷（如空调、电热水器、冰箱等）具有能量储存特性，短时增加或减少用电量对用户用电体验影响很小。例如空调室温从 25℃ 提高到 26℃，对人体舒适度的影响可以忽略不计，然而空调能耗可减少 23%；电热水器关闭 15min，温度仅仅降低 0.5℃。这类负荷具有快速响应能力，停止运行后一段时间内（15~30min），对用户的用电体验影响甚微，但却能够节约大量的电力，对于电网紧急情况更是一类可调度的宝贵资源。随着国民经济发展和人民生活水平的提高，商业中央空调和居民生活空调的拥有率和使用率逐年上升。据统计，2015 年江苏电网最高用电负荷已达 84.80GW，其中空调负荷约 27GW，占全省用电负荷的 31.8%，空调负荷作为频率响应负荷具有较大的发展潜力。

　　频率响应负荷是用电设备利用自身控制装置自动监测频率变化，在不影响用户用电体验的前提下，快速调整运行参数以改变用电量，在频率偏低时快速主动减少用电或退出用电，待频率恢复正常时再有序投入。频率响应负荷的快速调节特性使其能发挥类似于机组一次调频的作用，一旦发生特高压直流闭锁故障导致功率大量缺失时，有助于维持系统频率稳定，减轻 AGC 机组的调节压力。部分发达国家已经在频率响应负荷研发方面开展了积极的尝试，开发了频率响应设备控制器，该控制器能够监测电网频率并根据频率偏差情况决定应该在何时启动频率响应负荷。

频率响应负荷可通过两种方式参与系统功率频率调节。一是开关型调节方式，当电网频率低于事先给定的阈值时直接切断负荷；二是温控型调节方式，当电网频率低于事先给定的阈值时，将空调等温控型用电设备提高设定温度，这样用电设备自然降低用电功率。同开关型调节方式相比，温控型调节方式对用户用电的舒适度影响较小，但调节量相对较小。在具体实施上包含改造家电芯片模式和采用智能插座直接控制两种模式。改造家电芯片模式需要制定相应的行业标准规范，到最终实施所需时间较长。智能插座直接控制模式，具有实施时间短、性能效果可控等特点。从目前实际应用情况看，智能插座已经开始得到部分用户肯定，其控制性能也非常灵活可靠。

为了防止大量频率响应负荷同时动作对电网频率造成新的冲击，可以设置不同的动作阈值、动作延迟、响应幅度等参数。例如，将全部频率响应负荷的动作阈值分成三类，分别在电网频率降低到 49.6Hz、49.4Hz 和 49.2Hz 时投入动作，这样能够在用户用电舒适度和电网频率稳定之间实现更好的平衡。

2. 电压响应负荷

大量实际测试和研究表明，用电设备消耗的有功功率随电压的变化而改变，这种负荷电压静特性通常可以用 ZIP 模型描述。

$$P = f(U) = P_N \left[a_p \left(\frac{U}{U_N} \right)^2 + b_p \left(\frac{U}{U_N} \right) + c_p \right] \tag{6-25}$$

$$a_p + b_p + c_p = 1.0 \tag{6-26}$$

式中　　U_N——额定电压；

　　　　P_N——在额定电压 U_N 下的额定功率；

a_p，b_p，c_p——恒阻抗、恒电流和恒功率三部分的组成比例。

电压响应负荷是利用负荷的电压静特性，在保证电压质量的前提下，通过主动调节电压来改变负荷大小，帮助电网快速实现有功功率平衡。用电设备实际消耗有功功率随供电电压大小的变化而改变，通常电压升高负荷增大，电压降低负荷减小。

式（6-28）对电压求导，可以得到有功功率对电压的调节系数（采用标幺值）：

$$S = \frac{\mathrm{d}P}{\mathrm{d}U} = P_0(2a_p + b_p) \tag{6-27}$$

式中 P_0——当前状态下的初始有功功率，MW。

可见负荷的电压响应特性与负荷的组成有关，恒阻抗部分占比越多，调节效果越明显。国外对一些区域负荷的电压响应特性进行了测试，美国 EPRI 在 2013 年对萨克拉门托市公用事业区负荷的电压响应特性进行了测试，在测试所选择的 14 座变电站中，有 10 座变电站的负荷统计数据中呈现出了明显的电压响应特性，由统计学的数据处理方法得到公用事业区负荷的电压响应因子约为 0.6，即电压每降低 1%，负荷有功功率可以减少 0.6%。乔治亚电力公司对 2012 年和 2013 年 5 个变电站的夏季高峰负荷的电压响应特性进行了测试，结果表明适当降低电压水平可以有效降低负荷有功功率，但这一特性会受到用户的负载特征、天气、时间等诸多因素的影响。

国家标准《电能质量　供电电压偏差》（GB/T 12325—2008）和《国家电网公司电压质量和无功管理规定》规定，10kV 电压用户受电端供电电压允许偏差值为 9.3~10.7kV，国家电网公司规定，变电站 10kV 母线电压允许偏差值为 10.0~10.7kV。华东电网负荷高峰时段，10kV 母线电压水平 10.15~10.4kV，可见现行电网运行过程中，存在电压向下调节的空间，通过调低电压可以适当降低有功功率。

有载调压变压器一次档位调节时间大概需要 10~15s 左右，发电机组的一次调频时间大概在 0~45s 左右，二次调频时间大概在 1~15min 左右。可见，通过采用无功补偿装置调节、变压器档位调整等方式，主动调节用电设备的供电电压，可充分利用负荷电压响应特性帮助实现频率的快速恢复。

电压响应负荷参与有功功率调节主要涉及三个方面的工作。一是母线负荷参数识别。电压响应负荷的调节效果取决于负荷模型参数，这可以根据实际量测的功率 P 和电压 U 进行辨识，尤其需要重点关注 AVC 动作（变压器档位、容抗器投切）瞬间电压和有功功率的突变情况。二是调节能力的评估。根据实时运行电压在线评估各个负荷的调节能力，并聚合统计不同区域的调节能力。三是启动参与调节过程。一旦检测到频率低于事先设定的门槛值，立刻通过变压器调档或容抗器投切，快速将母线电压调节到最低合格值，这一过程同 AVC 调节相类似，只不过调节目标不同。

不管是开关型还是温控型频率响应负荷，都需要对用电设备进行必要的装备改造升级，由于终端用户数量巨大，需要一定的资金投入，运行效果不同程度受制于用户对这项技术和电网安全的认知程度。但电压响应负荷不同，电网公司对变压器档位调节和容抗器投切的自动控制，基本不涉及改造资金的投入，并且调节效果基本可控。

6.2.2.2 主动响应负荷参与调频方案设计

传统电网调节方式是通过调节发电机出力来跟踪负荷。当在负荷高峰时段发生多回特高压直流满功率双极闭锁且备用不足时，由于有功缺额巨大，仅仅通过调节发电机出力，响应时间和响应容量都难以有效保证电网频率稳定。紧急拉路控制是一种快速有效的负荷控制手段，但也会给社会生产及居民生活带来较大影响，国务院 599 号文《电力安全事故应急处置和调查处理条例》对紧急拉路负荷的数量与事故安全等级进行了明确关联。

将负荷主动响应以及需求响应等负荷资源纳入全网功率统一调度，有利于在事故情况下减少切负荷数量，保证频率稳定。图 6-21 为负荷和发电协同调度策略示意图，以时间顺序分别表示负荷调度策略和发电调度策略。

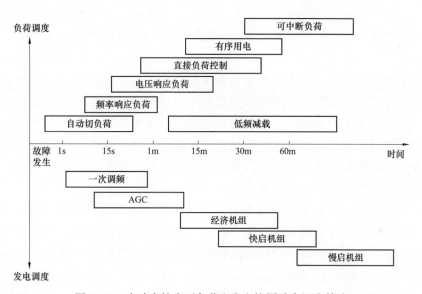

图 6-21 大功率缺失下负荷和发电协同功率调度策略

特高压直流闭锁，受端电网发生大功率缺额后，发电机调速器快速响应完成一次调频，调整速度快，但调整量随发电机组不同而不同，且调整量有限。随后 AGC 动作实施二次调频，同时通过修改实时发电计划，将在线机组调整到最大出力，其调节能力受机组旋转备用水平限制。如果发电出力还是不够，则快速启动系统内水电机组、抽水蓄能机组和燃气机组，甚至启动常规火电机组，实现电网功率平衡。

对于负荷侧而言，受电网断面最大输电功率等安全因素限制，故障发生后安全自动装置会迅速切除部分负荷。随着频率的降低，一旦低于事先给定的启动阈值，频率响应负荷和电压响应负荷就会快速响应。如果负荷的主动响应仍不能阻止频率跌落，需要调用直接负荷控制需求响应资源，启动事先制定的有序用电方案，并根据需要启动可中断负荷需求响应。在频率跌落的初期，如果频率实在过低，低频减载装置也将切除一部分次要负荷。

上述发电和负荷的部分调节措施只有在发生重大事故，频率严重降低的情况下才有可能发生，如果控制得当，只需前面几种控制策略即可恢复频率稳定。

频率响应负荷、电压响应负荷、直接负荷控制、可中断负荷等负荷侧调度资源在时序上可相互协调，是对传统发电调度的重要补充。从各种调节手段的时间顺序可以看出，频率响应负荷和电压响应负荷的响应时间在秒级至分钟级，不能用于快速发生的暂态稳定问题，仍需要借助毫秒级的安全自动装置通过快速切机、切负荷来保证电网暂态稳定。负荷主动响应发挥了类似于电力系统一次调频的功能，是对发电调度和传统粗放式负荷控制的有效补充。

在实际运行过程中，可以根据 10kV 等低压母线的在线电压幅值，确定电压的调节裕度，由有功对电压的调节系数 S 推算电压响应负荷容量，再加上参与调节的频率响应负荷容量，预先评估负荷的主动调节容量。通过电网态势感知预想故障情况下的功率损失，在线修正总的拉限电负荷量，并对离线给定的拉限电序位表进行优化。一旦发生故障，在负荷主动响应结束后迅速统计实际响应容量，以此置换随后的负荷切除量，真正实现对负荷的精准控制，这对电网安全和保证用户满意度十分有益。

需要指出的是，频率响应负荷和功率响应负荷不能完全避免切负荷现象。在功率缺额过大，发电机一次调频、AGC 及主动响应负荷无法恢复频率的情况下，还是需要切负荷。另外，特高压直流闭锁故障不但影响全网功率平衡，更会严重改变局部地区的潮流方式。例如锦苏直流故障后，苏锡南部电网发用平衡将出现巨大缺口，多个 500kV 交流受电通道严重越限，需要大量切除当地负荷。频率响应负荷和电压响应负荷可以减少当地的负荷切除量，对于重要负荷，有了负荷主动响应，甚至可以不切。

6.2.2.3 算例分析

1. 频率响应负荷

空调具有典型的频率响应负荷特性，鉴于电网中空调负荷容量越来越大，下面以空调为例对频率响应负荷的频率调节性能进行仿真分析。

华东地区负荷已经超过 200GW，空调负荷占比按 1/3 估算，空调最大容量约为 66GW。假设空调的在线开机率为 30%，采用直接控制空调"开/关"时，理想情况下可以将全部空调退出运行，区域电网空调可控容量为 19.80GW，调节潜力巨大。在同样条件下（还是假设空调的在线开机率为 30%），采用 Energy-Plus 软件分别对华东地区所有空调设定温度提高 1、2、3℃时的负荷进行模拟分析，商业空调、居民空调和空调总可控潜力如表 6-5 所示。

表 6-5　　　　　　　　　　　　调节设定温度下空调负荷可控潜力

温度设定值调整量（℃）	商业空调可控潜力百分比（%）	商业空调可控潜力（GW）	居民空调可控潜力百分比（%）	居民空调可控潜力（GW）	空调总可控潜力（GW）
+1	5~10	0.52~1.04	15~20	1.42~1.89	1.94~2.93
+2	5~20	0.52~2.07	15~40	1.42~3.78	1.94~5.85
+3	5~25	0.52~2.59	15~50	1.42~4.72	1.94~7.31

可见，采用停机和调温两种控制方式空调可控潜力都十分大，对特高压直流闭锁故障后的频率快速恢复能起到十分积极的作用。

图 6-22 为模拟华东 A 直流双极闭锁，损失 5GW 功率后的频率变化的仿真分析结果。由图中实线曲线可知，故障发生后频率迅速跌落，经过发电机一次调频和二次调频作用，4min 后频率才逐步恢复到正常值。图中蓝色曲线表示 4GW 空调频率响应负荷（动作阈值为 49.6Hz）参与功率调节后的频率变化过程，频率最大跌落值有所减小，不到 2min 频率即恢复到正常水平，恢复过程明显加快。

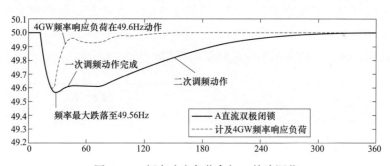

图 6-22　频率响应负荷参与 A 故障调节

进一步模拟 B 直流双极闭锁，损失 7.50GW 功率后的频率变化过程。由图 6-23 可知，故障发生后频率快速跌落至 49.3Hz 以下，而后经一次调频和二次调频后逐步恢复到正常值，蓝色曲线是夏季阈值为 49.6Hz 和 49.4Hz 的频率响应负荷参与了调整，另外两条曲线模拟不同季节仅 2GW 和 3GW 空调频率响应负荷参与功率调节后的频率变化过程，各种情况都能加速频率恢复过程。

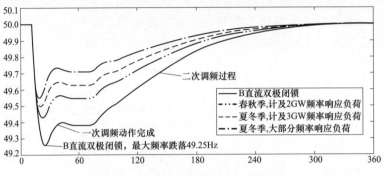

图 6-23　频率响应负荷参与 B 故障调节

2. 电压响应负荷

电网实际运行过程中，电压离最低合格值都留有一定的裕度，即使在负荷高峰时段 10kV 母线电压通常也具备下调 1% 的能力。功率对电压的调节系数假定 0.6%，华东全网功率削减量约为 720MW。

继续模拟上节中假定的两个故障。由图 6-22 可知，720MW 电压响应负荷能够有助于 A 故障的频率恢复。由图 6-23 可知，发生 B 故障后，在 4GW 的频率响应负荷和 720MW 的电压响应负荷共同作用下，频率恢复过程进一步加快。

实际实施过程中，感知到电网频率跌落后，频率响应负荷立刻执行，电压响应负荷则需要等待变压器调档或容抗器投切后才能执行，图 6-24、图 6-25 中电压响应负荷滞后于频率响应负荷。虽然电压响应负荷对一次调频动作前的频率最大跌落基本没有帮助，但对随后的频率恢复还是有帮助的。以上仿真的频率变化过程，未计入恢复的负荷对频率的作用。

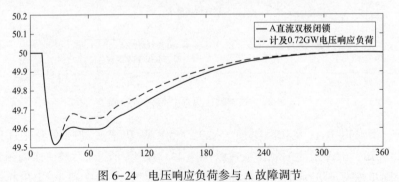

图 6-24　电压响应负荷参与 A 故障调节

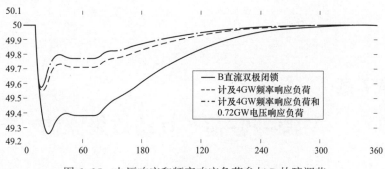

图 6-25　电压响应和频率响应负荷参与 B 故障调节

6.3　本章小结

　　柔性负荷是"源–网–荷"互动环境下一类重要的互动资源。在正常工况下，引导柔性负荷参与系统实时有功功率平衡，能够为电网提供一种维持电力供需平衡更为经济的手段，有利于实现电网的安全经济运行。在紧急工况下，引导具有快速响应能力的柔性负荷主动响应，为电网提供辅助服务，有助于维护电网安全稳定运行。

　　本章针对正常工况和紧急工况两类场景，计及互动控制目标的不同，设计了不同场景下"源–网–荷"互动控制架构。在正常工况下，分别提出了区域内分布式协同控制技术和多区域之间的分布式协同控制技术。IEEE 标准算例和某实际电网算例研究表明，通过设计合适的一致性协议，利用多智能体分布式控制能够有效实现对海量快速柔性负荷的控制，是快速柔性负荷参与系统有功控制的可行方案。在紧急工况下，提出了负荷参与调频的主动响应技术，通过对频率响应负荷和电压响应负荷调节能力的事前评估和事中统计，并与拉限电策略的在线协调优化，可以减少事故情况下的负荷切除量，发电资源和负荷资源的统一调度可提高特高压直流故障后受端电网的频率稳定水平。

第7章

"源–网–荷"互动效果评估

"源–网–荷"互动涉及电源、电网、负荷三大类互动主体，将对电源、电网、负荷三方面都产生重要影响。本章研究并提出"源–网–荷"互动效果评估方法，针对电源、电网和负荷三类互动主体，计及互动主体的经济性和电网运行的安全性，设计了互动效果评估的整体框架，构建了针对性的评估指标体系，对互动效益进行了全面量化评估。研究成果有助于引导电源、电网、负荷三者之间的良性互动，促进电力系统资源优化配置。

7.1 互动效果评估的整体框架

根据"源–网–荷"互动的定义，"源–网–荷"互动是指电源、负荷与电网三者间通过源源互补、源网协调、网荷互动和源荷互动等多种交互形式，以实现更经济、高效和安全地提高电力系统功率动态平衡能力的目标。因此，"源–网–荷"互动涉及电源、电网、负荷三大类互动主体，将对每类互动主体的经济效益产生影响。此外，尽管实施"源–网–荷"互动的初衷是实现资源最大化配置，使电源、电网、负荷三方均能受益。但由于源侧新能源出力的随机性、荷侧柔性负荷响应的自主性等原因，"源–网–荷"互动也可能会劣化电力系统运行，对电网安全运行带来风险。综上，计及互动主体的经济性和电网运行的安全性，"源–网–荷"互动效果评估的整体框架如图 7–1 所示。

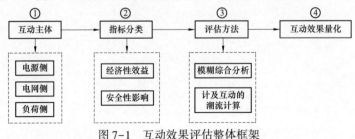

图 7–1　互动效果评估整体框架

7.2 评估指标体系

7.2.1 电源侧

电源侧参与互动效果评估体系如图 7-2 所示。主要分为成本类指标和环保类指标两大类。

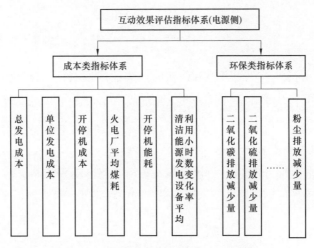

图 7-2　互动效果评估指标体系（电源侧）

成本类评估指标包括：

➢ 总发电成本；

➢ 单位发电成本；

➢ 开停机成本；

➢ 火电厂平均煤耗；

➢ 开停机能耗；

➢ 清洁能源发电设备平均利用小时数变化率。

环保类指标包括：

➢ 二氧化碳排放减少量；

➢ 二氧化硫排放减少量；

➢ 粉尘排放减少量。

7.2.1.1　成本类评估指标

1. 总发电成本

总发电成本指在统计周期内，所有发电机组的单位发电成本和发电功率求

积产生的总体成本。计算公式为

$$总发电成本 = \sum_i C_i P_i$$

式中　C_i——机组 i 的单位发电成本，元；

P_i——机组 i 的发电功率，kW。

2. 单位发电成本

单位发电成本指单位发电功率的平均发电成本。计算公式为

$$单位发电成本 = \frac{总发电成本}{总发电功率}$$

3. 开停机成本

开停机成本指发电机组开机和停机时产生的成本消耗。计算公式为

$$开停机成本 = \sum_i (机组\,i\,开机成本 \times 机组\,i\,开机次数 \\ + 机组\,i\,停机成本 \times 机组\,i\,停机次数)$$

4. 火电厂平均煤耗

考虑到目前大部分地区的火电厂尚未安装煤耗自动采集装置，为了降低指标统计工作量、提高指标可信度，采用各机组的设计煤耗统计火电厂平均煤耗指标。

$$火电厂平均煤耗 = \frac{\sum_{火电机组} 设计煤耗 \times 机组容量 \times 机组利用小时}{\sum_{火电机组} 机组容量 \times 机组利用小时}$$

5. 开停机能耗

开停机能耗反映在机组开停机过程中产生的能量消耗，公式定义为

$$开停机能耗 = \sum_i (机组\,i\,开机能耗 \times 机组\,i\,开机次数 \\ + 机组\,i\,停机能耗 \times 机组\,i\,停机次数)$$

6. 清洁能源发电设备平均利用小时数

平均发电设备利用小时表示发电厂发电设备利用程度的指标。它是一定时期内平均发电设备容量在满负荷运行条件下的运行小时数。

平均发电设备利用小时 = 报告期发电量/报告期的平均发电设备容量

通过计算清洁能源发电设备的平均利用小时数，能够量化利用互动对新能源消纳的贡献。

7.2.1.2　环保类评估指标

二氧化碳是温室气体的重要构成部分，对大气环境的变化有着重要的影响。在低碳经济的背景下，电力行业二氧化碳、二氧化硫减排意义重大。"源-网-荷"互动后能够有效减少发电煤耗，促进节能减排。有效地计量互动后二氧化

碳、二氧化硫等气体的减排量对互动效果的评价起着重要的作用。

碳在常温常压下是一种无色无味气体，以燃烧煤炭的火力发电为参考，计算节电的减排效益，每节约 1 度（kWh）电，就相应节约了 0.4kg 标准煤，同时减少污染排放 0.272kg 碳粉尘、0.997kg 二氧化碳（CO_2）、0.03kg 二氧化硫（SO_2）、0.015kg 氮氧化物（NO_2）。

7.2.2 负荷侧

柔性负荷参与互动运行的方式多样，有根据电价信号进行自主响应的，如分时电价响应、实时电价响应等；有根据激励机制进行响应的，如可中断负荷、直接负荷控制等；也有由调度指令直接控制的。不同的互动参与方式下，柔性负荷参与互动的效益并不一样。如根据电价信号进行自主响应的柔性负荷其互动效益由用户响应意愿决定，存在较大的不确定性，在评价指标中不存在某些必须达到的限制条件；而可中断负荷、直接负荷控制等类型的柔性负荷互动要求相对较高，在评价时需考虑调度前与用户约定的合同条件是否满足，继而形成相关限制条件指标，对互动效益进行评价。

根据柔性负荷参与互动的不同方式，本节将柔性负荷分为电价型、激励型、调度指令型和虚拟机组型四类。电价型柔性负荷不考虑强制性约束，不存在明确实施目标，仅评价其互动前后用电功率或用电量的变化情况；激励型柔性负荷一般根据事先签订的合同要求，参与互动时需将负荷功率控制在确定的限值之内；调度指令型柔性负荷互动时需尽可能按照给定的计划曲线运行，即与该计划曲线之间的偏差越小越好；虚拟机组型柔性负荷是将柔性负荷看作某一虚拟机组，要求互动时的响应特性与传统机组一致，包括响应延时、爬坡率、持续响应时间等。

不同类型柔性负荷参与互动的效益评估体系如图 7-3 所示。

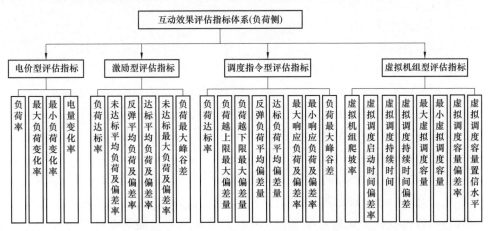

图 7-3 互动效果评估指标体系（负荷侧）

电价型柔性负荷互动效益评估指标包括：

➤ 负荷变化率；

➤ 最大负荷变化率；

➤ 最小负荷变化率；

➤ 电量变化率。

激励型柔性负荷互动效益评估指标包括：

➤ 负荷达标率；

➤ 未达标平均负荷及偏差率；

➤ 反弹平均负荷及偏差率；

➤ 达标平均负荷及偏差率；

➤ 未达标最大负荷及偏差率；

➤ 负荷最大峰谷差。

调度指令型柔性负荷互动效益评估指标包括：

➤ 负荷达标率；

➤ 负荷越上限最大偏差量；

➤ 负荷越下限最大偏差量；

➤ 反弹负荷平均偏差量；

➤ 达标负荷平均偏差量；

➤ 最大响应负荷及偏差率；

➤ 最小响应负荷及偏差率；

➤ 负荷最大峰谷差。

虚拟机组型柔性负荷互动效益评估指标包括：

➤ 虚拟机组爬坡率；

➤ 虚拟调度启动时间偏差率；

➤ 虚拟调度持续时间；

➤ 虚拟调度持续时间偏差；

➤ 最大虚拟调度容量；

➤ 最小虚拟调度容量；

➤ 虚拟调度容量偏差率；

➤ 虚拟调度容量置信水平。

7.2.2.1 电价型柔性负荷互动效果评估指标

电价型柔性负荷评估的核心为用户对电价信号响应前后用户负荷曲线及电网峰谷特性的变化，从负荷率变化、峰谷差变化率等方面对电价实施效果进行评价。以24h为研究时段，不考虑用户在日级区间内的负荷转移，某用户执行尖峰电价前后负荷曲线如图7-4所示。图中有响应前负荷和响应后负荷两条曲线，响应起始时刻 t_s、响应结束时刻 t_f。

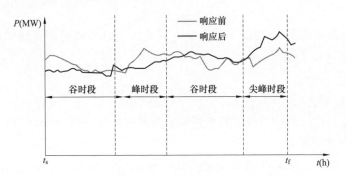

图7-4 实施尖峰电价前后负荷曲线图（部分时段）

1. 负荷率 a_1

电网负荷率与系统有功负荷高峰低谷有关。电网负荷率高表明该地区负荷峰谷差较小，负荷比较平均，电网负荷率低说明该地区峰谷差异较大，需要削峰填谷，使各时段负荷变化减小。

按照电网负荷率定义，负荷率 P_{rate} 用统计周期内（如1天）平均负荷与最大负荷之比的百分数表示。计算公式为

$$P_{rate} = \frac{\dfrac{\sum\limits_{i \in 24} P_i}{24}}{\max P_i} \tag{7-1}$$

式中 $\dfrac{\sum\limits_{i \in 24} P_i}{24}$ ——一天内某个用户的平均负荷，kW；

$\max P_i$ ——一天内某个用户的最大负荷，kW。$i \in 24$。这里考虑采集频率为1h 1个采集点，若采集频率增加，可考虑 $i \in 48$ 或者 $i \in 96$。

2. 最大负荷变化率 a_2

最大负荷 P_{max} 是指一天内负荷的最大值，为

$$P_{max} = \max P_i \tag{7-2}$$

最大负荷变化率 a_2 是指实施尖峰电价前后，最大负荷的变化幅度，计算公式为

$$a_2 = \frac{P_{max,\,2}}{P_{max,\,1}} \tag{7-3}$$

式中 $P_{\max,1}$，$P_{\max2}$——实施尖峰电价前后的最大负荷。

3. 最小负荷变化率 a_3

最小响应负荷 $P_{\min}$ 是指在一天内负荷的最小值，为

$$P_{\min} = \min P_i \tag{7-4}$$

最小负荷变化率 a_3 是指实施尖峰电价前后，最小负荷的变化幅度，计算公式为

$$a_3 = \frac{P_{\min,2}}{P_{\min,1}} \tag{7-5}$$

式中 $P_{\min,1}$，$P_{\min2}$——实施尖峰电价前后的最小负荷，kW。

4. 电量变化率

电量变化率包括尖峰电量变化率 a_4、峰电量变化率 a_5、谷电量变化率 a_6。当然，若实施分时电价，仅存在峰电量变化率和谷电量变化率；若实施实时电价，需考虑对时间尺度的划分，构建类似的尖峰、峰、谷电量变化率。

（1）尖峰电量变化率 a_4。实施尖峰电价前后，用户在尖峰时段用电量的变化情况，计算公式为

$$a_4 = \frac{\sum\limits_{i \in s} Q_{s,2} \cdot i}{\sum\limits_{i \in s} Q_{s,1} \cdot i} \tag{7-6}$$

式中 s——尖峰时段；

$Q_{s,2}$，$Q_{s,1}$——实施尖峰电价前后，用户尖峰时段的用电量，kWh。

（2）峰电量变化率 a_5。实施尖峰电价前后，用户在峰时段用电量的变化情况，计算公式为

$$a_5 = \frac{\sum\limits_{i \in f} Q_{f,2} \cdot i}{\sum\limits_{i \in f} Q_{f,1} \cdot i} \tag{7-7}$$

式中 f——峰时段；

$Q_{f,2}$，$Q_{f,1}$——实施尖峰电价前后，用户峰时段的用电量。

（3）谷电量变化率 a_6。实施尖峰电价前后，用户在谷时段用电量的变化情况，计算公式为

$$a_6 = \frac{\sum\limits_{i \in g} Q_{g,2} \cdot i}{\sum\limits_{i \in g} Q_{g,1} \cdot i} \tag{7-8}$$

式中 g——峰时段；

$Q_{g,2}$，$Q_{g,1}$——实施尖峰电价前后，用户谷时段的用电量，kWh。

针对某类用户尖峰电价评估的基本框架如图7-5所示，每类指标考虑角度并不相同，其中负荷率是从平均概念上考虑，最大、最小负荷是从极值概念上考虑，电量变化率是从面积概念上考虑。

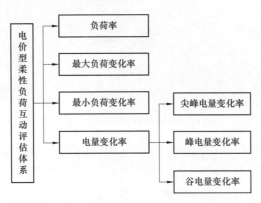

图7-5　某尖峰电价类用户评估体系

7.2.2.2　激励型柔性负荷互动效果评估指标

可中断负荷、直接负荷控制等激励型柔性负荷参与互动的基本特征是：要求用户在互动后将负荷控制在负荷限值目标以下，负荷限值目标可设为某直线或某分段函数。

假设实际负荷处于负荷限值以下为负荷达标，超出负荷限值以上为负荷未达标。在该类场景下，评估时段涉及响应时段和反弹时段两部分。首先评估实际负荷是否均处于负荷限值以下、未达标负荷比率、未达标最大负荷及其偏差率、未达标平均负荷等，其次评估处于负荷限值以下的负荷与限值的偏差率，最后还需考虑反弹时段的负荷后高峰影响。总的来说，该类场景下最佳评估目标是实际负荷均处于负荷限值以下，同时实际负荷与限值负荷偏差率尽可能小。

在图7-6中，曲线为负荷曲线$P(t)$，为实时负荷曲线；中间粗实线为负荷目标值，为定值P_{lim}。响应起始时刻t_s、响应结束时刻t_f，考虑到响应结束后反弹可能出现不可避免的"后高峰"，设定负荷反弹结束时刻t_{end}。

该体系的构建可分为三步来考虑：步骤一，确定需求响应评估时间；步骤二，以负荷限值为目标，确定三大评估子目标，一是评估响应时间内用户负荷处于负荷限值目标以下的概率，二是评估响应时间内处于负荷限值目标以上的用户负荷与负荷限值的偏差率，三是评估反弹时间内用户负荷与限制负荷的偏差率，即考虑反弹时间的负荷后高峰影响；步骤三，以与评估子目标是否强相

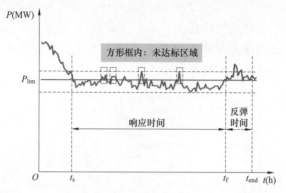

图 7-6 以负荷限值为目标的柔性负荷调度评估示意图

关为判断标准，建立以负荷限值为目标的柔性负荷调度效果评估体系。

1. 负荷达标率

负荷达标率 α 是指在响应时间内用户负荷低于负荷限值的时间段之和与响应时间的比值，用来衡量用户需求响应达标的概率。

从工程实际出发，以每个时段的开始时刻负荷值判断该时段是否满足负荷限值目标，为

$$N(\Delta t_i) = \begin{cases} 1\Delta t & P(t_i^+) \leqslant P_{\text{lim}} & i \in 24 \\ 0 & P(t_i^+) > P_{\text{lim}} & i \in 24 \end{cases} \tag{7-9}$$

式中 Δt_i——第 i 个响应时段，h；

　　t_i^+——第 i 个响应时段 Δt_i 的开始时刻，h；

　$P(t_i^+)$——t_i^+ 时段负荷值，kW；

　　P_{lim}——负荷限值目标，kW。$N(\Delta t_i)$ 为 0-1 变量，若 t_i^+ 时段负荷值不大于 P_{lim}，则为 $1\Delta t$，否则为 0。

$$\alpha = \frac{\sum_{i \in 24} N(\Delta t_i)}{t_f - t_s} \times 100\% \tag{7-10}$$

式中 $\sum_{i \in 24} N(\Delta t_i)$——响应时间内用户负荷不大于负荷限值的时间段数；

　　t_s——响应起始时刻，h；

　　t_f——响应结束时刻，h；

　$t_f - t_s$——响应时间，h。

2. 达标平均负荷及偏差率

通过负荷达标率 α 难以看出达标负荷与负荷限值之间的差距，而引用达标

平均负荷 $\overline{P}_d$ 可以直观地看出在响应时段内达标负荷与负荷限值之间的差距。达标平均负荷是指在响应时间内处于负荷限值目标以下的负荷平均值。

首先需要剔除不满足负荷限值目标的响应时段，令该类响应时段负荷值为0，再计算满足负荷限值目标的响应时段的总电量，最后与满足负荷限值目标的响应时段相除，得出达标平均负荷，为

$$\overline{P}_d = \frac{\sum\limits_{i \in 24}\left[\int\limits_{t_s}^{t_f} P(t_j)\,dt_j\right]_i}{\sum\limits_{i \in 24} N(\Delta t_i)} \tag{7-11}$$

其中

$$\begin{cases} P(t_j) = 0 & N(\Delta t_i) = 0 \;\text{且}\; t_j \in (t_s + (i-1)\Delta t, \; t_s + i\Delta t) \\ P(t_j) = P(T_j) & N(\Delta t_i) = 1\Delta t \;\text{且}\; t_j \in (t_s + (i-1)\Delta t, \; t_s + i\Delta t) \end{cases}$$

式中　　　$P(t_j)$ ——第 t_j 时刻的负荷值，kW；

$\sum\limits_{i \in 24} N(\Delta t_i)$ ——满足负荷限值目标的响应时段之和，即实际响应时间，s；

$\sum\limits_{i \in 24}\left[\int\limits_{t_s}^{t_f} P(t_j)\,dt_j\right]_i$ ——满足负荷限值目标响应时段的负荷总电量，kWh。

达标平均负荷偏差率 χ_d 是指达标平均负荷与负荷限值之差与负荷限值的比值，用来衡量在响应时段内达标负荷与负荷限值的偏离程度，χ_d 一般小于1。

$$\chi_d = \frac{\overline{P}_d - P_{lim}}{P_{lim}} \times 100\% \tag{7-12}$$

需要说明的是，按照负荷限值目标，用户只要处于负荷限值以下即可认为达标，对于偏差率的计算仅为电网公司提供参考。若偏差过大，可能造成电网公司电费支出减少。

3. 未达标平均负荷及偏差率

同样，引用未达标平均负荷 $\overline{P}_w$ 直观了解在响应时段内未达标负荷与负荷限值之间的差距。未达标平均负荷是指在响应时段内处于负荷限值目标以上的负荷平均值，为

$$\overline{P}_w = \frac{\sum\limits_{i \in 24}\left[\int\limits_{t_s}^{t_f} P(t_j)\,dt_j\right]_i}{24\Delta t - \sum\limits_{i \in 24} N(\Delta t_i)} \tag{7-13}$$

其中

$$\begin{cases} P(t_j) = P(t_j) & N(\Delta t_i) = 0 \text{ 且 } t_j \in (t_s + (i-1)\Delta t, \ t_s + i\Delta t) \\ P(t_j) = 0 & N(\Delta t_i) = 1\Delta t \text{ 且 } t_j \in (t_s + (i-1)\Delta t, \ t_s + i\Delta t) \end{cases}$$

式中　　　　$P(t_j)$ ——第 t_j 时段的负荷值，kW；

$24\Delta t - \sum\limits_{i \in 24} N(\Delta t_i)$ ——未满足负荷限值目标的响应时段之和，即实际响应时间，s；

$\sum\limits_{i \in 24} \left[\int_{t_s}^{t_f} P(t_j) \, dt_j \right]_i$ ——未满足负荷限值目标响应时段的负荷总电量，kWh。

未达标平均负荷偏差率 χ_w 是指未达标平均负荷与负荷限值之差与负荷限值的比值，用来衡量在响应时段内未达标负荷与负荷限值的偏离程度，χ_w 一般大于 1。

$$\chi_w = \frac{\overline{P}_w - P_{lim}}{P_{lim}} \times 100\% \tag{7-14}$$

4. 未达标最大负荷及偏差率

未达标最大负荷 P_{max} 是指在响应时间内未达标负荷的最大值，也为响应时间内负荷最大值，为

$$P_{max} = \begin{cases} \max\left[\sum\limits_{i \in 24} P(t)_i\right] & \alpha < 1 \\ P_{lim} & \alpha = 1 \end{cases} \tag{7-15}$$

未达标最大负荷偏差率 χ_{wm} 是指未达标最大负荷与负荷限值之差与负荷限值的比值，用来衡量未达标负荷与负荷限值的最大偏差程度。

$$\chi_{wm} = \frac{P_{max} - P_{lim}}{P_{lim}} \times 100\% \tag{7-16}$$

5. 负荷最大峰谷差

负荷最大峰谷差 P_{fg} 是指在响应时段内最大负荷与最小负荷的差值，为

$$P_{fg} = \max\left[\sum\limits_{i \in 24} P(t)_i\right] - \min\left[\sum\limits_{i \in 24} P(t)_i\right] \tag{7-17}$$

6. 反弹平均负荷

反弹平均负荷 $\overline{P}_f$ 是指反弹时间内用户侧负荷响应的平均值，为

$$\overline{P}_f = \frac{\int_{T_f}^{T_{end}} P(t_j) \, dt_j}{t_{end} - t_f} \tag{7-18}$$

式中 $\displaystyle\int_{T_f}^{T_{end}} P(t_j)\,\mathrm{d}t_j$ ——反弹时间内总电量，kWh；

$t_{end}-t_f$ ——反弹时间，h，一般为 0.5h。

综合上述指标的评估体系如图 7-7 所示。

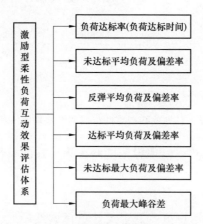

图 7-7　激励型柔性负荷互动效果评估体系

7.2.2.3　调度指令型柔性负荷互动效果评估指标

假设用户侧调度目标为某一动态曲线，即用户实际曲线与计划曲线越小越好。在该类场景下，首先需要确定允许负荷变动率的范围，如计划曲线负荷 ±20% 容量范围内，认为用户负荷是满足调度基本要求的，在基本满足要求的基础上，分析用户侧容量置信水平，接着考虑最大负荷和峰谷差率，从容量角度衡量实际负荷曲线与计划曲线的差距，最后也需要考虑负荷响应后高峰带来的影响。

计划曲线型柔性负荷调度效果评估示意图如图 7-8 所示，中间粗实线 P_{tag} 代表需求响应计划曲线，虚实线 P_{tag}^{+} 代表需求响应调度最大允许目标曲线，虚实线 P_{tag}^{-} 代表需求响应调度最小允许目标曲线，一般来说，$P_{tag}^{+}-P_{tag}$ 和 $P_{tag}^{-}-P_{tag}$ 偏差度相同。曲线为负荷曲线 $P(t)$，为实时负荷曲线。响应起始时刻 t_s、响应结束时刻 t_f，考虑到响应结束后反弹可能出现不可避免的"后高峰"，设定负荷反弹结束时刻 t_{end}。

以计划曲线为目标，确定三大评估子目标，一是评估响应时间内用户负荷处于柔性负荷调度最大、最小允许目标曲线负荷 $P_{tag}^{+}-P_{tag}^{-}$ 之间的概率，二是评估响应时间内处于允许目标曲线之间的用户负荷与计划曲线的偏差率，即置信水平，三是评估反弹时间内用户负荷与计划曲线的偏差率，即考虑反弹时间的负

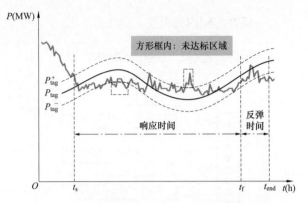

图 7-8　计划曲线型柔性负荷调度效果评估示意图

荷"二次高峰"影响，建立以理想调度曲线为目标的柔性负荷调度效果评估体系，具体如下：

1. 响应达标时间及负荷达标率

响应达标时间是指用户负荷处于柔性负荷调度最大、最小允许目标曲线负荷 P_{tag}^{+}-P_{tag}^{-} 之间的响应时段之和。

负荷达标率 α 是指响应时间内用户负荷处于柔性负荷调度最大、最小允许目标曲线负荷 P_{tag}^{+}-P_{tag}^{-} 之间的时间段之和与响应时间的比值，用来衡量用户需求响应达标的概率。

从工程实际出发，以每个时段的开始时刻负荷值判断该时段是否满足负荷限值目标，为

$$N(\Delta t_i) = \begin{cases} 1\Delta t & P_{\text{tag}}^{-}(t_i^{+}) \leqslant P(t_i^{+}) \leqslant P_{\text{tag}}^{+}(t_i^{+}) & i \in 24 \\ 0 & P(t_i^{+}) < P_{\text{tag}}^{-}(t_i^{+}) \ \text{或} \ P(t_i^{+}) > P_{\text{tag}}^{+}(t_i^{+}) & i \in 24 \end{cases} \tag{7-19}$$

式中　Δt_i——第 i 个响应时段；

$\quad t_i^{+}$——第 i 个响应时段 Δt_i 的开始时刻；

$\quad P(t_i^{+})$——t_i^{+} 时段负荷值；

$\quad P_{\text{tag}}^{+}(t_i^{+})$——需求响应调度最大允许目标曲线；

$\quad P_{\text{tag}}^{-}(t_i^{+})$——需求响应调度最小允许目标曲线；

$\quad N(\Delta t_i)$——0-1 变量，若 t_i^{+} 时段负荷值处于 $P_{\text{tag}}^{+}(t_i^{+})$、$P_{\text{tag}}^{-}(t_i^{+})$ 之间，则为 $1\Delta t$，否则为 0。

$$\alpha = \frac{\sum\limits_{i \in 24} N(\Delta t_i)}{t_{\text{f}} - t_{\text{s}}} \times 100\% \tag{7-20}$$

式中　$\sum\limits_{i\in 24} N(\Delta t_i)$ ——响应时间内用户负荷处于需求响应调度最大、最小允许

目标曲线负荷 $P_{tag}^+ - P_{tag}^-$ 之间（即计划曲线范围）的响应时段之和，也即响应达标时间；

t_s——响应起始时刻；

t_f——响应结束时刻；

$t_f - t_s$——响应时间且 $t_f - t_s = 24\Delta t$。

2. 达标负荷平均偏差率

通过负荷达标率 α 难以看出达标负荷与计划曲线之间的差距，而引用达标负荷偏差率可以直观地看出在响应时段内达标负荷与计划曲线负荷的偏差。

偏差率 $\overline{\chi(t_i)}$ 是 t_i 时刻的负荷偏差率，指 t_i 时刻达标负荷与计划曲线负荷之差与该时刻计划曲线负荷的比值，为

$$\overline{\chi(t_i)} = \frac{P(t_i) - P_{tag}(t_i)}{P_{tag}(t_i)} \times 100\% \tag{7-21}$$

式中　$P(t_i)$ ——t_i 时刻的实际负荷，kW；

$P_{tag}(t_i)$ ——t_i 时刻的计划曲线负荷，kW。

达标负荷平均偏差率 $\overline{\chi}_d$ 是指响应时段内达标负荷偏差率的平均值，用来衡量在响应时段内达标负荷与计划曲线负荷的接近程度，不考虑正负偏差。

$$\overline{\chi}_d = \frac{\sum\limits_{i\in 24}\left[\int_{t_s+(i-1)\Delta t}^{t_s+i\Delta t}\left|P(t_j) - P_{tag}(t_j)\frac{N(\Delta t_i)}{\Delta t}\right|dt_j\right]_i}{\sum\limits_{i\in 24}\left[\int_{t_s}^{t_f}P_{tag}(t_j)\frac{N(\Delta t_i)}{\Delta t}dt\right]_i} \times 100\% \tag{7-22}$$

其中

$$\begin{cases} P(t_j) = 0 & N(\Delta t_i) = 0 \text{ 且 } t_j \in (t_s + (i-1)\Delta t,\ t_s + i\Delta t) \\ P(t_j) = P(t_i) & N(\Delta t_i) = 1\Delta t \text{ 且 } t_j \in (t_s + (i-1)\Delta t,\ t_s + i\Delta t) \end{cases}$$

式中　$\overline{\chi}_d$——达标负荷平均偏差率；

$P(t_j)$——在响应时段内 t_j 时刻的实际负荷值，kW；

$\left|P(t_j) - P_{tag}(t_j)\dfrac{N(\Delta t_i)}{\Delta t}\right|$——在响应时段内 t_j 时刻实际负荷值与计划目标值之间的差值，kW；

$\sum\limits_{i\in 24}\left[\int_{t_s+(i-1)\Delta t}^{t_s+i\Delta t}\left|P(t_j) - P_{tag}(t_j)\dfrac{N(\Delta t_i)}{\Delta t}\right|dt_j\right]_i$——响应时段内达标负荷与计划调度

的总电量差值，kWh；

$$\sum_{i \in 24} \left[\int_{t_s}^{t_f} P_{tag}(t_j) \frac{N(\Delta t_i)}{\Delta t} dt \right]_i$$ ——达标负荷相对应计划调度的总电量，kWh。

3. 最大响应负荷及偏差率

最大响应负荷 P_{max} 是指在响应时间内负荷的最大值，为

$$P_{max} = \max \left[\sum_{i \in 24} P(t)_i \right] \qquad (7-23)$$

最大响应负荷偏差率 χ_{max} 是指最大响应负荷与相应时刻计划曲线负荷之差与该时刻计划曲线负荷的比值，用来衡量最大响应负荷与该响应时刻计划曲线负荷的偏差程度，为

$$\chi_{max} = \frac{P_{max} - P_{tag}(t_{Pmax})}{P_{max}} \times 100\% \qquad (7-24)$$

式中　$P_{tag}(t_{Pmax})$ ——最大响应负荷相应响应时刻的计划曲线负荷，kW。

4. 最小响应负荷及偏差率

最小响应负荷 P_{min} 是指在响应时间内负荷的最小值，为

$$P_{min} = \min \left[\sum_{i \in 24} P(T)_i \right] \qquad (7-25)$$

最小响应负荷偏差率 χ_{min} 是指最小响应负荷与相应时刻计划曲线负荷的比值，用来衡量最小响应负荷与该响应时刻计划曲线负荷的偏差程度，为

$$\chi_{min} = \frac{P_{min}}{P_{tag}(T_{Pmin})} \times 100\% \qquad (7-26)$$

式中　$P_{tag}(T_{Pmin})$ ——最小响应负荷相应响应时刻的计划曲线负荷。

5. 负荷越上限最大偏差量

负荷越上限最大偏差量 ΔP_{ysx} 是指实际负荷与柔性负荷调度最大允许目标曲线之间最大偏差量，$\Delta P_{ysx} > 0$ 时，实际负荷有越上限情况；$\Delta P_{ysx} \leq 0$ 时，实际负荷没有越上限，为

$$\Delta P_{ysx} = \max \left[P(t) - P_{tag}^+(t) \right]_i \quad i = 1, 2, \cdots, 24 \qquad (7-27)$$

6. 负荷越下限最大偏差量

负荷越下限最大偏差量 ΔP_{yxx} 是指实际负荷与柔性负荷调度最小允许目标曲线之间最大偏差量，$\Delta P_{yxx} < 0$ 时，实际负荷有越下限情况；$\Delta P_{yxx} \geq 0$ 时，实际负荷没有越下限，为

$$\Delta P_{yxx} = \min \left[P(t) - P_{tag}^-(t) \right]_i \quad i = 1, 2, \cdots, 24 \qquad (7-28)$$

7. 负荷最大峰谷差

负荷最大峰谷差 P_{fg} 是指在响应时段内最大负荷与最小负荷的差值，为

$$P_{fg} = \max \left[\sum_{i \in 24} P(t)_i \right] - \min \left[\sum_{i \in 24} P(t)_i \right] \quad\quad (7-29)$$

8. 反弹负荷平均偏差率

反弹负荷平均偏差率 $\bar{X}_f$ 是指反弹负荷与柔性负荷计划调度目标的比值，用来衡量在反弹时段内反弹负荷与柔性负荷计划调度目标的接近程度，不考虑正负偏差，为

$$\bar{X}_f = \frac{\displaystyle\int_{t_f}^{t_{end}} [P(t_j) - P_{tag}(t_j)] \, dt_j}{\displaystyle\int_{t_f}^{t_{end}} P_{tag}(t_j) \, dt} \times 100\% \quad\quad (7-30)$$

式中 $\displaystyle\int_{t_f}^{t_{end}} [P(t_j) - P_{tag}(t_j)] \, dt_j$ ——反弹时间内实际负荷与计划调度的总电量差值，kWh；

$\displaystyle\int_{t_f}^{t_{end}} P_{tag}(t_j) \, dt$ ——反弹时段计划调度总电量，kWh。

综合上述指标的评估体系如图 7-9 所示。

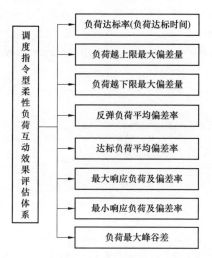

图 7-9　调度指令型柔性负荷互动评估体系

7.2.2.4　虚拟机组型柔性负荷互动效果评估指标

柔性负荷资源整合成一台"虚拟调峰机组"，通过先进信息通信技术和软件系统，实现可控负荷、电动汽车、分布式电源等资源的聚合和协调优化，从而作为一个特殊机组参与电力市场和电网运行的电源协调管理系统。

图 7-10 为虚拟调峰机组调度示意图，传统调峰机组和虚拟调峰机组共同形成了广义调峰机组。

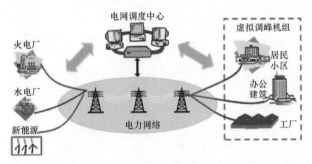

图 7-10　虚拟调峰机组调度示意图

柔性负荷具有不确定性强、资源分散、单体虚拟发电容量小、再调节能力较弱等特点，聚合后，在调度时间内，可能存在用户突然退出互动，或者未参与互动，或参与程度未达到预先要求等情况，这些都可能造成调度容量出现波动，影响虚拟调峰机组置信水平，给调峰调度带来一定压力。

以模拟调峰机组为目标，综合考虑启动性能、调度时间和调度容量等因素，构建虚拟调峰型柔性负荷调度评估体系，具体评估内容如图 7-11 所示。

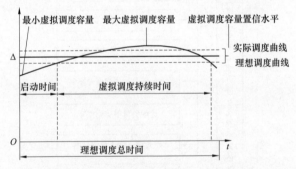

图 7-11　基于虚拟调峰机组的柔性负荷调度评估内容

基于虚拟调峰机组的柔性负荷调度评估体系分别从时间维度、容量维度和对象维度来实现，共分为三个层次，第一层为基于虚拟调峰机组的柔性负荷调度评估体系，称为总体性指标，可直接说明柔性负荷调度水平，但无法体现调度水平与哪些因素相关；第二层为概括性指标，共分为启动指标、时间指标、容量指标和其他指标，从不同角度全面且系统性评价柔性负荷调度水平；第三层为具体性指标，包括虚拟机组爬坡率、虚拟调度启动时间偏差率、虚拟调度持续时间、平均虚拟调度完成率等共 9 类指标，具体如下：

1. 虚拟机组爬坡率

类比于火电机组，虚拟机组爬坡率（即虚拟机组的升、降负荷能力）是表征柔性负荷资源单位时间内增加或减少的出力，则

$$p = \frac{DR_c \cdot a}{T_s} \tag{7-31}$$

式中　p——虚拟机组爬坡率，kW/s；

DR_c——理想调度容量，kW；

a——倍率且 $a \in (0, 1]$；

$DR_c \cdot a$——电力企业允许调度范围下限值，kW；

T_s——虚拟调峰机组启动时间，即首次达到调度范围下限的持续时间，h 或 min。

可以看出，当理想调度容量 DR_c 和倍率 a 固定时，虚拟机组爬坡率 p 与虚拟调度启动时间 T_s 为反向关系，即 T_s 越大，p 越小。

2. 虚拟调度启动时间偏差率

虚拟机组爬坡率为绝对值评估，但单一数值并不具备比较性，难以看出虚拟调度启动时间与调度时间差距，故提出虚拟调度启动时间偏差率 R_{first}，用于衡量较于理想调度，虚拟调峰启动时间的快慢，则

$$R_{first} = \frac{T_s}{DR_t}, \qquad R_{first} \in [0, 1] \tag{7-32}$$

式中　DR_t——理想柔性负荷调度持续响应时间，h。一般来说，R_{first} 越小越好。

3. 虚拟调度持续时间偏差率

实际调度结束时间 DR_f' 是指柔性负荷调度事件中，实际调度容量末次超过电力企业允许调度范围下限值 $DR_c \cdot a$ 的时间点，用于衡量柔性负荷资源退出电网调度的快慢。理想调度下，$DR_f' = DR_f$，DR_f 为柔性负荷调度结束时间，如 12:00，14:35 等，但单一数值并不具备比较性，需要综合考虑虚拟调度启动时间，故提出虚拟调度持续时间 T_1，用于衡量较于理想调度，实际调度总时间，则

$$T_1 = DR_f' - DR_s' \tag{7-33}$$

式中　DR_f'——实际调度容量首次超过电力企业允许调度范围下限值 $DR_c \cdot a$ 的时间，h。

式（7-33）为绝对值评估，难以看出虚拟调度时间与调度总时间差距，故相应提出虚拟调度时间偏差率的概念，用于衡量比较理想调度，虚拟调峰总时间的范围比例，则

$$R_{total} = \frac{T_1 - DR_t}{DR_t}, \qquad R_{total} \in [0, 1] \tag{7-34}$$

一般来说，R_{total}越大越好。

4. 最大虚拟调度容量

最大虚拟调度容量$R_{max,cap}$是指柔性负荷调度事件中，实际调度容量的最大值，为

$$R_{max, cap} = \max\left(\sum_{j \in N} DR_j\right) \tag{7-35}$$

式中　DR_j——第j时段的调度容量，kW；

　　　N——总时段数，若$DR_t = 2h$，$N = 8$。在评价时，$R_{max,cap}$并非越大越好，考虑到柔性负荷调度实际，一般理想调度曲线为定值或分段函数，较为固定，那么若最大调度容量超过理想调度容量过多，则会导致实际调度与理想调度差距过大，影响电力企业调度效果。

5. 最小虚拟调度容量

最小虚拟调度容量$R_{min,cap}$是指柔性负荷调度事件中，实际调度容量的最小值。

$$R_{min, cap} = \min\left(\sum_{j \in N} DR_j\right) \tag{7-36}$$

式中　DR_j——第j时段的调度容量，kW。若$DR_t = 1h$，$N = 4$。以此类推，若最小虚拟调度容量少于理想调度容量过多，则会导致实际调度与理想调度差距过大，同样会影响电力企业调度效果。

6. 虚拟调度容量偏差率

尽管我们允许柔性负荷调度范围有较大裕量，但若在某次调度事件中，需求侧资源调度范围调整过大，将会极大影响柔性负荷调度效果，对柔性负荷调度预测也有一定负面影响。

虚拟调度容量偏差率$R_{gap,cap}$是指最大虚拟调度容量$R_{max,cap}$和最小虚拟调度容量$R_{min,cap}$之差与理想调度容量DR_c的比值，为

$$R_{gap, cap} = \frac{\max\left(\sum_{j \in N} DR_j\right) - \min\left(\sum_{j \in N} DR_j\right)}{DR_c} \tag{7-37}$$

在实际调度时，若$R_{gap,cap}$过大，即调度容量不稳定，将会造成其他调度资源的频繁投切。因此，虚拟调度容量偏差率越小越好。

7. 平均虚拟调度时间完成率

平均虚拟调度时间完成率R'_{total}是指需求响应事件下满足特定虚拟调度时间偏差率要求的用户比率。

$$R'_{\text{total}} = \frac{\sum_{i \in n} N(R_{i,\,\text{gap},\,\text{cap}})}{n} \qquad (7\text{-}38)$$

式中　$N(R_{i,\text{gap},\text{cap}})$——用于判断第 i 个用户是否满足特定虚拟调度时间偏差率，若满足，为 1，否则为 0；n 为参与柔性负荷调度的用户总数。

综合上述指标的评估体系如图 7-12 所示。

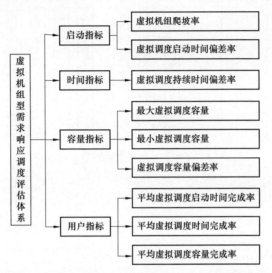

图 7-12　基于虚拟调峰机组的柔性负荷调度评估体系

7.2.3　电网侧

尽管柔性负荷参与调控运行为电网功率平衡提供了一类重要的互动资源，然而，柔性负荷具有以下两个特性：一是受用户用电行为影响，负荷内部自主变化的主观性较强；二是由于负荷会基于外部环境及激励信号等发生变化，客观上造成柔性负荷响应行为具有一定的无序性。因此，柔性负荷参与电网互动也给电网运行带来了更多的不确定性。随着电动汽车、储能、居民、商业、工业等柔性负荷的快速发展和渗透率的不断提高，电网的负荷特性及行为特征将与目前有很大不同。"网"与"荷"之间的良性互动有利于电网安全经济可靠地运行，然而，如果带有强不确定性的无序响应行为占主导因素的话，将会给系统运行带来不利影响，导致系统的运行工况随时可能发生改变，甚至影响系统的安全稳定运行。随着未来电网中柔性负荷渗透率的不断提高，互动带来的"不利"影响不容忽视。对柔性负荷互动能力进行深化研究并最终量化，有助于尽早规避"不利"影响，提高柔性负荷参与电网调控运行的能力。

电网侧参与互动效果评估体系如图 7-13 所示。主要分为互动程度评估指标、电网经济性评估指标和电网安全性评估指标三大类。

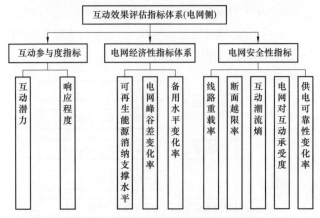

图 7-13　互动效果评估指标体系（电网侧）

互动程度评估指标包括：

➢ 互动潜力；

➢ 互动程度。

电网经济性评估指标包括：

➢ 电网峰谷差变化率；

➢ 可再生能源消纳支撑水平。

电网安全性评估指标包括：

➢ 供电可靠性变化率；

➢ 线路重载率；

➢ 断面越限率；

➢ 互动潮流熵；

➢ 电网对互动承受度。

7.2.3.1　互动程度评估指标

1. 互动潜力

互动潜力是柔性负荷固有的一种物理属性，描述柔性负荷参与互动后功率增加或减小的最大能力。若互动后功率增加则称为正向互动潜力，反之称为反向互动潜力。t 时刻第 i 类柔性负荷的互动潜力定义为该柔性负荷参与互动后的最大功率改变量与其自然功率的比值。

$$Pot_i(t) = \begin{cases} \dfrac{P_i^{\max}(t) - P_i^0(t)}{P_i^0(t)} \times 100\%; & \text{互动后功率增加} \\[4mm] \dfrac{P_i^{\min}(t) - P_i^0(t)}{P_i^0(t)} \times 100\%; & \text{互动后功率减少} \end{cases} \tag{7-39}$$

式中　$P_i^{\max}(t)$——t 时刻柔性负荷可达到的最大功率;

　　　$P_i^{\min}(t)$——t 时刻柔性负荷可达到的最小功率;

　　　$P_i^0(t)$——t 时刻柔性负荷可达到的初始自然功率值。

2. 响应程度

响应程度描述 t 时刻柔性负荷参与互动的实际水平,与负荷自身用电特性、调度中心的互动机制等多重因素密切相关。定义为柔性负荷的实际互动量与其最大互动量的比值。

$$I_i(t) = \frac{\Delta P_i(t)}{P_i^0(t) \times Pot_i(t)} \tag{7-40}$$

式中　$\Delta P_i(t) = P_i(t) - P_i^0(t)$, $\Delta P_i(t)$ 和 $P_i(t)$ 分别为柔性负荷的实际互动量和实际功率值。

7.2.3.2　电网经济性评估指标

1. 峰谷差变化率

利用分时电价等互动机制引导柔性负荷参与互动可以有效改善系统负荷特性,起到削峰填谷的作用。定义峰谷差变化比为有互动与无互动场景下系统峰谷差改变量与无互动时系统峰谷差的比值,用来评估柔性互动对系统削峰填谷的贡献。

$$H_{p-v} = \frac{C_{p-v} - \hat{C}_{p-v}}{C_{p-v}} \tag{7-41}$$

式中　C_{p-v}、$\hat{C}_{p-v}$——无互动和有互动情况下系统峰谷差。

2. 可再生能源波动支撑水平

利用柔性负荷平衡可再生能源波动是解决可再生能源规模化并网的重要手段之一。可再生能源波动支撑水平用来评估通过互动提高可再生能源消纳的能力,定义为用于消纳可再生能源波动的柔性负荷互动量与可再生能源波动量的比值。

$$C_{\text{RE}}(t) = \frac{\sum\limits_{i=1}^{n} \Delta P_i(t)}{\Delta P_{\text{RE}}(t)} \tag{7-42}$$

式中　ΔP_{RE}——可再生能源的功率波动量。

7.2.3.3 电网安全性评估指标

1. 线路重载率

设线路 i 最大有功传输容量为 $F_i^{\max}$，系统运行时线路 i 实际潮流为 F_i^0，则线路 i 的负载率 μ_i 为

$$\mu_i = \left| F_i^0 / F_i^{\max} \right| \quad i = 1, 2, \cdots, K \tag{7-43}$$

式中　K——线路数。$\mu_i > 1$ 时说明线路越限。

假设 μ_i 超过一定门槛值（如 0.8）时定为线路重载，定义电网重载率水平为重载线路数 N_{LF} 与总支路数 K 之比，用来反映电网安全运行的程度

$$LF = \frac{N_{LF}}{K} \times 100\% \tag{7-44}$$

显然，LF 取值在 0~100% 之间。$LF = 0$ 时 $\gamma = 0$ 说明没有线路重载情况，$LF > 0$ 时，说明网内存在一定的线路重载隐患，值越大说明系统的隐患越大，需要调整互动方案来转移或降低高负载线路的压力。

2. 互动潮流熵

熵是对系统混乱和无序状态的一种量度，给定常数序列 $U = \{U_1, U_2, \cdots, U_j, \cdots, U_n\}$，用 l_j 表示负载率 $\mu_i \in (U_j, U_{j+1}]$ 的线路条数，对不同负载率区间内的线路条数概率化得

$$P_j^t = l_j / K \quad j = 1, \cdots, n-1 \tag{7-45}$$

式中　P_j——负载率 $\mu_i \in (U_j, U_{j+1}]$ 的线路数占总线路数的比例。

根据熵的定义，电网潮流熵可以表示为

$$H(t) = -C \sum_{j}^{n-1} P_j^t \ln P_j^t \tag{7-46}$$

式中　C——常数，这里中取 ln10。

为了进一步量化互动对潮流分布均衡度的影响，引入互动潮流熵来描述单位柔性负荷互动后负载率分布的变化。定义互动潮流熵为互动前后电网潮流熵的改变量与柔性负荷的响应程度平均值之比，能够定量评估互动参与程度对电网潮流分布的影响，可以表征为

$$EI(t) = \frac{\hat{H}(t) - H(t)}{\dfrac{1}{n} \sum_{i=1}^{n} I_i(t)} \tag{7-47}$$

当互动潮流熵为负值时，说明柔性负荷参与互动后电网潮流分布更趋均衡，取值越小互动带来的影响也越小，反之亦然。

3. 电网互动承受度

柔性负荷的互动参与程度不仅受到自身响应特性的影响，还受到电网安全水平的约束，定义电网互动承受度为保证电网安全运行（定义电网安全状态为线路无过载）的前提下，柔性负荷的最大互动量与仅考虑其自身响应特性时的最大互动量之比（对应于最大互动潜力时的功率调整量）：

$$C_i = \frac{\Delta P_i(t_{max})}{P_i^0(t_{max}) \times Pot_i(t_{max})} \tag{7-48}$$

式中 t_{max}——电网临界安全运行时刻。

电网互动承受度指标反映了保证电网安全的前提下，柔性负荷的最大响应程度。需要指出的是，与柔性负荷的双向互动相对应，电网互动承受度也有正向与反向之分。当柔性负荷正向互动时 C_i 称为电网正向互动承受度，反之则称为反向互动承受度。

7.3 评估方法

7.3.1 基于模糊综合分析的互动效果评估方法

7.3.1.1 属性识别评估模型

设 X 为研究对象的全体，称为对象空间。在 X 中取 n 个样本 x_i（$i=1$，2，…，n），对每一个样本测量 m 个评价指标的值 I_1、I_2、…、I_m，第 i 个样本 x_i 的第 j 个评价指标 I_j 的测量值为 x_{ij}（$1 \leqslant i \leqslant n$，$1 \leqslant j \leqslant m$）。设 F 为 X 中元素的某类属性，称为属性空间，由评语组成的 K 个等级构成空间的评价集（C_1，C_2，…，C_K）是属性测度空间 F 的一个有序分割类，且满足 $C_1 < C_2 < \cdots < C_K$。

在互动效果的综合评估中，在属性测度空间 F（互动效果好坏）的一个有序分割类可写为 {低，较低，中，较高，高} 5 级。属性识别模型要解决的问题是识别参与互动后某区域样本 x_i 的 m 个评估指标的值 I_1、I_2、…、I_m 属于哪一类属性 C_K，将评估问题转化为评估指标的值具有某类属性 C_K 的属性测度值的计算问题，可分为三个大的步骤：单指标属性测度、多指标综合属性测度、属性识别。

（1）单项指标属性测度。计算第 i 个样本 x_i 的第 j 个评价指标 x_{ij} 具有属性 C_K 的属性测度 $\mu_{ijk} = \mu(x_{ij} \in C_K)$。

当 $x_{ij} \leqslant a_{j1}$ 时，取 $\mu_{ij1} = 1$，$\mu_{ij2} = \cdots = \mu_{ijK} = 0$。

当 $x_{ij} \geqslant a_{jK}$ 时，取 $\mu_{ijK} = 1$，$\mu_{ij1} = \cdots = \mu_{ijK-1} = 0$。

当 $a_{jl} \leqslant x_{ij} \leqslant a_{jl+1}$ 时，取 $\mu_{ijl} = \dfrac{|x_{ij} - a_{jl+1}|}{|a_{jl} - a_{jl+1}|}$，$\mu_{ijl+1} = \dfrac{|x_{ij} - a_{jl}|}{|a_{jl} - a_{jl+1}|}$，$\mu_{ijk} = 0$，$k < l$ 或 $k > l+1$。

（2）多指标综合属性测度。计算得到第 i 个样本各指标测量值的属性测度之后，再计算第 i 个样本 $x_i (i = 1, 2, \cdots, n)$ 具有属性 C_K 的属性测度 $\mu_{ik} = \mu(x_i \in C_K)$。

$$\mu_{ik} = \mu(x_i \in C_K) = \sum_{j=1}^{m} w_j \mu_{ijk}, \quad 1 \leq i \leq n, 1 \leq k \leq K \qquad (7\text{-}49)$$

其中，w_j 是第 j 个指标 I_j 的权重，$w_j \geq 0$，且 $\sum_{j=1}^{m} w_j = 1$。权重反映的是第 j 个指标 I_j 的相对重要性，权重的值由上一步得到。

（3）属性识别。按照置信度准则，对置信度 λ，计算 $k_i = \min\left\{\sum_{l=1}^{k} \mu_{x_i}(C_l) \geq \lambda, 1 \leq k \leq K\right\}$，则认为 x_i 属于 C_k 类，置信度 λ 通常取值为 $0.5 \sim 0.7$。

按照评分准则，计算 $q_{x_i} = \sum_{l=1}^{K} n_l \mu_{x_i}(C_l)$，则可根据 q_{x_i} 的大小对 x_i 进行分类和排序。

7.3.1.2 基于属性区间识别的评估过程

属性区间识别是基于属性数学理论提出的一种新系统评价方法，在有序分割类和属性识别准则基础上，对事物进行有效识别和比较分析。属性识别模型对社会现象、物理现象的描述和评价更加客观合理，因此被广泛应用于各种的预测、评价、决策等问题中。

根据所建立的考虑负荷二次高峰效应的有序用电实施效果评估体系，建立该评估体系的属性区间模型，进行用户侧有序用电执行效果评估，其评估过程如图 7-14 所示，评估结果以"差""较差""中""较好"和"好"来表示。

7.3.2 互动对电网安全运行影响评估方法

为较好地模拟柔性负荷参与调控运行的互动过程，图 7-15 给出了一种双层迭代的评估流程，该方法包括内外双层的计算框架，其中外层迭代模型为慢演变过程，主要用于模拟状态转移较慢的电气量时序变化过程，如新能源出力的波动变化、系统负荷曲线以及发电计划等系统固有时序特征等。内层迭代为快速演变过程，首先根据系统功率不平衡量确定互动策略，然后根据柔性负荷响应模型调整柔性负荷节点用电功率，并对当前断面进行计及互动的潮流计算。通过内外双层的循环计算，计算出上文提及的各评估指标在互动过程中随时间变化的数值，对柔性负荷的互动参与度、互动效果及互动影响进行综合评估。

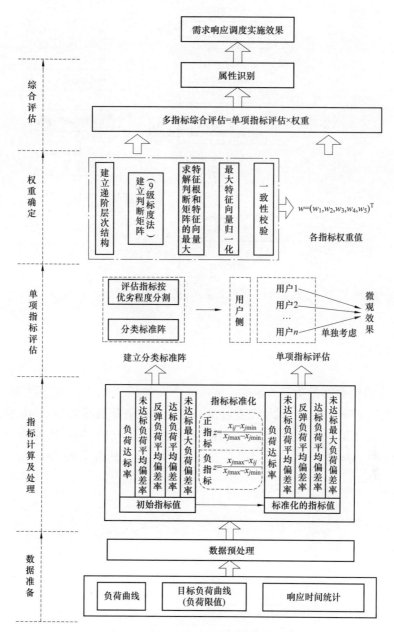

图 7-14 基于属性区间识别的评估过程

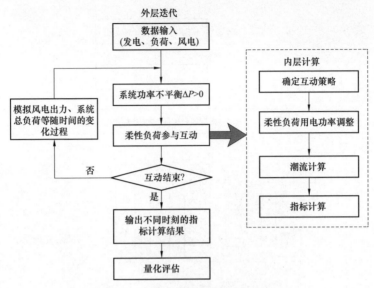

图 7-15 柔性负荷互动影响评估流程图

7.4 算例分析

7.4.1 电价型柔性负荷互动效果评估

某次基于分时电价的柔性负荷互动前后用户的负荷曲线如图 7-16 所示。该地区用电峰时段为 8：30~11：30、18：00~23：00，其中尖峰时段为 10：30~11：30、19：00~21：00，谷时段为 23：00~7：00，其余为平时段。

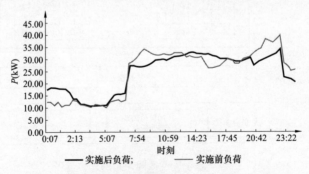

图 7-16 电价型柔性负荷调度实施前后用户负荷曲线

根据图 7-16，筛选并计算在进行柔性负荷互动效果评估时所需要的负荷数据，如表 7-1 所示。

表 7-1		电价型柔性负荷互动效果评估指标参数					
数据类型		平均负荷（kW）	最大负荷（kW）	最小负荷（kW）	尖峰时段电量(kWh)	峰时段电量（kWh）	谷时段电量（kWh）
实施前	时段	24 时段	22：55	3：38	10：30~11：30 19：00~21：00	8：30~11：30 18：00~23：00	23：00~7：00
	负荷	24.80	39.9	10.1	288.3	411.1	364.8
实施后	时段	24 时段	22：55	5：07	10：30~11：30 19：00~21：00	8：30~11：30 18：00~23：00	23：00~7：00
	负荷	24.40	34.08	10.6	265.71	358.95	400.21

电价型柔性负荷互动的实施效果分析：

1. 评估指标计算

根据表 7-1 中的原始数据，计算各项指标值，具体过程如下：

$a_1 = \dfrac{24.40}{34.08} \Big/ \dfrac{24.80}{39.9} = 1.151$——极大型指标；

$a_2 = \dfrac{34.08}{39.9} = 0.854$——区间型指标（越小越好）；

$a_3 = \dfrac{10.6}{10.1} = 1.05$——区间型指标（越大越好）；

$a_4 = \dfrac{265.71}{288.3} = 0.922$——区间型指标（越小越好）；

$a_5 = \dfrac{358.95}{411.1} = 0.873$——区间型指标（越小越好）；

$a_6 = \dfrac{400.21}{364.8} = 1.097$——区间型指标（越大越好）。

2. 评估指标标准化

由于各指标的量纲和指标值的变化区间各不相同，为保证评估结果的客观、合理，在评估之前应对评估指标进行标准化处理。

设 $[x_{j\min}, x_{j\max}]$ 为第 j 个评估指标值的变化区间，即 $x_{j\min}$ 为该指标可能得到的最小值，$x_{j\max}$ 为该指标可能得到的最大值，采用下列各式将评估指标值标准化为 $[0，1]$ 之间的无量纲值。

当评估指标为正指标，即"越大越好"时，采用式（7-50）；当评估指标为负指标，即"越小越好"时，采用式（7-51）。

$$z = \frac{x_{ij} - x_{j\min}}{x_{j\max} - x_{j\min}} \qquad (7\text{-}50)$$

$$z = \frac{x_{j\max} - x_{ij}}{x_{j\max} - x_{j\min}} \qquad (7\text{-}51)$$

以指标 1 为例，标准指标值的上限是 1.3，下限为 0.8，代入极大型标准化式 (2-46)

$$z_1 = \frac{a_1 - a_{1\min}}{a_{1\max} - a_{1\min}} = \frac{1.145 - 0.8}{1.3 - 0.8} = 0.69$$

经计算，标准化指标值如表 7-2 所示。

表 7-2 　　　　　　　　　　电价型柔性负荷互动效果评估指标

一级指标	A_1	A_2	A_3	A_4		
二级指标	a_1	a_2	a_3	a_4	a_5	a_6
指标类型	极大型	极小型	极大型	极小型	极小型	极大型
标准指标上限	1.5	1.1	1.25	1.1	1.1	1.25
标准指标下限	0.8	0.75	0.9	0.75	0.75	0.9
标准化前的指标值	1.151	0.854	1.05	0.922	0.873	1.097
标准化的指标值	0.585	0.703	0.429	0.509	0.649	0.563

3. 建立评估指标的分类标准阵

C_K 是属性测度空间的一个有序分割类，相应的每个评估指标也可以按照 C_K 进行分割，形成描述 5 个评估指标优劣程度的分类标准阵。

这里将 5 个指标的 C_K 定义为 5 个标准：$(C_1, C_2, C_3, C_4, C_5) = ($差，较差，中，较好，好$) = (0.4, 0.5, 0.65, 0.8, 0.9)$。

4. 单项指标属性测度计算

计算用户各个标准化后的指标具有属性 C_K 的属性测度 $\mu_{ijk} = \mu(x_{ij} \in C_K)$，结果如表 7-3 所示。

当 $z_{ij} \leqslant a_{j1}$ 时，取 $\mu_{ij1} = 1$，$\mu_{ij2} = \cdots \mu_{ijK} = 0$。

当 $z_{ij} \geqslant a_{jK}$ 时，取 $\mu_{ijK} = 1$，$\mu_{ij1} = \cdots \mu_{ijK-1} = 0$。

当 $a_{jl} \leqslant z_{ij} \leqslant a_{jl+1}$ 时，取 $\mu_{ijl} = \frac{|z_{ij} - a_{jl+1}|}{|a_{jl} - a_{jl+1}|}$，$\mu_{ijl+1} = \frac{|z_{ij} - a_{jl}|}{|a_{jl} - a_{jl+1}|}$，$\mu_{ijk} = 0$，$k < l$ 或 $k > l+1$。

表 7-3　　电价型柔性负荷互动效果评估的单项指标属性测度评判矩阵

一级指标	二级指标	标准化指标值	属性测度矩阵				
			差	较差	中	较好	好
A_1	a_1	0.585	0	0.433	0.567	0	0
A_2	a_2	0.703	0	0	0.647	0.353	0
A_3	a_3	0.429	0.71	0.29	0	0	0
A_4	a_4	0.509	0	0.94	0.06	0	0
	a_5	0.649	0	0.007	0.993	0	0
	a_6	0.563	0	0.58	0.42	0	0

5. 评估指标权重设置

在 5 项指标中，指标 1 负荷率变化率与综合指标电量变化率为主要指标，指标 2 最大负荷变化率和指标 3 最小负荷变化率为次要指标，综合指标电量变化率中指标 4 尖峰电量变化率、指标 5 峰电量变化率、指标 5 谷电量变化率权重相等。按照上述分析原则，在多方调研的基础上，各个子因素权重分别为

$$A_1 = \begin{bmatrix} 0.3 & 0.2 & 0.2 & 0.3 \end{bmatrix}$$
$$A_2 = \begin{bmatrix} 0.333 & 0.333 & 0.333 \end{bmatrix}$$
$$A = \begin{bmatrix} 0.3 & 0.2 & 0.2 & 0.1 & 0.1 & 0.1 \end{bmatrix}$$

6. 多指标综合属性测度

计算得到各指标测量值的属性测度之后，再计算多指标具有属性 C_K 的属性测度 $\mu_{ik} = \mu(x_i \in C_K)$，结果为

$$\mu_{ik} = \mu(x_i \in C_K) = \sum_{j=1}^{m} w_j \mu_{ijk} \qquad (7-52)$$

其中，$1 \leqslant i \leqslant n$，$1 \leqslant k \leqslant K$。$w_j$ 是第 j 个指标 I_j 的权重，$w_j \geqslant 0$，且 $\sum_{j=1}^{m} w_j = 1$。

7. 属性识别

按照置信度准则，对置信度 $\lambda = 0.5$，计算 $k_i = \min \left\{ \sum_{l=1}^{k} \mu_{x_i}(C_l) \geqslant \lambda, \ 1 \leqslant k \leqslant K \right\}$，则认为 x_i 属于 C_K 类。属性识别结果如表 7-4 所示。

表7-4 电价型柔性负荷互动的属性识别评估结果

	指标	权重	差	较差	中	较好	好	属性识别
单项指标	a_1	0.3	0	0.433	0.567	0	0	中
	a_2	0.2	0	0	0.647	0.353	0	中
	a_3	0.2	0.71	0.29	0	0	0	差
	a_4	0.1	0	0.94	0.06	0	0	较差
	a_5	0.1	0	0.007	0.993	0	0	中
	a_6	0.1	0	0.58	0.42	0	0	较差
多指标综合			0.142	0.340	0.447	0.071	0	中

根据表中结果，按照最大隶属度原则，分时电价下用户互动效果的评估属性识别结果为"中"，即表示考核结果一般。但"中"的属性测度结果为0.447，并未满足置信度取值，因此该评估结果对于满足电网调度要求还有较大改善空间。

7.4.2 互动对电网安全影响

算例采用 IEEE39 节点 10 机系统，其结构图如图 7-17 所示。设 38、39 节点为风电的集中接入点，同时将系统划分为两个区域，各区域内负荷的类型和响应特性不同。区域 1 设为典型的商业和居民区，对电价较为敏感，属于价格灵敏区；区域 2 设为典型的工业负荷区，对电价不太敏感，属于价格不灵敏区。负荷的基本互动信息见表 7-5。

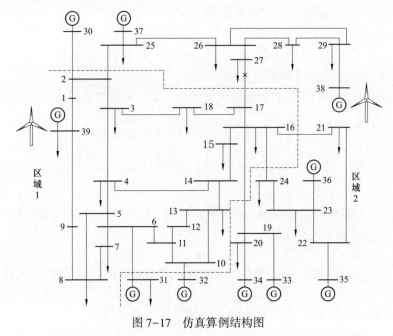

图 7-17 仿真算例结构图

表 7-5　　　　　　　　　　　　　　柔性负荷的基本互动信息

负荷区域	电价型负荷			激励型负荷	
	所占比例（%）	互动潜力范围（%）	弹性系数	所占比例（%）	互动潜力范围（%）
区域 1	40	[−50，50]	−0.2	20	[−50，50]
区域 2	20	[−50，50]	−0.05	40	[−50，50]

调度中心根据短期风电预测和超短期负荷预测数据，计算出系统的功率不平衡量，基于负荷的价格弹性制定实时电价，通过电价信号引导柔性负荷参与互动，本算例中电价标幺值调节范围为 0.4 ~ 1.6（基准值为 0.5 元）。风电在 [−50%，50%] 波动水平下柔性负荷的互动参与度及可再生能源波动支撑水平评估指标计算结果如表 7-6 所示。

表 7-6　　　　　　　　　　　　　柔性负荷互动效益评估

风电出力波动比例（%）	电价（标幺值）	响应程度（%）		可再生能源波动支撑水平（%）	互动成本（万元）	备注
		区域 1	区域 2			
−50	1.6	−100	−60	76.9	50.8	价格越限
−40	1.6	−100	−60	96.2	50.8	价格越限
−30	1.24	−94.8	−23.7	100	131.7	—
−20	1.16	−63.1	−15.8	100	72.74	—
−10	1.08	−31.5	−7.9	100	28.88	—
10	0.92	31.2	7.8	100	−13.56	—
20	0.84	62.1	15.5	100	−12.88	—
30	0.77	93.1	23.3	100	−8.785	—
40	0.4	100	60	96.2	371.6	价格越限
50	0.4	100	60	76.9	371.6	价格越限

通过不同风电波动水平下的指标对比可以看出：

（1）当风电在 [−30%，30%] 范围内波动时，随着风电波动幅度增大，为了平衡系统中逐步增加的功率不平衡量，柔性负荷的响应程度也在逐步加深，对电价灵敏的区域 1 响应程度较区域 2 更大。此时，可再生能源波动支撑水平为 100%，也就是说，通过柔性负荷参与互动，能够实现风电的全额消纳。

（2）当风电波动幅度超过 40% 时，此时区域 1 中柔性负荷的响应程度已经达到 100%，调度中心为了进一步调度灵敏性较弱的区域 2 负荷参与互动，则需要大幅增加/降低电价，此时已经造成电价越限，而同时柔性负荷对可再生能源波动支撑水平持续下降，这种情况下需采取其他互动机制联合调节或者适当弃风。

（3）从互动成本上看，当风电正向波动时，虽然调度中心降低电价，但由于柔性负荷的用电量增加，电网侧的售电收入还是增加的，因此互动成本为负；当风电反向波动时，调度中心通过抬高电价以抑制柔性负荷的用电行为，由于柔性负荷用电量的减少，造成电价虽然升高但电网侧的售电收入却减少了，因此互动成本为正。且从风电波动的两个方向都可以发现，随着风电波动幅度的不断增大，柔性负荷的调用量逐步增大，从而互动成本也随之增加。

图 7-18 对比了柔性负荷参与互动前后线路重载率和系统最大负载率指标的计算结果。柔性负荷参与互动前，系统中的不平衡功率由常规火电机组承担。柔性负荷参与互动后，不平衡功率首先由柔性负荷承担，如果柔性负荷已经完全响应或者调度中心调度代价太大（体现为电价越限），不平衡功率则由柔性负荷和火电机组共同承担。由图 7-18 可以看出，有互动时线路最大负载率有较为明显的下降，但也存在有互动情况下部分线路重载率较无互动时增加的情况，说明互动对减小系统整体重载严重程度起到了一定作用，但有可能引起局部地区的潮流重载。

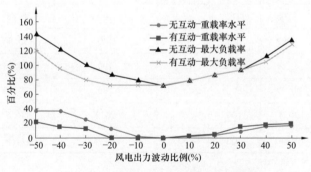

图 7-18　有无互动时电网负载率比较

图 7-19 是 IEEE39 节点和 IEEE118 节点网架下互动潮流熵的计算结果。从图 7-19 可以看出，电网互动潮流熵为负值，且不论是柔性负荷正向响应还是反向响应，随着柔性负荷响应程度的增加，互动潮流熵都随之增大。这说明，柔性负荷参与互动后比互动前系统潮流分布更加均衡了，但随着互动参与程度的加深，互动对潮流分布均衡度的改善效果将呈下降趋势。

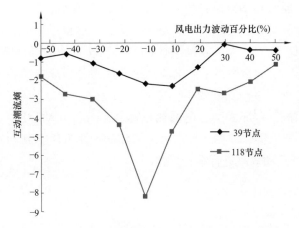

图 7-19　风电不同波动水平下的电网互动潮流熵

从图 7-18 和图 7-19 的指标计算结果可见，由于柔性负荷响应行为的不确定性使得柔性负荷参与互动后潮流分布更为复杂，另外可能有利于电网潮流分布更加均衡，但不加引导的互动也可能引起局部地区或部分线路潮流重载甚至带来安全性问题。

以线路不过载为约束条件，电网互动承受度指标计算结果如表 7-7 所示。在电网安全的前提下，由于柔性负荷参与互动，风电波动比例分别提高了 6%（正向）和-15%（反向），此时，电网正向互动承受度为 71.1%，反向互动承受度为-75.6%。从该分析结果可知，即使柔性负荷存在一定互动潜力，由于电网安全约束的限制也无法实现完全响应，调度中心在制定负荷互动策略时，需要充分考虑电网的接纳能力。

表 7-7　　　　　　　　　　　电 网 互 动 承 受 度

风电波动方向	无互动	有互动	
	风电波动极限（%）	风电波动极限（%）	电网互动承受度（%）
正向波动	32	38	71.1
反向波动	-29	-44	-75.6

7.5　本章小结

"源-网-荷"互动既涉及电源、电网、用户三方的经济效益，也可能对电网安全运行带来正面或负面的影响。建立一套完整的指标体系，在互动前，能为调度中心甄选合理的互动策略提供参考依据；在互动后，能对互动效果实施后评估，具有十分重要的意义。本章首先提出了互动效果评估的整体框架。其次，针对电源、电网、负荷三大类互动主体，计及互动主体的经济性和电网运行的安全性，构建了完整的指标体系：电源侧指标体系分为成本类和环保类两大类；负荷侧根据柔性负荷参与互动的不同方式，指标体系分为电价型、激励型、调度指令型和虚拟机组型四大类；电网侧指标体系分为互动程度、电网运行经济性和电网安全性三大类。最后，提出每一指标的计算方法和互动效果评估方法，对"源–网–荷"互动效果进行综合评价。

参 考 文 献

[1] 姚建国, 赖业宁. 智能电网的本质动因和技术需求 [J]. 电力系统自动化, 2010, 34 (2): 1-4, 28.

[2] 杨胜春, 姚建国, 曹阳, 等. 中国特色智能需求响应的分析与展望. 2011 年中国电机工程年会. 贵阳, 2011, 23-26.

[3] 胡泽春, 宋永华, 徐智威. 电动汽车接入电网的影响与利用 [J]. 中国电机工程学报, 2012, 32 (4): 1-10.

[4] KLOBASA M. Analysis of demand response and wind integration in Germany's electricity market [J]. IET Renewable Power Generation, 2010, 4 (1): 55-63.

[5] SERGIO V, SRDJAN M L, EDUARDO G, et al. Energy Storage Systems for Transport and Grid Applications [J]. IEEE Trans on Industrial Electronics, 2010, 57 (12): 3881-3895.

[6] TED K A, ALEX Y, ANNETTE V J, et al. Optimal energy storage sizing and control for wind power applications [J]. IEEE Trans on Sustainable Energy, 2011, 2 (1): 69-76.

[7] 鞠平, 秦川, 黄桦, 等. 面向智能电网的建模研究展望 [J]. 电力系统自动化, 2012, 36 (11): 1-6.

[8] 刘晓. 新能源电力系统广域源荷互动调度模式理论研究 [D]. 华北电力大学, 2012.

[9] 王珂, 姚建国, 姚良忠, 等. 电力柔性负荷调度研究综述 [J]. 电力系统自动化, 2014, 38 (20): 127-135.

[10] CALLAWAY D S, HISKENS I A. Achieving controllability of electric loads [J]. Proceedings of the IEEE, 2011, 99 (1): 184-199.

[11] 姚建国, 杨胜春, 王珂, 等. 智能电网 "源-网-荷" 互动运行控制概念及研究框架 [J]. 电力系统自动化, 2012, 36 (21): 1-6.

[12] GU Y, MCCALLEY J D, NI M. Coordinating large-scale wind integration and transmission planning [J]. IEEE Transactions on Sustainable Energy, 2012, 3 (4): 652-659.

[13] 谢传胜, 董达鹏, 段凯彦, 等. 基于层次分析法—距离协调度的低碳电源电网规划协调度评价 [J]. 电网技术, 2012, 36 (11): 1-6.

[14] 吕春泉, 田廓, 魏阳. 考虑可再生能源并网的多阶段电源与电网协调规划模型 [J]. 华东电力, 2013, 41 (9): 1814-1820.

[15] 郑静, 文福拴, 周明磊, 等. 计及需求侧响应的含风电场的输电系统规划 [J]. 华北电力大学学报, 2014, 41 (3): 42-48.

[16] 曾博, 董军, 张建华, 等. 节能服务环境下的电网综合资源协调规划新方法 [J]. 电力系统自动化, 2013, 37 (9): 34-40.

[17] 田建伟. 智能工程在智能输电网规划不确定性问题建模中的应用 [D]. 北京: 北京交通

大学，2012.

[18] 夏飞，鲍丽山，王纪军，等. 源网荷友好互动系统通信组网方案介绍 [J]. 江苏电机工程，2016，6：65-69.

[19] 刘昌，李继传，姚建刚，等. 峰谷分时电价的分析与建模 [J]. 电力需求侧管理，2005，7 (5)：14-17.

[20] AMIR-HAMED M, VINCENT W S, JURI J, et al. Autonomous demand-side management based on game-theoretic energy consumption scheduling for the future smart grid [J]. IEEE Transactions on Smart Grid, 2010, 1 (3)：320-331.

[21] WANG A, LUO Y, TU GY, et al. Vulnerability assessment scheme for power system transmission networks based on the fault chain theory [J]. IEEE transactions on power systems, 2011, 26 (1)：442-450.

[22] 曹一家，程时杰. 电力系统静态稳定性的概率分析 [J]. 华中科技大学学报，2005，33 (5)：79-81.

[23] 王守相，武志峰，王成山. 计及不确定性的电力系统直流潮流的区间算法. 电力系统自动化，2007，5 (31)：18-21.

[24] 武志峰. 计及不确定性的电力系统静态安全分析 [D]. 天津：天津大学，2007.

[25] YANG Shengchun, ZENG Dan, DING Hongfa, et al. Stochastic security-constrained economic dispatch for random responsive price elastic load and wind power [J]. IET Renewable Power Generation, 2016, 10 (7)：936-943.

[26] YANG Shengchun, ZENG Dan, DING Hongfa, et al. Multi-Objective demand response model considering the probabilistic characteristic of price elastic load [J]. Energies，2016，9 (80)：1-14.

[27] 王珂，刘建涛，姚建国，等. 基于多代理技术的需求响应互动调度模型 [J]. 电力系统自动化，2014，38 (13)：121-127.

[28] LiYaping, YongTaiyou, CaoJinde, et al. A consensus control strategy for dynamic power system look-ahead scheduling [J]. Neurocomputing, 2015, 168：1085-1093.

[29] 叶林，赵永宁. 基于空间相关性的风电功率预测研究综述 [J]. 电力系统自动化，2014，38 (14)：126-135.

[30] 彭小圣，熊磊，文劲宇，等. 风电集群短期及超短期功率预测精度改进方法综述 [J]. 中国电机工程学报，2016，36 (23)：6315-6326.

[31] 李剑楠，乔颖，鲁宗相，李兢. 多时空尺度风电统计特性评价指标体系及其应用 [J]. 中国电机工程学报，2013，33 (13)：53-61.

[32] 徐曼，乔颖，鲁宗相. 短期风电功率预测误差综合评价方法 [J]. 电力系统自动化，2011，35 (12)：20-26.

[33] 申张亮. 江苏沿海陆地风电场出力对地区综合负荷特性影响的分析 [J]. 华东电力，2010，38 (3)：37-40.

[34] 曲直，于继来. 风电功率变化的一致性和互补性量化评估 ［J］. 电网技术，2013, 37
（02）：507-513.

[35] 于大洋，韩学山，梁军，等. 基于 NASA 地球观测数据库的区域风电功率波动特性分析
［J］. 电力系统自动化，2011, 35 (5)：77-81.

[36] 肖创英，汪宁渤，丁昆，等. 甘肃酒泉风电出力特性分析 ［J］. 电力系统自动化，2010,
34 (17)：64-67.

[37] 王小海，齐军，侯佑华，等. 内蒙古电网大规模风电并网运行分析和发展思路 ［J］. 电
力系统自动化，2011, 35 (22)：91-96.

[38] 张钦，王锡凡，王建学，等. 电力市场下需求响应研究综述 ［J］. 电力系统自动化，
2008, 32 (3)：97-106.

[39] 谭忠富，陈广娟，赵建保，等. 以节能调度为导向的发电侧与售电侧峰谷分时电价联合
优化模型 ［J］. 中国电机工程学报，2009, 29 (1)：55-62.

[40] 潘敬东，谢开，华科. 计及用户响应的实时电价模型及其内点法实现 ［J］. 电力系统自
动化，2005, 29 (23)：8-14.

[41] 姚珺玉，刘俊勇，刘友波，等. 计及时滞指标综合灵敏度的用户电价响应模式划分方法
［J］. 电网技术，2010, 34 (4)：30-36.

[42] WENDELL L, WEGLEY H, VERHOLEK M. Report from a working group meeting on wind
forecasts for WECS operation：Pacific Northwest Laboratory，1978.

[43] 肖永山，王维庆，霍晓萍. 基于神经网络的风电场风速时间序列预测研究 ［J］. 节能技
术，2007, 25 (2)：106-108.

[44] 曹磊. 考虑风电并网的超短期负荷预测 ［D］. 北京：华北电力大学，2007.

[45] 范高锋，王伟胜，刘纯. 基于人工神经网络的风电功率短期预测系统 ［J］. 电网技术，
2008, 32 (22)：72-76.

[46] 范高锋，王伟胜，刘纯，等. 基于人工神经网络的风电功率预测 ［J］. 中国电机工程学
报，2008, 28 (34)：118-123.

[47] J RAMIREZ-ROSADO I, FERNANDEZ-JIMENEZ L A, MONTEIRO C, et. al. Comparison
of two new short-term wind-power forecasting systems. Renewable Energy, 2009, In Press.

[48] 陈海焱，陈金富，段献忠. 含风电场电力系统经济调度的模糊建模及优化算法 ［J］. 电
力系统自动化，2006 (02)：22-26.

[49] 龙军，莫群芳，曾建. 基于随机规划的含风电场的电力系统节能优化调度策略 ［J］. 电网
技术，2011, 35 (9)：133-138.

[50] 方鑫，谭文. 含风电场机组组合问题的随机规划改进方法 ［J］. 计算机仿真，2014, (4)：
132-157.

[51] LI F, WEI Y. A probability-driven multilayer framework for scheduling intermittent renewable
energy ［J］. IEEE transactions on sustainable energy, 2012, 3 (3)：455-464.

[52] TUOHY A, MEIBOM P, DENNY E, et al. Unit commitment for systems with significant wind

penetration [J]. IEEE transactions on power systems, 2009, 24 (2): 592-601.

[53] WANG B, HOBBS B F, A flexible ramping product: Can it help real-time dispatch markets approach the stochastic dispatch ideal [J]. Electric Power Systems Research, 2014, 109: 128-140.

[54] WU L, SHAHIDEHPOUR M, LI Z. Comparison of scenario-based and interval optimization approaches to stochastic SCUC [J]. IEEE transactions on power systems, 2012, 27 (2): 913-921.

[55] 黎静华, 韦化, 莫东. 含风电场最优潮流的 Wait-and-See 模型与最优渐近场景分析 [J]. 中国电机工程学报, 2012, 32 (22): 15-23.

[56] 王彩霞, 鲁宗相. 风电功率预测信息在日前机组组合中的应用 [J]. 电力系统自动化, 2011, 35 (7): 13-18.

[57] 夏叶, 康重庆, 宁波, 等. 用户侧互动模式下发用电一体化调度计划 [J]. 电力系统自动化, 2012, 36 (1): 17- 23.

[58] 耿然. 考虑可再生能源消纳的高载能负荷的有功控制 [D]. 华北电力大学 (北京), 2017.

[59] 王珂, 郭晓蕊, 周竞, 等. 智能电网 "源-荷" 协同调度框架及实现 [J]. 电网技术, 2018, 42 (08): 2637-2644.

[60] 曾丹, 姚建国, 杨胜春, 等. 应对风电消纳中基于安全约束的价格型需求响应优化调度建模 [J]. 中国电机工程学报, 2014, 34 (31).

[61] 张伯明, 陈寿孙, 等. 高等电力网络分析 [M]. 北京: 清华大学出版社, 1996.

[62] 李晖, 康重庆, 夏清. 考虑用户满意度的需求侧管理价格决策模型 [J]. 电网技术, 2004, 28 (23): 1-6.

[63] 丁伟, 袁家海, 胡兆光. 基于用户价格响应和满意度的峰谷分时电价决策模型 [J]. 电力系统自动化, 2005, 29 (20): 10-14.

[64] 苏承国, 申建建, 王沛霖, 等. 基于电源灵活性裕度的含风电电力系统多源协调调度方法 [J]. 电力系统自动化, 2018, 42 (17): 111-119.

[65] 林俐, 田欣雨, 蔡雪瑄. 考虑附加成本的燃气机组深度调峰及电力系统能源效率 [J]. 电力系统自动化, 2018, 42 (11): 16-23.

[66] 刘纯, 黄越辉, 张楠, 等. 基于智能电网调度控制系统基础平台的新能源优化调度 [J]. 电力系统自动化, 2015, 39 (1): 159-163.

[67] 冯利民, 范国英, 郑太一, 等. 吉林电网风电调度自动化系统设计 [J]. 电力系统自动化, 2011, 35 (11): 39-43.

[68] 刘怡, 肖立业, WANG Haifeng, et al. 中国广域范围内大规模太阳能和风能各时间尺度下的时空互补特性研究 [J]. 中国电机工程学报, 2013, 33 (25): 20-26.

[69] 郭晓蕊, 王珂, 杨胜春, 等. 计及风电时空互补特性的互联电网有功调度与控制方案 [J]. 电力系统保护与控制, 2014, 42 (21): 139-144.

［70］ Starke M., Alkadi N. Assessment of industrial load for demand response across U. S. regions of the western interconnect ［R］. U. S.: Oak Ridge National Laboratory, 2013.

［71］ Deru M, Field K, Studer D, et al. U. S. Department of energy commercial reference building models of the national building stock ［R］. February, 2011. ［Online］. Available: http: // digitalscholarship. unlv. edu/renew pubs/44.

［72］ 王守相, 孙智卿, 孔繁钢, 等. 面向需求响应的建筑用能在线分解方法 ［J］. 电力自动化设备, 2017, 37 （3）: 1-6.

［73］ DOE. Building Technologies Office: EnergyPlus Energy Simulation Software. ［Online］. Available: http: //apps1. eere. energy. gov/buildings/energyplus/.

［74］ MUHAMMAD I I, ROBERT H, Shabbir H. Gheewala. Potential life cycle energy savings through a transition from typical to energy plus households: A case study from Thailand ［J］. Energy & Buildings, 2017, 134: 295-305.

［75］ Crawley D B, Pedersen C O, Lawrie L K, et al. Energyplus: energy simulation program ［J］. Ashrae Journal, 2000, 42 （4）: 49-56.

［76］ https: //baike. baidu. com/item/%E7%9F%A5%E8%AF%86%E5%8F%91%E7%8E%B0/ 1407266? fr=aladdin.

［77］ Lawrence Berkeley National Laboratory. Introduction to commercial building control strategies and techniques for demand response ［EB/OL］. http: //drrc. lbl. gov/pubs/ 59975. pdf.

［78］ DOE, Buildings Energy Data Book ［R］, U. S. Department of Energy, 2011.

［79］ CUI B, GAO DC, WANG S, et al. Eectiveness and life-cycle cost-benefit analysis of active cold storages for building demand management for smart grid applications ［J］. Applied Energy, 2015, 147 （1）: 523-535.

［80］ Callaway D S. Tapping the energy storage potential in electric loads to deliver load following and regulation with application to wind energy ［J］. Energy Conversion and Management, 2009 （50）: 1389-1400.

［81］ RUCH D, CHEN L, HABERL J S, et al. A change-point principal component analysis （CP/ PCA） method for predicting energy usage in commercial buildings: the PCA model ［J］. Journal of Solar Energy Engineering, 1993, 115 （2）: 77-84.

［82］ HOBBJ D Y, SHOSHITAISHVILI A. TUCCI G H. Analysis and methodology to segregate residential electricity consumption in different taxonomies ［J］. IEEE Transactions on Smart Grid, 2012, 3 （1）: 217-224.

［83］ CALLAWAY D S. Tapping the energy storage potential in electric loads to deliver load following and regulation with application to wind energy ［J］. Energy Conversion & Management, 2009, 50 （5）: 1389-1400.

［84］ WANG K, YIN R, YAO L, et al. A two-layer framework for quantifying demand response flexibility at bulk supply points ［J］. IEEE Transactions on Smart Grid, 2016, （99）: 1-1.

［85］YIN R，KARA E C，LI Y，et al. Quantifying flexibility of commercial and residential loads for demand response using setpoint changes ［J］. Applied Energy，2016，177：149−164.

［86］贾宏杰，戚艳，穆云飞. 基于家居型温控负荷的孤立微电网频率控制方法 ［J］. 中国科学，2013，43（3）：247−256.

［87］王成山，刘梦璇，陆宁. 采用居民温控负荷控制的微网联络线功率波动平滑方法 ［J］. 中国电机工程学报，2012，32（25）：36−43.

［88］Malhamé R，Chong C Y. Electric load model synthesis by diffusion approximation of a high−order hybrid−state stochastic system ［J］. IEEE Trans on Automatic Control，1985，30（9）：854−860.

［89］MATHIEU J L，KOCH S，CALLAWAY D S. State estimation and control of electric loads to manage real−time energy imbalance ［J］. IEEE Trans on Power Systems，2013，28（1）：430−440.

［90］LU N，CHASSIN D P. A state−queueing model of thermostatically controlled appliances ［J］. IEEE Trans on Power Systems，2004，19（3）：1666−1673.

［91］高赐威，李倩玉，李扬. 基于 DLC 的空调负荷双层优化调度和控制策略 ［J］. 中国电机工程学报，2014，34（10）：1546−1555.

［92］MATHIEU J L，KAMGARPOUR M，LYGEROS J，et al. Energy arbitrage with thermostatically controlled loads ［C］. European Control Conference，Zurich，Switzerland，2013.

［93］BASHASH S，FATHY H. Modeling and control insights into demand−side energy management through setpoint control of thermostatic loads ［C］. Proceeding of the American Control Conference，San Francisco，U. S.，2013.

［94］LU N. An evaluation of the HVAC load potential for providing load balancing service ［J］. IEEE Trans on Smart Grid，2012，3（3）：1263−1270.

［95］BASHASH S，FATHY H. Modeling and control of aggregate air conditioning loads for robust renewable power management ［J］. IEEE Trans on Control Technology，2013，21（4）：1318−1327.

［96］KOCH S，MATHIEU J L，CALLAWAY D S. Modeling and control of aggregated heterogeneous thermostatically controlled loads for ancillary services ［C］. proceeding power system computation conference，Stockholm，Sweden，2011.

［97］LIU M，SHI Y. Model predictive control of aggregated heterogeneous second−order thermostatically controlled loads for ancillary services ［J］. IEEE Trans on Power Systems，2016，31（3）：1963−1971.

［98］周磊，李扬，高赐威. 聚合空调负荷的温度调节方法改进及控制策略 ［J］. 中国电机工程学报，2014，34（31）：5579−5589.

［99］MATHIEU J L，PRICE P N，KILICCOTE S，et al. Quantifying changes in building electricity use，with application to demand response ［J］. IEEE Transactions on Smart Grid，2011，2（3）：507−518.

［100］COUGHLIN K, PIETTE M A, GOLDMAN C, et al. Statistical analysis of baseline load models for non-residential buildings ［J］. Energy and Buildings, 2009, 41（4）：374-381.

［101］YIN R, KILICCOTE S, PIETTE M A. Linking measurements and models in commercial buildings：A case study for model calibration and demand response strategy evaluation ［J］. Energy & Buildings, 2016, 124：222-235.

［102］XU P, YIN R, BROWN C, et al. Demand shifting with thermal mass in large commercial buildings in a California hot climate zone ［R］. Tech. Rep. LBNL-3898E, Lawrence Berkeley National Laboratory, 2009.

［103］E. I. Administration. Residential energy consumption survey（RECS）.［Online］. Available：http：//www. eia. gov/consumption/residential/.

［104］E. I. Administration. Commercial buildings energy consumption survey（CBECS）.［Online］. Available：http：//www. eia. gov/consumption/commercial/.

［105］胡兆光, 陈铁成, 纪洪, 等. 在北京地区实施需求侧管理的效益分析 ［J］. 电力系统自动化, 1999, 23（13）：22-25.

［106］李媛, 罗琴, 宋依群, 等. 基于需求响应的居民分时阶梯电价档位制定方法研究 ［J］. 电力系统保护与控制, 2012, 40（18）：65-68.

［107］高亚静, 吕孟扩, 王球, 等. 计及网损与电动汽车车主利益的分时电价研究 ［J］. 电力科学与工程, 2014, 30（7）：37-42.

［108］张钦, 王锡凡, 王建学. 尖峰电价决策模型分析 ［J］. 电力系统自动化, 2008, 32（9）：11-15.

［109］向月, 刘俊勇, 魏震波, 等. 可再生能源接入下新型可中断负荷发展研究 ［J］. 电力系统保护与控制, 2012, 40（5）：148-155.

［110］GOLDMAN C, HOPPER N, BHARVIRKAR R, et al. Estimating demand response market potential among large commercial and industrial customers：a scoping study ［R］. LBNL：Environmental Energy Technologies Division, 2007.

［111］林高翔, 钱碧甫, 郭亮, 等. 一种考虑居民经济承受力的生活用电电价可调整空间模型 ［J］. 电网与清洁能源, 2014, 30（11）：42-46.

［112］时珊珊, 董瑞安. 智能社区（微网）电能质量信息集成系统研究 ［J］. 高压电器, 2014, 50（2）：12-17.

［113］刘观起, 张建, 刘瀚. 基于用户对电价反应曲线的分时电价的研究 ［J］. 华北电力大学学报, 2005, 32（3）：23-27.

［114］赵鸿图, 朱治中, 于尔铿. 电力市场中需求响应市场与需求响应项目研究 ［J］. 电网技术, 2010, 34（5）：146-153.

［115］颜庆国, 薛溟枫, 范洁, 等. 有序用电用户负荷特性分析方法研究 ［J］. 江苏电机工程, 2014, 33（6）：48-50.

［116］王锡凡, 王秀丽. 电力系统随机潮流分析 ［J］. 西安交通大学学报, 1988, 22（3）：

87-97.

[117] BORKOWSKA B. Probabilistic load flow [J]. IEEE Trans. On Power Apparatus and Systems, 1974, 93 (3): 752-759.

[118] 胡泽春，王锡凡. 基于半不变量法的随机潮流误差分析 [J]. 电网技术，2009，33 (18): 32-37.

[119] 郭效军，蔡德福. 不同级数展开的半不变量法概率潮流计算比较分析 [J]. 电力自动化设备，2013，33 (12): 85-90.

[120] MORALES J M, PEREZ-RUIZ J. Point estimate schemes to solve the probabilistic power flow [J]. IEEE Transactions on Power System, 2007, 22 (4): 1594-1601.

[121] 吴晨曦，文福拴，陈勇，等. 含有风电与光伏发电以及电动汽车的电力系统概率潮流 [J]. 电力自动化设备，2013，33 (10): 8-15.

[122] 彭寒梅，曹一家，黄小庆，等. 基于组合抽样的含分布式电源随机潮流计算 [J]. 电力自动化设备，2014，34 (5): 38-44.

[123] 方斯顿，程浩忠，徐国栋. 基于 Nataf 变换和准蒙特卡洛模拟的随机潮流方法 [J]. 电力自动化设备，2015，35 (8): 28-34.

[124] 丁明，李生虎，黄凯. 基于蒙特卡罗模拟的概率潮流计算 [J]. 电网技术，2001，11 (11): 10-15.

[125] 朱星阳，刘文霞，张建华，等. 计及系统调频作用的随机潮流模型与算法 [J]. 中国电机工程学报，2014，34 (1): 168-178.

[126] 余昆，曹一家，陈星莺，等. 含分布式电源的地区电网概率潮流计算 [J]. 中国电机工程学报，2011，31 (1): 20-25.

[127] WU J, ZHANG B, LI H. Statistical distribution for wind power forecast error and its application to determine optimal size of energy storage system [J]. Electrical Power and Energy Systems, 2014, (55): 100-107.

[128] 西安交通大学. 电子数字计算机的应用：电力系统计算 [M]. 北京：水利电力出版社，1978.

[129] 何仰赞，温增银. 电力系统分析（下册）（第三版）[M]. 武汉：华中科技大学出版社，2002.

[130] USAOLA J. Probabilistic load flow with correlated wind power injections [J]. Electric Power Systems Research, 2010, 80: 528-536.

[131] 王永辉. 基于概率分析的电力系统静态 N-1 校验 [D]. 河南：郑州大学，2012.

[132] 王锡凡. 现代电力系统分析 [M]. 北京：科学出版社，2010.

[133] YU J, YANG L, LIU R, et al. Research on time process-oriented power system static security analysis. 3rd International Conference on Deregulation and Restructuring and Power Technologies, DRPT 2008, p 1516-1521.

[134] 余加喜. 面向时间过程的电网静态安全分析与日发电计划研究 [D]. 哈尔滨工业大

学，2009.

[135] 石连山. 面向时间过程的特征模式提取及 $N-1$ 静态安全分析研究［D］. 哈尔滨工业大学，2006.

[136] OZTURK U A，MAZUMDAR M. A Solution to the Stochastic Unit Commitment Problem Using Chance Constrained Programming［J］. IEEE Transactions on Power Systems，2004，19（3）：1589-1598.

[137] 李淑娟. 不确定机会约束规划模型的研究及应用［D］. 华北理工大学，2015.

[138] 肖宁. 求解随机机会约束规划的混合智能算法［J］. 计算机工程与应用，2010，22：43-46.

[139] 潘娜. 基于机会约束规划的含风场的优化调度问题［D］. 哈尔滨工业大学，2014.

[140] 洪奕光，翟超. 多智能体系统动态协调与分布式控制设计［J］. 控制理论与应用，2011，28（10）：1506-1512.

[141] STRBAC G，KIRSCHEN D. Assessing the competitiveness of demand-side bidding［J］. IEEE Trans on Power Systems，1999，14（1）：120-125.

索 引

AMI ················· 12

NWP ················· 25

ARIMA ··············· 26

CCP ················· 34

SSP ················· 34

HVAC ················ 58

EnergyPlus ··········· 58

KDD（知识发现）········ 60

GTA ················· 61

OAT ················· 64

TCLs ················ 71

ETP ················· 72

PCTs ················ 76

GTA ················· 76

BSPs ················ 84

PB ·················· 84

EMS ················· 85

PB 模型库 ············· 86

MREs ················ 91

PDF ················· 93

CDF ················· 93

Gram-Charlier ········ 106

Dy Liacco ············ 149

$N-1$ 校验 ············ 152

ε-degree 搜索 ········· 218

ACE ················· 232

CVR ················· 252

A

安全性评估 ············ 149

B

波动性 ··············· 19

半不变量法 ············ 107

半不变量概率潮流 ······· 110

捕获率 ··············· 151

补偿法 ··············· 152

不确定性预想事故校验 ···· 165

并行算法 ············· 167

本地响应层 ············ 174

半不变量仿真 ·········· 180

补偿率 ··············· 214

报价策略参数 ·········· 217

补偿价格 ············· 217

C

初始电价 ············· 212

成本类指标 ············ 261

D

电网调度控制 ·········· 8

电网运行分析方法 ······· 9

电网功率平衡能力 ······· 10

电网调控评估方法 ······· 11

电价型负荷 ············ 24

调度成本模型 ·········· 43

点估计法 ············· 107

动态概率潮流 ·········· 119

地域用电习惯 ·········· 145

电网状态距离指标 ······· 161

调度控制层 ·············· 173

代理协调层 ·············· 174

多智能体代理 ············ 176

电费收益满意度 ·········· 180

多智能体系统 ············ 236

电压响应负荷 ············ 252

电价型评估指标 ·········· 263

调度指令型评估指标 ······ 263

电网安全性指标 ·········· 280

电网经济性指标 ·········· 280

F

分布式控制策略 ·········· 34

负荷响应经济成本模型 ···· 42

负荷响应满意度 ·········· 50

负荷主动响应决策模型 ···· 51

负荷构成辨识 ············ 84

负荷静态特性 ············ 121

分时电价 ················ 142

风险度评估 ·············· 149

负荷响应满意度 ·········· 180

风电波动量 ·············· 189

负荷代理决策 ············ 219

分布自治、集中协调 ······ 231

分布式协同控制 ·········· 232

负荷主动响应 ············ 251

G

概率潮流 ················ 107

概率潮流 ················ 111

功率越限 ················ 146

关键断面 ················ 146

概率评估 ················ 149

故障行为指标 ············ 151

概率静态安全分析 ········ 155

H

互动主体特性分析与建模 ···· 13

互动环境下电网稳态分析 ···· 14

互动主体可调度潜力评估 ···· 14

互补性 ···················· 21

互动时间过程 ············ 160

互动效益满意度 ·········· 184

互动控制架构 ············ 231

互动效果量化 ············ 260

互动效果评估 ············ 260

互动主体 ················ 260

环保类指标 ·············· 261

互动参与度指标 ·········· 280

互动潮流熵 ·············· 280

互动承受度 ·············· 280

J

间歇性 ·················· 19

激励型负荷 ·············· 24

聚合模型验证 ············ 76

聚合响应潜力 ············ 76

价格型 DR 潜力评估 ······ 99

激励型 DR 潜力评估 ······ 100

机组静态特性 ············ 119

节点注入功率 ············ 140

静态安全分析 ············ 149

静态安全指标 ············ 150

机会约束规划 ············ 173

价格敏感型负荷 ·········· 173

节能发电调度 ············ 175

价格弹性系数 …………… 183

价格灵敏度 …………… 188

紧急工况 …………… 231

激励型评估指标 …………… 263

K

可接受度 …………… 57

可控度 …………… 57

可削减度 …………… 57

快速解耦算法 …………… 122

开关型 …………… 253

L

拉丁超立方法 …………… 107

连续性潮流分析 …………… 135

灵敏度修正 …………… 140

连续性静态安全分析 …………… 160

拉格朗日乘子法 …………… 202

M

蒙特卡洛抽样法 …………… 107

面向时间过程电网状态划分 …… 161

蒙特卡洛模拟 …………… 180

满意度矩阵 …………… 218

模糊综合分析 …………… 283

N

拟合优度 $R2$ …………… 69

牛顿拉夫逊法 …………… 141

纳什均衡 …………… 218

P

排序算法 …………… 150

频率响应负荷 …………… 252

评估方法 …………… 260

Q

弃风成本 …………… 189

弃风电量 …………… 189

全局最优解 …………… 218

前瞻调度 …………… 232

R

柔性负荷 …………… 3

柔性负荷调度 …………… 3

日前调度 …………… 178

日内滚动调度 …………… 178

S

随机性 …………… 18

随机响应概率模型 …………… 42

市场处级阶段 …………… 98

市场成长阶段 …………… 98

市场成熟阶段 …………… 99

时序概率模型 …………… 136

实时电价 …………… 144

随机响应 …………… 173

实时控制 …………… 178

实时调度 …………… 178

松弛因子 …………… 222

属性识别 …………… 283

T

泰勒级数 …………… 142

特征断面 …………… 160